Grapentin
EMV in der Gebäudeinstallation

ELEKTRO PRAKTIKER
Bibliothek

Herausgeber:
Dipl.-Ing. Klaus Bödeker, Dr.-Ing. Horst Möbus, Obering. Heinz Senkbeil

Obering Dipl.-Ing. Manfred Grapentin

EMV in der Gebäudeinstallation

Probleme und Lösungen

Verlag Technik Berlin

Warennamen werden in diesem Buch ohne Gewährleistung der freien Verwendbarkeit benutzt.
Texte, Abbildungen und technische Angaben wurden sorgfältig erarbeitet. Trotzdem sind Fehler nicht völlig auszuschließen. Verlag und Autor können für fehlerhafte Angaben und deren Folgen weder eine juristische Verantwortung noch irgendeine Haftung übernehmen.

Die Deutsche Bibliothek-CIP-Einheitsaufnahme

Grapentin, Manfred :
EMV in der Gebäudeinstallation : Probleme und Lösungen / Manfred Grapentin. – 1. Aufl. – Berlin :
Verl. Technik, 2000
   (Elektropraktiker-Bibliothek)
   ISBN 3-341-01235-4

ISSN 0946-7696
ISBN 3-341-01235-4

1. Auflage
© HUSS-MEDIEN GmbH, Berlin 2000
Verlag Technik
Am Friedrichshain 22, 10400 Berlin
VT 2/7099-1
Layout: Schlierf · Satz, Grafik & DTP, 29331 Lachendorf
Printed in Germany
Druck und Buchbinderei: Druckhaus „Thomas Müntzer" GmbH,
Bad Langensalza (Thüringen)

Vorwort

Nicht selten und mit zunehmender Tendenz wird die Funktion der elektrischen Ausrüstungen in Gebäuden durch elektromagnetische Einflüsse gestört. Es kommt dabei möglicherweise, direkt oder indirekt, auch zu Beschädigungen an Hard- und Software. Bei einer gründlichen Untersuchung wird dann festgestellt, dass die speziellen Auswirkungen elektromagnetischer Einflüsse zuvor nicht bedacht wurden. Das heißt, die betreffenden Anlagen des Gebäudes oder Teile von ihnen waren nicht „*elektromagnet*isch verträglich".

Mit diesem Buch sollen Planer und Errichter von elektrischen Gebäudeinstallationen, aber auch andere Fachkräfte und Betreiber auf die Probleme der *Elektromagnetische Verträglichkeit* (EMV) aufmerksam gemacht werden. Ziel ist es, bei der Entwicklung des EMV-gerechten Denkens und Handelns zu helfen und so vor Situationen zu bewahren, in denen wegen EMV-Mängel an den ausgeführten Installationen Schadensersatz geleistet werden muss oder die Funktion betriebener Anlagen beeinträchtigt wird.

Noch sehr häufig trifft man Planer und Errichter von elektrischen Gebäudeinstallationen, aber auch Betreiber, die ihre Tätigkeiten noch immer nach alten Gewohnheiten verrichten. Sie sind sich nicht bewusst oder ignorieren die Tatsache, dass die EMV eine der Eigenschaften ist, die heute zum ordnungsgemäßen Zustand elektrischer Anlagen und Geräte [2.1] gehört.

Informationen über „EMV" werden nicht ernst genommen oder als alleinige Aufgabe der Gerätehersteller oder Spezialisten betrachtet. Planer und Installateure sind verwundert, dass früher realisierte Lösungen heute nicht mehr problemlos funktionieren. Steuerungen versagen, es treten Schäden an elektronischen Einrichtungen auf, Alarmanlagen sprechen ungewollt an, Bildschirme flackern oder flimmern und vieles andere mehr. In solchen Fällen werden Verantwortungen, z.B. zwischen Installateuren, MSR-Technikern, Informatikern hin und her geschoben, oder man ärgert sich ständig über Störungen und Schäden und beseitigt fleißig deren Auswirkungen.

Unsere Gebäude werden mit immer moderneren Anlagen ausgerüstet. Dabei haben heutige Anlagen gegenüber früher höhere Störpotentiale und sind selber störempfindlicher geworden. Mit diesem Trend wachsen ständig die

EMV-Anforderungen an die Gebäudeinstallation. Diese Entwicklung soll den Lesern bewusst gemacht werden.

Mit dem Buch wird in einfacher Weise erklärt,

- was *EMV* bedeutet,
- welche Verantwortung die Planer, Errichter und Betreiber aus der Sicht des *EMVG* haben,
- welche EMV-Mechanismen zwischen Anlagen und Systemen in Gebäuden wirken,
- welche Einflüsse und Störungen zu erwarten sind,
- wie EMV-gerecht installiert wird,
- wie EMV-Eigenschaften an Anlagen geprüft werden und
- wie EM-Störungen ermittelt und beseitigt werden.

Das Buch soll die Reihe „*ELEKTROPRAKTIKER BIBLIOTHEK*" um den Problemkreis „EMV in der Gebäudeinstallation" ergänzen. Dabei soll wiederum weniger theoretisches Wissen, sondern hauptsächlich Erfahrung aus der Praxis vermittelt werden.

Manfred Grapentin

Inhaltsverzeichnis

1	Einleitung,	13
	Zur Arbeit mit dem Buch	14
2	Was ist EMV und welche rechtlichen Grundlagen gibt es?	15
Frage 2.1	Was heißt EMV?	15
Frage 2.2	Woher kommen Elektromagnetische Störungen?	17
Frage 2.3	Welche Bestimmungen regeln die EMV in der Europäische Union?	18
Frage 2.4	Welche gesetzlichen Bestimmungen regeln die EMV in Deutschland?	19
Frage 2.5	Gab es in Deutschland schon immer EMV-Bestimmungen?	19
Frage 2.6	Was sind Schutzanforderungen im Sinne des EMVG?	20
Frage 2.7	Wie werden die EMV-Schutzanforderungen erfüllt?	20
Frage 2.8	Welche EM-Voraussetzungen müssen elektrische Geräte erfüllen, damit sie in der Gebäudeinstallation eingesetzt werden dürfen?	21
Frage 2.9	Was heißt Inverkehrbringen nach EMVG?	21
Frage 2.10	Welchen Inhalt hat eine EG-Konformitätserklärung?	22
Frage 2.11	Was muss eine Gebrauchsanweisung für ein Gerät bezüglich der EMV enthalten und welche Bedeutung haben die Anweisungen für den Installateur?	23
Frage 2.12	Gilt das EMVG auch für elektrische Anlagen?	23
Frage 2.13	Welche Geräte benötigen eine CE-Kennzeichnung nach EMVG?	25
Frage 2.14	Welche Besonderheiten sind bei Systemen zu beachten?	26
Frage 2.15	Gibt es einen Zusammenhang zwischen „EMV-Schutzanforderung" nach EMVG und „ordnungsgemäßem Zustand" nach BGV A2?	26
Frage 2.16	Was ist eine EMV-fachkundige Person?	27
3	Übertragung von EM-Störungen in der Gebäudeinstallation	28
Frage 3.1	Was versteht man in der EMV unter Störquelle und Störsenke?	28
Frage 3.2	Wie werden Störungen in der Gebäudeinstallation übertragen?	30
Frage 3.3	Was ist galvanische Kopplung?	30
Frage 3.4	Was ist induktive Kopplung?	31
Frage 3.5	Was ist kapazitive Kopplung?	32
Frage 3.6	Welche Störungen werden durch elektromagnetische Strahlung übertragen?	33

4	Sicherstellung der Elektromagnetischen Verträglichkeit	34
Frage 4.1	Welche Möglichkeiten gibt es zur Herstellung der *EMV*?	34
Frage 4.2	Wie genau muss die Sicherheit vor EM-Störungen nachgewiesen sein?	35

5	EM-Störungen in der Gebäudeinstallation	37
Frage 5.1	Wer stört wen in der Gebäudeinstallation?	37
Frage 5.2	Was muss zur Sicherstellung der EMV bei der Planung und Errichtung von Gebäuden und deren Ausrüstung koordiniert werden?	39
Frage 5.3	Mit welchen Arten von EM-Einflüssen muss in der Gebäudeinstallation gerechnet werden?	40
Frage 5.4	Was sind *EMV-Umgebungsklassen*?	41

6	Netzrückwirkungen	43
Frage 6.1	Was versteht man unter Netzrückwirkungen und welche Störeinflüsse gehören zu den Netzrückwirkungen?	44
6.1	Oberschwingungen	45
Frage 6.1.1	Was sind *Oberschwingungen*?	45
Frage 6.1.2	Wie entstehen *Oberschwingungen* in der Netzspannung?	50
Frage 6.1.3	Was sind die quantitativen Merkmale von *Oberschwingungen*?	53
Frage 6.1.4	Was ist das Störpotential bei *Oberschwingungen*?	54
Frage 6.1.5	Wie groß dürfen die Störpegel der *Oberschwingungen* sein?	66
Frage 6.1.6	Wie kann man die Oberschwingungssituation in elektrischen Netzen beherrschen?	70
6.2	Zwischenharmonische	78
Frage 6.2.1	Was sind *Zwischenharmonische*?	78
Frage 6.2.2	Was ist das Störpotential bei *Zwischenharmonischen* Spannungen?	79
Frage 6.2.3	Wie groß dürfen *Zwischenharmonische* Spannungen sein und wie können zwischenharmonische Spannungen verhindert werden?	80
6.3	Abweichungen von der Netzfrequenz	81
Frage 6.3.1	Um wieviel Prozent darf die Frequenz der Netzspannung vom Nennwert abweichen?	81
Frage 6.3.2	Wie kann man elektronische Betriebsmittel gegen unzulässige Frequenzabweichungen schützen?	82
6.4	Spannungsänderungen bzw. -schwankungen	83
Frage 6.4.1	Was versteht man unter Spannungsänderungen?	83
Frage 6.4.2	Wie groß dürfen Spannungsänderungen im Netz sein?	84

6.5	Flicker in der Netzspannung	85
Frage 6.5.1	Was sind *Flicker* in der Netzspannung?	85
Frage 6.5.2	Wie stark dürfen Flicker in der Netzspannung sein?	85
Frage 6.5.3	Welche Abhilfemaßnahmen gibt es bei Flickern?	87
6.6	Spannungseinbrüche und Kurzunterbrechungen	88
Frage 6.6.1	Was sind Spannungseinbrüche und Kurzunterbrechungen in der Netzspannung?	88
Frage 6.6.2	Wie kann man sich gegen Spannungseinbrüche und Kurzunterbrechungen in der Netzspannung schützen?	90
6.7	Spannungsunsymmetrie	91
Frage 6.7.1	Was versteht man unter Spannungsunsymmetrie?	91
Frage 6.7.2	Wie groß darf die Unsymmetrie in der Netzspannung sein und wie kann abgeholfen werden?	92
6.8	Netzsignalübertragung	93
Frage 6.8.1	Was steht man unter Netzsignalübertragungen?	93
6.9	Netzfrequente Überspannungen	93
Frage 6.9.1	Mit welchen Arten von Überspannung muss in der Gebäudeinstallation gerechnet werden?	93
Frage 6.9.2	Wie entstehen netzfrequente Überspannungen?	94
Frage 6.9.3	Wie können netzfrequente Überspannungen verhindert werden?	95
7	***Ausgleichsströme***	**96**
Frage 7.1	Was ist das Störpotential bei Ausgleichsströmen?	96
Frage 7.2	Wie entstehen Ausgleichsströme?	97
Frage 7.3	Welchen Einfluss hat das Netzsystem der elektrischen Versorgungsanlage auf die Ausbildung von Ausgleichsströmen?	103
Frage 7.4	Wo findet man in den Gebäuden die Ausgleichsströme?	104
Frage 7.5	Wie muss ein Potentialausgleich aus EMV-Sicht gestaltet werden?	105
Frage 7.6	Welche Abhilfemaßnahmen gibt es bei Ausgleichsströmen?	119
8	***Blitzeinflüsse***	**121**
Frage 8.1	Wie wirken sich Blitzentladungen auf die Gebäudeinstallation aus?	121
Frage 8.2	Welche Gebäude benötigen einen Blitzschutz und was versteht man unter einer Blitzschutzklasse „P"?	122
Frage 8.3	Wozu wird in einem Gebäude die *Blitzschutzzone* „LPZ" benötigt?	123
Frage 8.4	Wie können durch Blitzeinwirkungen entstehende Störungen begrenzt bzw. verhindert werden?	125

9	Transiente Überspannungen	132

Frage 9.1	Aus welchen Quellen muss in der Gebäudeinstallation mit transienten Überspannungen gerechnet werden?	132
Frage 9.2	Wie häufig und in welcher Größenordnung treten transiente Überspannungen auf?	134
Frage 9.3	Was muss beim Einsatz elektrischer Betriebsmittel aus der Sicht der Störgröße „transiente Überspannungen" beachtet werden?	135
Frage 9.4	Welche Schutzzonen sollten aus der Sicht einer Überspannungsgefährdung in einem Gebäude vorgesehen werden?	136
Frage 9.5	Was muss beim Einsatz von Überspannungsschutzeinrichtungen gegen transiente Überspannungen beachtet werden?	138
Frage 9.6	Wie muss ein abgestufter Überspannungsschutz in einem TN-System aufgebaut werden?	140
Frage 9.7	Wie muss ein abgestufter Überspannungsschutz in einem TT-System aufgebaut werden?	143

10	Elektromagnetische Felder	145
10.1	Niederfrequente elektrische und magnetische Felder	145
Frage 10.1.1	Wo muss mit niederfrequenten elektrischen und magnetischen Feldern gerechnet werden?	146
Frage 10.1.2	Welche EM-Störungen gehen von niederfrequenten elektrischen und magnetischen Feldern aus?	153
10.2	Hochfrequente elektromagnetische Felder	156
Frage 10.2.1	Wo muss mit hochfrequenten elektromagnetischen Feldern (elektromagnetischer Störstrahlung) gerechnet werden?	156
Frage 10.2.2	Welche EM-Störungen gehen von hochfrequenten elektromagnetischen Feldern aus?	158
10.3	Schutz vor elektrischen und magnetischen Feldern	159
Frage 10.3.1	Welches Niveau muss der Schutz von Personen gegen elektromagnetische Felder haben?	159
Frage 10.3.2	Wie kann man Anlagen und Geräte primär vor Störungen aus elektrischen und magnetischen Feldern schützen?	161
Frage 10.3.3	Welche sekundären Maßnahmen sind zum Schutz vor Störungen aus elektrischen und magnetischen Feldern möglich?	162

11	Prüfungen der EMV-Schutzanforderungen	169
11.1	EMV-Prüferfordernis	169
Frage 11.1.1	Gibt es ein Prüferfordernis für die EMV elektrischer Anlagen?	169
Frage 11.1.2	Nach welchen Bestimmungen müssen die EMV-Schutzanforderungen an elektrischen Gebäudeausrüstungen geprüft werden?	171

11.2	Prüfzeitpunkte, Prüfumfänge und Prüfinhalte	172
Frage 11.2.1	Welche *EMV-Prüfungen* sind an elektrischen Anlagen, Einrichtungen und Netzen erforderlich?	172
Frage 11.2.2	Welche EMV-Sachverhalte sollten bei der Planung geprüft werden?	172
Frage 11.2.3	Welche EMV-Prüfungen sind an der elektrischen Installation von Gebäuden nach ihrer Fertigstellung durchzuführen?	179
Frage 11.2.4	Wann und wo sind *EMV-Messungen* notwendig?	180
Frage 11.2.5	Wozu wird ein Messkonzept benötigt und welchen Inhalt sollte es haben?	182
Frage 11.2.6	Wie wird der *Gesamtstörpegel* in der Netzspannung gemessen?	182
Frage 11.2.7	Welche *EMV-Messungen sind* zur Bewertung der Ausgleichsströme notwendig?	189
Frage 11.2.8	Wie werden transiente Überspannungen gemessen?	191
Frage 11.2.9	Wie werden elektromagnetische Störfelder gemessen?	191
Frage 11.2.10	Welche EMV-Prüfungen sind wiederkehrend an der elektrischen Installation in Gebäuden durchzuführen?	192
11.3	Dokumentation der EMV-Prüfung	194
Frage 11.3.1	Welche Aussagen sollte ein EMV-Prüfbericht zur Planungsprüfung beinhalten?	194
Frage 11.3.2	Wird für die Prüfung der Gebäudeinstallationen ein eigenständiger EMV-Prüfbericht benötigt?	195
Frage 11.3.3	Welche Aussagen sollte ein EMV-Prüfbericht zur Messung von EM-Störgrößen in der Gebäudeinstallation beinhalten?	195
12	***Untersuchung und Beseitigung von EM-Störungen in der Gebäudeinstallation***	**197**
Frage 12.1	Wie werden EMV-Probleme in der Gebäudeinstallation erfolgreich untersucht?	197
Frage 12.2	Ist nach einer EMV-Sanierung der Gebäudeinstallation eine EMV-Prüfung erforderlich?	203
A	***Anhang***	**204**
	A.1 Fachausdrücke und ihre Definitionen	204
	A.2 Messdiagramme	209
Literaturverzeichnis		**219**
Register		**222**

1 Einleitung

Mit dem Buch werden schwerpunktmäßig Fragen zur EMV in der Gebäudeinstallation und weniger zur EMV-gerechten apparativen Gestaltung elektrischer und elektronischer Betriebsmittel behandelt sowie die Konsequenzen der Beachtung bzw. Nichtbeachtung der EMV deutlich gemacht.
Die EMV in der Gebäudeinstallation ist eine Aufgabe mit wachsender Bedeutung und Verantwortung. Sie ist eine der drei Disziplinen, die neben der elektrischen Sicherheit und dem Blitzschutz den gefährdungs- und störungsfreien Betrieb einer Gebäudeinstallation möglich macht. Bereits vor 100 Jahren war dem Grunde nach klar, dass es elektrische Anlagen ohne EMV-Einflüsse nicht gibt. Deshalb hat Kaiser Wilhelm im Jahre 1892 das „Gesetz über das Telegrafenwesen" [2.2] erlassen, in dem der Errichter einer elektrischen Anlage verpflichtet wird, elektrische Leitungen so zu verlegen, dass andere Leitungen nicht gestört werden. Auch frühere VDE-Bestimmungen haben stets diesen Grundsatz normenmäßig gestaltet.
Die elektrischen Anlagen in Gebäuden haben heute gegenüber früher bedeutend höhere Gebrauchseigenschaften, erzeugen aber dafür leider höhere Störpotentiale und reagieren selbst empfindlicher auf Störeinflüsse. So werden z.B. heute in Geschäftshäusern Antriebsmotore in Klimaanlagen frequenzgeregelt und in der Gebäudeleittechnik DDC-Technik verwendet. Frequenzgeregelte Antriebsmotoren können die DDC-Technik der Anlagensteuerung stören, gestörte Steuerungen beeinflussen die Frequenzregelung der Antriebsmaschinen in der Klimaanlage. So entstehen Instabilitäten und Funktionsstörungen in automatischen Steuerungen und in Regelkreisen.
Mit der immer stärkeren Automatisierung technologischer Prozesse, der stärkeren Verknüpfung der Komponenten der Gebäudeausrüstungen untereinander und dem Einsatz elektronischer Betriebsmittel wachsen nicht nur Gebrauchseigenschaften und Intelligenz der Ausrüstungen, sondern auch die Störfähigkeit und die Störempfindlichkeit der Ausrüstungen. Dabei spielt die Installation als Bindeglied und der Wirkungsweg von EM-Störungen eine bedeutende Rolle. Nicht selten wundern sich die Planer oder Errichter von Gebäudeausrüstungen, wenn sorgfältig ausgewählte und für gut befundene Betriebsmittel am Ende nicht störungsfrei arbeiten.
Mit der rasanten Entwicklung der elektrischen Systeme der Starkstromtechnik, der Technik für die Steuerung, Überwachung und Meldung sowie

der modernen Informationstechnik, wachsen aber auch die Anforderungen an das Wissen und Können der Planer und Errichter bezüglich der EMV-gerechten Ausführung der Installation. Ebenso wächst ihre technische und juristische Verantwortung für die Beherrschung der gegenseitigen EM-Beeinflussung von Anlagen und Geräten.

Um ihnen zu helfen, werden wir mit diesem Buch, ausgehend von der technischen Entwicklung in der Gerätetechnik, die sich aus den Erfordernissen der EMV ergebenden Rückschlüsse für die Beschaffenheitsanforderungen der Gebäudeinstallation aufzeigen. Es werden Bezüge zu bestehenden Rechtsgrundlagen und technischen Normen hergestellt, die möglichen EMV-Einflüsse in ihrer Art, Struktur und Wirkung diskutiert und Erfahrungen aus der Praxis bei der Begrenzung und Prüfung der jeweiligen EMV-Einflüsse vermittelt.

Wir wollen den Planern, Errichtern und Betreibern die Schwerpunkte für die EMV in der Gebäudeinstallation benennen und ihnen praktische Anregungen für die EMV-gerechte Ausführung von Anlagen geben. Eine passende Lösung für alle Fälle gibt es nicht. EMV-gerecht gestalten erfordert Grundkenntnisse über Phänomene der EMV und ihre Wirkungsmechanismen sowie Erfahrung im Umgang mit diesen Phänomenen und Wissen zu möglichen praktischen Lösungen in der Gebäudeinstallation.

Zur Arbeit mit dem Buch

Die wesentlichen Aspekte zu den EMV-Problemen in der Gebäudeinstallation werden nach praktischen Gesichtspunkten in Form von Fragen und Antworten behandelt. Auf theoretische Abhandlungen wurde grundsätzlich verzichtet. Dafür gibt es hinreichend andere Literatur. Die EMV-Thematik ist sehr breit. Sie überdeckt teilweise die elektrische Sicherheit und den Blitzschutz. In vielen Fragen der Praxis sind die Standpunkte der Fachleute noch divergent. Deshalb wird auch nicht erwartet, dass jeder Leser in allen behandelten Fragen mit dem Autor einer Meinung ist.

Jedem der Abschnitte ist eine kurze thematische Einführung vorangestellt. Zur Orientierung für den Leser werden

- **Literaturhinweise** in eckigen Klammern mit Ziffernkombination, z.B. [1.1] dargestellt und im Literaturverzeichnis am Ende des Buches erläutert,
- **Verweise** auf andere Fragen im Buch mit der Frage-Nummer, z.B. Frage 3.2, gegeben,
- **Fachausdrücke** *kursiv* gekennzeichnet, z.B. *TN-S-System*, wenn sie im Anhang erläutert sind und
- **im Anhang** anschauliche Ergebnisse aus der Prüfpraxis dargestellt.

Bei den Normenbezügen muss beachtet werden, dass die Normen in ständiger Bearbeitung und damit nach endlicher Zeit nicht mehr aktuell sind.

2 Was ist EMV, und welche rechtlichen Grundlagen gibt es?

EMV ist weder eine Erfindung der Neuzeit, noch etwas Außergewöhnliches. Sie steht in engem Zusammenhang mit der Physik, die uns das Anwenden der Elektrizität überhaupt erst möglich macht. Im Physikunterricht und im Rahmen der Fachausbildung haben wir gelernt, dass jeder stromdurchflossene Leiter immer von einem Magnetfeld umgeben ist und zwischen zwei spannungsführenden Leitern mit unterschiedlichem Potential ein elektrisches Feld vorhanden ist. Das Zusammenspiel von Strömen, Spannungen und Feldern ermöglicht uns in der Elektrotechnik den Energietransport, die Energieumwandlung und Energieanwendung. Die praktische Nutzung vieler spezieller Effekte in der modernen Elektronik einschließlich der drahtlosen Übertragung in der Nachrichtentechnik ist nur dadurch möglich. Die bestehenden physikalischen Zusammenhänge wurden von *H. C. Maxwell* in seinen bekannten Gleichungen, den Maxwellschen Gleichungen, mathematisch beschrieben und später experimentell von *H. Hertz* bewiesen.

Da elektromagnetische Felder und spezielle elektrische Effekte mehr oder weniger bei jeder Anwendung zwangsläufig auftreten, können sie in elektrischen und nicht elektrischen Anlagen der Gebäudeinstallation und einzelnen Betriebsmitteln auch ungewollt Effekte bewirken, die für den geplanten Anwendungsfall Störungen darstellen.

Frage 2.1 Was heißt EMV?

EMV ist die Kurzbezeichnung für *„Elektromagnetische Verträglichkeit"*. Es wird damit zum Ausdruck gebracht, dass die von uns an den unterschiedlichsten Orten genutzten elektrischen und elektronischen Geräte, Anlagen und Betriebsmittel, einschließlich der Gebäudeinstallation, auch unter den vorhandenen elektromagnetischen Einflüssen unserer Umwelt störungsfrei arbeiten.

Die EMV ist **definiert** als:

„Die Fähigkeit eines elektrischen Gerätes, in der elektromagnetischen Umwelt zufriedenstellend zu arbeiten, ohne dabei selbst *Elektromagnetische Störung*en zu verursachen, die für andere in dieser Umwelt vorhandene Geräte unannehmbar wären."

Die *Elektromagnetische Verträglichkeit* hat also stets zwei Wirkungsrichtungen. Das sind

1. die Störemission, die von Geräten und Anlagen ausgeht und
2. die Störempfindlichkeit der Geräte gegenüber Einflüssen aus der Umgebung.

Die Wechselwirkung zwischen den beiden Wirkungsrichtungen der *EMV* zeigt schematisch das **Bild 2.1**.

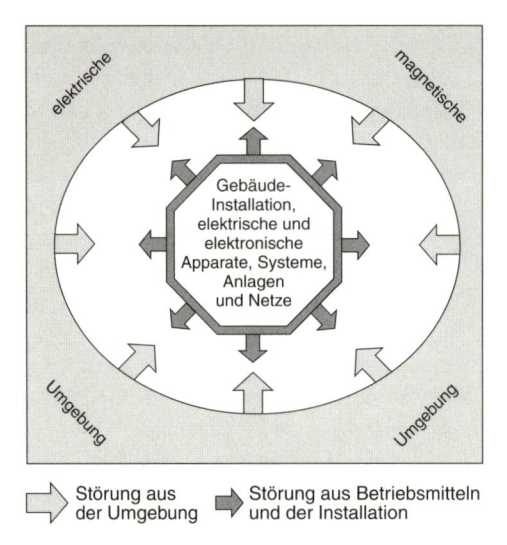

Bild 2.1 *Schema zur Funktion der EMV in der Gebäudeinstallation*

Betrachten wir die Gebäudeinstallation unter dem Aspekt der *EMV*, so sind wie im **Bild 2.2** dargestellt, die Anlagen und Netze der Informationstechnik, Starkstromanlagen, Warn- und Meldeanlagen, Mess-, Steuer- und Regelungsanlagen, Funk- und Telekommunikationsanlagen sowie alle elektrischen und elektronischen *Apparat*e und Geräte im und am Gebäude mehr oder weniger den örtlichen Einflüssen der elektromagnetischen Umgebung ausgesetzt. Die Anlagen, Geräte und Betriebsmittel sollen miteinander kommunizieren und/oder auch nebeneinander funktionieren. Dazu müssen sie eine angemessene Festigkeit gegen *Elektromagnetische Störungen* aufweisen und selber keine unzulässigen Störungen aussenden.

Die Dualität zwischen den beiden Wirkungsrichtungen, Störaussendung und Störsicherheit, muss stets beachtet und in allen Situationen gewährleistet sein. Wenn in einem Gebäude bei vollem Betrieb aller Anlagen und Ausrüstungen keine Störungen auftreten, kann davon ausgegangen werden, dass die EMV gewährleistet ist.

Tun Sie was fürs Netz!

Normerfüllung war gestern – heute sind Qualität und Kundenzufriedenheit gefragt. Stärken Sie Ihre Position im deregulierten Energiemarkt mit einer besseren Netzqualität.

Zum Beispiel durch **schnelles, preiswertes und lösungsorientiertes Messen** mit dem **FLUKE 43 Power Quality Analyzer** - Stromversorgungsanalysator, Multimeter und Oszilloskop in einem.

Mit dem Fluke 43 haben Sie alles:

- **Überblick**
  Signalformen von Echteffektivspannung und -strom darstellen
- **Daten**
  Frequenz, Leistung, Leistungsfaktoren (cos phi und lambda), Scheinleistung und Blindleistung messen
- **Geschwindigkeit**
  Spannungs- und Stromänderungen erkennen, die nur eine einzige Netzperiode dauern, Spannungstransienten ab 40 Nanosekunden automatisch erfassen und mit Datum und Uhrzeit speichern
- **Orientierung**
  Die Ursache von Flicker schnell finden (Richtungserkennung)
- **Inhalt**
  Klirrfaktor und Oberschwingungen bis zur 51. Ordnung messen
- **Komfort**
  Einschaltvorgänge automatisch messen und, und, und...
- **Dokumentation**
  Über die mitgelieferte Software per PC oder drucken direkt aus dem Fluke 43

Mehr Informationen über den Fluke 43 Power Quality Analyzer gibt es bei

Fluke Deutschland GmbH Heinrich-Hertz-Straße 11   Telefon 05 61 / 95 94-0   eMail: info@de.fluke.nl
                           34123 Kassel   Telefax 05 61 / 95 94-159   Internet:http://www.fluke.de

ímv
INVERTOMATIC VICTRON
ENERGY SYSTEMS

On-line Hochleistungs- USV's

IMV-USV's 0,5 bis 4000 kVA

Komplettes Leistungsspektrum für sichere und kontrollierte Stromversorgung mit redundant paralleler Architektur, Energiemanagement und Kommunikationssoftware für die Überwachung und Betreuung der USV's bei sensiblen Anwendungen

www.imv.com

Safe and managed power is our business

IMV Deutschland GmbH
Kriegsbergstrasse 11
D-71336 Waiblingen, Tel.: 07151-98 999-0

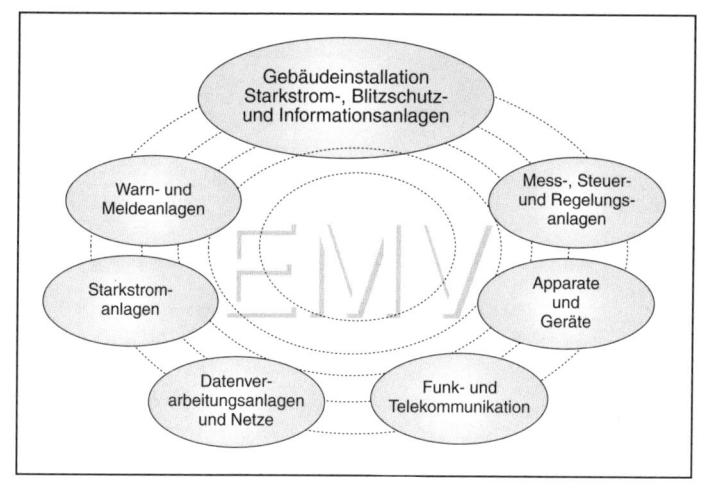

Bild 2.2 Die elektromagnetische Beeinflussung der Komponenten einer Gebäudeinstallation

Frage 2.2 Woher kommen Elektromagnetische Störungen?

Unsere Umwelt enthält diverse Störquellen in vielfältiger Art. Das sind einerseits die natürlichen elektromagnetischen Störungen aus der Atmosphäre und anderseits die technisch geschaffenen Sender für die Telekommunikation (Rundfunk- und Fernsehsender, Mobilfunk, Richtfunk, Radar, Satellitenfunk).
Störquellen sind aber auch **elektrische und elektronische Betriebsmittel**, unabhängig davon, ob sie als Einzelgerät über Steckvorrichtungen betrieben werden oder ob sie fest installiert und damit Bestandteil der elektrischen Installation sind. In der Gebäudeinstallation kommen immer mehr und stärkere Störquellen zum Einsatz. Betrachten wir dazu die heutigen modernen elektrischen und elektronischen Betriebsmittel, die mit Stromrichtern, Umrichtern, Schaltnetzteilen und anderen nichtlinearen Bauteilen bestückt sind. Und gerade diese Betriebsmittel sind es, die sensibel auf ein vorhandenes elektromagnetisches Umfeld reagieren. Beispiele sind unsere Brandmeldeanlagen mit intelligenten Meldern, *DDC-Steuerungen* in der Gebäudeleittechnik, SPS-Steuerungen in technologischen Einrichtungen, Frequenzumrichter in der Antriebstechnik, *EVGs* in Beleuchtungsanlagen. Es gibt viele weitere Beispiele, die nicht nur der Fachmann kennt.
Auch aus der **Gebäudeinstallation** kommen Störungen, wenn sie nicht EMV-gerecht ausgeführt wird. Gebäudeinstallationen werden immer komplexer. Wir haben nicht mehr die Situation wie früher, wo ein paar Beleuchtungs- und Antriebsstromkreise vermischt mit der Klingelleitung nebeneinander verlegt waren. Heute sind in den Installationen Bus- und Datenleitun-

gen, Schaltschränke mit komplizierten Steuer-, Regel- und Meldeeinrichtungen, Gebäudeleittechnik, Datenverarbeitungs- und Übertragungseinrichtungen und vieles mehr dazu gekommen. Denken wir z.B. an vagabundierende Neutralleiter- und Ausgleichsströme in den Gebäuden, die wir auf Potentialausgleichsleitungen, Schirmen von Datenleitungen und leitfähigen Gebäudeteilen finden, wenn wir diesen Strömen dafür Gelegenheit bieten.

Frage 2.3 Welche Bestimmungen regeln die EMV in der Europäischen Union?

In der Europäischen Union (*EU*) werden die Bestimmungen für die *Elektromagnetische Verträglichkeit* von elektrischen und elektronischen Betriebsmitteln, Systemen, Anlagen und Netzen mit der EMV-Richtlinie einheitlich und verbindlich für alle Mitgliedsländer der EU geregelt.
Es gelten die EMV-Richtlinie aus dem Jahre 1989 [1.1] und die Richtlinien zur Änderung und Ergänzung der EMV-Richtlinie [1.1], [1.2], [1.3], [1.4] und [1.5] aus den Jahren 1991 bis 1993.
Der Artikel 100a des EWG-Vertrages sieht vor, dass auf der Grundlage der EMV-Richtlinie die Rechtsvorschriften der EU-Mitgliedsstaaten einander angeglichen und einheitliche technischen Normen mit hohem Schutzniveau für das Inverkehrbringen der technischen Erzeugnisse erarbeitet werden.
Bei den EMV-Normen werden unterschieden, die

- EMV-Grundnormen,
- EMV-Fachnormen und
- EMV-Gerätenormen.

Einen allgemeinen Überblick über bestehende gesetzliche Bestimmungen und Normen sowie über die Zusammenhänge zwischen den Bestimmungen gibt das **Bild 2.3**

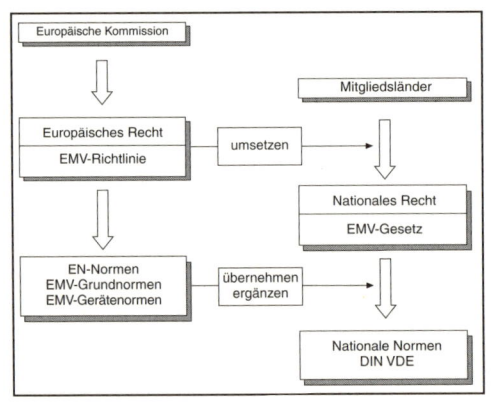

Bild 2.3 *Überblick über rechtliche Bestimmungen und Normen zur EMV*

Frage 2.4 Welche gesetzlichen Bestimmungen regeln die EMV in Deutschland?

Es gilt das „Gesetz über die *Elektromagnetische Verträglichkeit* von Geräten" [2.1], kurz *EMVG* genannt. Mit der zweiten Novellierung des *EMVG*[1] vom 18.09.1998, veröffentlicht im Bundesgesetzblatt, Teil I 1998, ist die EMV-Richtlinie der EU [1.1] einschließlich aller Änderungen und Ergänzungen [1.2] bis [1.5] vollständig in Deutschland eingeführt (s.a. Überblick in Bild 2.3). Das *EMVG* ist Bundesrecht und gilt somit in allen Bundesländern gleichermaßen. Das erste *EMVG*, der Vorgänger zum 1998 eingeführten *EMVG*, war aus dem Jahr 1992 und enthielt eine Reihe von Übergangsbestimmungen. Alle Termine für Übergangsbestimmungen sind 1998 abgelaufen.

Das *EMVG* gilt für solche elektrischen und elektronischen Geräte und Anlagen, die *Elektromagnetische Störungen* verursachen oder deren Betrieb durch *EMV-Einflüsse* beeinträchtigt werden können. Beispiele dafür sind Automatisierungsgeräte, Leuchten mit EVGs, USV, Frequenzumrichter, Bestandteile von Anlagen der Informationstechnik sowie Anlagen mit solchen Geräten.

Das Gesetz gilt nicht, wenn die betreffenden Geräte weder *EM-Störungen* aussenden, noch durch *EMV* beeinträchtigt werden. Beispiele dafür sind, Kabel und Leitungen, Batterien, Kondensatoren, ohmsche Verbraucher, z.B. die Glühlampe.

In Deutschland werden die europäischen EMV-Normen weiter auch als VDE-Normen geführt. Ausgewählte Normen mit EMV-Bestimmungen für elektrische Anlagen und Netze von Gebäuden sind im Literaturverzeichnis unter Ziffer 4 aufgelistet. Zu weiteren EMV-Normen wird auf den Katalog der VDE-Normen des VDE-Verlages verwiesen.

Frage 2.5 Gab es in Deutschland schon immer EMV-Bestimmungen?

Bereits mit dem **„Gesetz über das Telegraphenwesen"** des Deutschen Reiches vom 6. April 1892, (Reichs-Gesetzblatt Nr. 21) wurde im § 12 verfügt: „Elektrische Anlagen sind, wenn eine Störung des Betriebes der einen Leitung durch die andere eingetreten oder zu befürchten ist, auf Kosten desjenigen Theiles, welcher durch die spätere Anlage oder durch eine spätere eintretende Änderung seiner bestehenden Anlage diese Störung oder die Gefahr derselben veranlasst, nach Möglichkeit so auszuführen, daß sie sich nicht störend beeinflussen."

Es gab auch ohne *EMVG* in Deutschland schon immer mehrere VDE-Bestimmungen ([4.2], [4.9], [4.12], [4.13], [4.14], [4.18] u.a.), die Anforderungen an die EMV-Verträglichkeit von elektrischen Anlagen, Betriebsmitteln und Systemen sowie EM-Grenzwerte festgelegt haben.

---

[1] EMVG im Internet unter Bundesgesetzblatt, Teil I

Der Unterschied zu früheren EMV-Einflüssen liegt hauptsächlich in der Art, Vielfalt und den Auswirkungen der gegenseitigen Beeinflussung. Die EMV-Einflüsse aus den alten klassischen Anlagen bestanden in erster Linie in Form von Spannungsänderungen bei Lastschaltungen oder von Brummen auf Telefonleitungen. Heute gibt es ein breites Spektrum elektromagnetischer Einflüsse (s.a. Frage 5.3) und bedeutend sensiblere Betriebsmittel.

Frage 2.6   Was sind Schutzanforderungen im Sinne des EMVG?

Schutzanforderungen im Sinne des *EMVG* sind die grundlegenden EMV-Anforderungen, die jedes Gerät erfüllen muss. Es sind Beschaffenheitsanforderungen, die an die Geräte, Anlagen, Netze und Systeme gestellt werden. Nach § 3 (1) des *EMVG* müssen Geräte und Anlagen so beschaffen sein, dass bei vorschriftsmäßiger Installierung, angemessener Wartung und bestimmungsgemäßem Betrieb gemäß Gebrauchsanweisung der Hersteller die zwei wesentlichen Wirkungsrichtungen der EMV erfüllt sind. Es sind dies

1. die EM-Emission,
   dabei wird die Erzeugung elektromagnetischer Störungen im Gerät soweit begrenzt, dass ein bestimmungsgemäßer Betrieb von Funk- und Telekommunikationsgeräten sowie **sonstiger Geräte** möglich ist und
2. die Immunität gegen EM-Einflüsse,
   die Geräte müssen eine angemessene Festigkeit gegen elektromagnetische Störungen aufweisen, so dass **ein bestimmungsgemäßer Betrieb** möglich ist.

Die Aussage zur Begrenzung der EM-Emission hat also zwei Zielrichtungen. Dabei ist die eine auf Störungen von Funk- und Telekommunikationsgeräten und die zweite auf die übrigen Geräte der Gebäudeinstallation gerichtet. Im Weiteren werden schwerpunktmäßig die EMV-Einflüsse auf die Gebäudeinstallation betrachtet.

Frage 2.7   Wie werden die EMV-Schutzanforderungen erfüllt?

Die Einhaltung der EMV-Schutzanforderungen nach § 3 (1) wird vermutet, wenn die Geräte

– den harmonisierten europäischen Normen und den anerkannten nationalen Normen genügen oder, wenn nicht vorhanden, den anerkannten nationalen Normen genügen oder
– von einer zuständigen Stelle bescheinigt sind.

Bei elektrischen Anlagen wird die Einhaltung der Schutzanforderungen vermutet, wenn die eingesetzten *Apparate* und Betriebsmittel die drei in

Frage 2.8 genannten Bedingungen erfüllen und nach den Anweisungen der Hersteller installiert worden sind. Zusätzlich müssen die Errichtungsnormen für die Anlage selbst und die Umgebungsbedingungen beachtet werden. Dazu benötigt der Installateur EMV-Fachwissen.

Frage 2.8 Welche EM-Voraussetzungen müssen elektrische Geräte erfüllen, damit sie in der Gebäudeinstallation eingesetzt werden dürfen?

Elektrische und elektronische Geräte dürfen in den Mitgliedsländern der EU nur dann

– in Verkehr gebracht,
– gewerbsmäßig genutzt oder
– in Betrieb genommen

werden, wenn sie die *EMV-Schutzanforderungen* nach § 3 (1) des *EMVG* (s.a. Frage 2.6) und die folgenden Bedingungen erfüllen:

1. Auf dem Gerät muss **ein CE-Zeichen** nach Anlage II des *EMVG* angebracht sein. Die Kennzeichnung kann unter Umständen auch auf der Verkaufsverpackung, der Gebrauchsanweisung oder dem Garantieschein angebracht sein.
2. In einer **EG-Konformitätserklärung** nach Anlage II des *EMVG* muss für das Gerät die Übereinstimmung mit den Vorschriften des *EMVG* erklärt sein.
3. Für das Gerät muss eine **Gebrauchsanweisung** nach § 4 des *EMVG* mit Anweisungen für die Installation vorhanden sein, in dem alle notwendigen Angaben für den bestimmungsgemäßen Betrieb des Gerätes enthalten sind, siehe Frage 2.11. Die Gebrauchsanweisung ist Bestandteil der Lieferung.

Ist eine der vorstehenden Bedingungen nicht erfüllt, darf dieses Betriebsmittel grundsätzlich nicht für die Gebäudeinstallation verwendet werden.

Frage 2.9 Was heißt Inverkehrbringen nach EMVG?

Das Inverkehrbringen im Sinne des *EMVG* ist das erstmalige, entgeltliche oder unentgeltliche **Bereitstellen** eines unter die EMV-Richtlinie fallenden Produkts auf dem EU-Markt für den Vertrieb und/oder die Benutzung im Gebiet der EU. Für das Bereitstellen gibt es zwei Varianten:

1. Die Überlassung des Produkts
Hersteller, Bevollmächtigter oder Importeur übereignen oder übergeben das Produkt demjenigen, der es auf dem Markt vertreibt oder es im Rah-

men eines Geschäfts **dem Verbraucher oder Endbenutzer überlässt**. Dabei spielt die Rechtsgrundlage der Überlassung keine Rolle. Diesen Fall haben wir, wenn ein Installateur das Gerät in eine Anlage einbaut und dem Kunden mit der Anlage überlässt.

2. **Das Überlassungsangebot**
   Hersteller, Bevollmächtigter oder Importeur bieten in ihrer Vertriebskette ein für den Endverbraucher bzw. -benutzer bestimmtes Produkt an.
   Befindet sich ein Produkt im Lager des Herstellers oder Importeurs, gilt es grundsätzlich **nicht** als in den Verkehr gebracht. Das Inverkehrbringen geschieht erst mit dem Eintritt in die Handelskette oder mit Eigentumsübergang zum Endverbraucher.

„Die Vorschriften über das Inverkehrbringen gelten **für jedes einzelne fertiggestellte Produkt**, das unter eine EU-Richtlinie fällt, unabhängig vom Herstellungszeitpunkt und -ort und unabhängig davon, ob es als **Einzelstück oder in Serie** gefertigt wurde."

Für eine elektrische Anlage ist der Errichter der Hersteller. Sein Produkt ist die Anlage mit den eingesetzten elektrischen Betriebsmitteln. Dabei ergibt das Aneinanderreihen zweier oder mehrerer Betriebsmittel mit CE-Zeichen nicht automatisch eine Anlage, die die *EMV-Schutzanforderungen* erfüllt. Die Installation mit den Betriebsmitteln muss insgesamt verträglich sein.

Frage 2.10 Welchen Inhalt hat eine EG-Konformitätserklärung?

Den Inhalt einer *EG-Konformitätserklärung* regelt das *EMVG* [2.1] mit seiner Anlage II. Danach muss eine *EG-Konformitätserklärung* für ein Gerät folgendes beinhalten:

- die Beschreibung des betreffenden Gerätes,
- die Fundstelle der Spezifikation, in Bezug auf die Erklärung der Übereinstimmung, sowie ggf. unternehmensinterne Maßnahmen, mit denen die Übereinstimmung der Geräte mit den Vorschriften der EMV-Richtlinie sichergestellt wird;
- die Angabe des Unterzeichners, der für den Hersteller oder seinen Beauftragten rechtsverbindlich unterzeichnen kann;
- ggf. die Fundstelle für eine vorliegende EG-Baumusterbescheinigung.

Der Hersteller oder sein Beauftragter müssen die EG-Konformitätserklärung für die zuständige Behörde zur Einsichtnahme bereithalten und zehn Jahre nach Inverkehrbringen des letzten Gerätes aufbewahren.

Frage 2.11 Was muss eine Gebrauchsanweisung für ein Gerät bezüglich der EMV enthalten und welche Bedeutung haben die Anweisungen für den Installateur?

Der Hersteller eines Gerätes im Sinne des *EMVG* (s.a. Frage 2.8) ist verpflichtet, für jedes Gerät eine *EMV*-Gebrauchsanweisung zu erstellen und mitzuliefern. Mit der Gebrauchsanweisung schreibt er die Bedingungen vor, unter denen ein bestimmungsgemäßer Betrieb des Gerätes aus *EMV*-Sicht gegeben ist.

Die Gebrauchsanweisung muss mindestens enthalten:

1. Hinweise auf Voraussetzungen für den bestimmungsgemäßen Betrieb,
2. Hinweise auf Einschränkungen in der EMV-Umgebung,
3. Anweisungen zur Installation, soweit sie für die EMV erforderlich sind und
4. Hinweise zu Umfang und Häufigkeit von Wartungsmaßnahmen, soweit diese zur dauerhaften Aufrechterhaltung der EMV erforderlich sind.

Die Planer und Errichter (Installateure) von Gebäudeinstallationen haben die Anweisungen der Gerätehersteller bei der Ausführung der Installation zu beachten. Wenn die Geräte abweichend von den Anweisungen der Hersteller installiert werden und dadurch *EM-Störungen* entstehen, trägt der Installateur dafür die Verantwortung.

Frage 2.12 Gilt das EMVG auch für elektrische Anlagen?

Ja, das *EMVG* gilt auch für elektrische Anlagen. Der Errichter einer Anlage ist Hersteller im Sinne des *EMVG*.
Das *EMVG* benutzt zwar im Titel nur den Begriff „Gerät". Im § 2, Ziffer 3 des *EMVG* wird aber definiert:
Geräte im Sinne des *EMVG* sind alle elektrischen und elektronischen

- **Apparate** (Endprodukt mit eigenständiger Funktion und eigenem Gehäuse),
- **Systeme** (eine funktionelle Einheit aus mehreren *Apparate*n oder Bauteilen),
- **Anlagen** (Zusammenschaltung von *Apparate*n, Systemen oder Bauteilen an einem gegebenen Ort; die Bestandteile erfüllen zusammen eine bestimmte Funktion) und
- **Netze** (Zusammenfassung von mehreren Übertragungsstrecken, die an einem Ort elektrisch oder optisch mittels einer Anlage, eines Systems, eines *Apparates* oder eines Bauteils verbunden sind).

Das *EMVG* gilt also nicht nur für Geräte im Sinne von *Apparate*n, sondern grundsätzlich auch für elektrische Anlagen, Systeme und Netze. Dabei ist es unerheblich, ob es sich um Anlagen und Netze der Starkstrom- oder Informationstechnik handelt. Entscheidend ist immer die Frage, ob von dem betrachteten Netz oder von der Anlage unverträgliche EM-Störungen ausgehen oder ob der bestimmungsgemäße Betrieb der betrachteten Anlagen und Netze durch EM-Einflüsse gestört werden kann.

Anlagen, Systeme und Netze einschließlich der Gebäudeinstallation **müssen** wie jeder andere *Apparat* in Gebäuden **die *EMV-Schutzanforderungen* erfüllen.**

Die *EMV-Schutzanforderungen* werden erfüllt, wenn bei der Planung und Errichtung der Anlagen, Systeme und Netze

– Betriebsmittel mit CE-Kennzeichen eingesetzt,
– die EMV-Normen für die Errichtung beachtet,
– die Gebrauchsanweisung der Gerätehersteller eingehalten und
– die notwendigen EMV-Wartungsvorschriften erfüllt

worden sind. Das gilt für jedes einzelne Gerät, für dessen Anordnung in der Installation, für den Aufbau der Netze und für die Ausführung der Gesamtinstallation. Dabei ist die mögliche gegenseitige Beeinflussung aller elektrischen Ausrüstungen, der Erdungs- und Blitzschutzanlage und der übrigen metallisch leitenden Gebäudeteile zu beachten.

Das *EMVG* unterscheidet zwei Arten von Anlagen:

1. Anlagen, die mit CE-gekennzeichneten Betriebsmitteln errichtet werden (*EMVG* [2.1], § 6, Abs. 6)

Ortsfeste Anlagen, in denen ausschließlich CE-gekennzeichnete Betriebsmittel zum Einsatz kommen, werden von den Errichtern unter Beachtung

– der EMV-Normen (soweit für die Errichtung vorhanden) und der anerkannten Regeln der Technik und
– der Angaben der Gerätehersteller in den Gebrauchsanweisungen

installiert und vor der Inbetriebnahme auf ordnungsgemäßen Zustand geprüft.

Der Errichter ist nach den Bestimmungen des *EMVG* Hersteller der Anlage und gegenüber dem Vertragspartner dafür verantwortlich, dass die von ihm errichtete Anlage die *EMV-Schutzanforderungen* erfüllt.

Mit der Herstellerbescheinigung nach BGV A2 [3.2] bestätigt er die ordnungsgemäße Ausführung der Anlage.

2. Anlagen mit EMV-Dokumentation, die mit Betriebsmitteln mit und ohne CE-Kennzeichnung errichtet werden (*EMVG* [2.1], § 6, Abs. 7)

Es gilt allgemein der Grundsatz, dass nur solche Betriebsmittel in Anlagen und Systemen eingesetzt werden, die eine CE-Kennzeichnung besitzen und alle anderen EMV-Anforderungen erfüllen. Das *EMVG* lässt aber auch in

speziellen Fällen einen gewissen Spielraum zu, indem es nicht für alle Einzelkomponenten der Anlage ein CE-Zeichen fordert, sondern für die komplette Anlage den EMV-Nachweis nach einem vereinfachten Verfahren zulässt.
So wird z.B. für eine Anlage, für die auch **eigens für sie** hergestellte und bestimmte *Betriebsmittel* verwendet werden sollen, die formal die Bestimmungen des *EMVG* nicht erfüllen (ohne CE-Zeichen), die Einhaltung der *EMV-Schutzanforderungen* vermutet, wenn

- diese von EMV-fachkundigen Personen errichtet,
- die allgemeinen anerkannten Regeln der Technik eingehalten,
- bei den übrigen Betriebsmitteln mit CE-Zeichen die Angaben in Gebrauchsanweisungen eingehalten werden und
- die Anlage gegenüber anderen in ihrer Umgebung betriebenen Geräte EM-verträglich ist.

Für solche Anlagen muss der Hersteller dem Betreiber bei der Inbetriebnahme ein spezielle technische Dokumentation mit folgendem Inhalt übergeben:

a) eine Beschreibung der Anlage,
b) genaue Angaben zum Standort sowie
c) Angaben über Maßnahmen zur Gewährleistung der *EMV-Schutzanforderungen*.

Der Betreiber hat diese Dokumentation für die Dauer des Betriebes als EMV-Nachweis für die komplette Anlage aufzubewahren.

Frage 2.13 Welche Geräte benötigen eine CE-Kennzeichnung nach EMVG?
Elektrische und elektronische *Apparate*, **Betriebsmittel und „Bauteile mit eigenständiger Funktion"** benötigen **eine CE-Kennzeichnung** nach *EMVG*, Anlage II. Für sie müssen der Hersteller oder sein Beauftragter eine Konformitätserklärung und eine Gebrauchsanweisung erstellen.
Elektrische Anlagen, Systeme und Netze benötigen **kein CE-Zeichen**, müssen aber **die Schutzanforderungen** nach *EMVG*, § 3 (1) erfüllen (s.a. Frage 2.6).
In Anlagen, Systemen und Netzen dürfen grundsätzlich nur Betriebsmittel eingesetzt werden, wenn diese eine CE-Kennzeichnung besitzen. Für errichtete Anlagen **mit** ausschließlich CE-gekennzeichneten Betriebsmitteln steht anstelle der Konformitätserklärung die Errichterbescheinigung nach BGV A2, § 5 Abs. 4 (VBG 4 [3.1]), in der erklärt wird, dass die Anlagen nach den geltenden Bestimmungen, technischen Normen und Anweisungen der Hersteller errichtet worden sind.

Werden Bauteile, *Apparate* oder Systeme **ohne** CE-Zeichen in eine Anlage eingesetzt, muss der Errichter dem Betreiber mit einer technischen Dokumentation nachweisen, wie die *EMV-Schutzanforderungen* erfüllt worden sind und wie diese beim Betrieb erhalten werden müssen. Solche elektrischen Anlagen und Netze müssen durch **EMV-fachkundiges Personal** geplant und errichtet werden.

Frage 2.14 Welche Besonderheiten sind bei Systemen zu beachten?

Das System als Ganzes ist ein Endprodukt. Es wird von derselben Person (Systemhersteller) entworfen, zusammengestellt und als eine funktionelle Einheit für den Endbenutzer in Verkehr gebracht. Ein typisches Beispiel für ein System ist ein Computersystem, geliefert von einer Firma und bestehend z.B. aus PC, Tastatur, Bildschirm und Drucker. Der Systemhersteller ist für die EMV verantwortlich. Er muss deshalb für das gelieferte System eine EMV-Gebrauchsanweisung erstellen.

Wird ein System von einer Person aus Geräten verschiedener Hersteller zusammengestellt, so wird diese Person für dieses System Systemhersteller. Sie muss damit auch die Verantwortung für die Einhaltung der *EMV-Schutzanforderungen* übernehmen und hat die Pflicht, für das zusammengestellte System die EMV-Gebrauchsanweisung zu erstellen.

In Systeme eingesetzte Geräte benötigen eine CE-Kennzeichnung. Das zusammengestellte System braucht kein CE-Zeichen.

Frage 2.15 Gibt es einen Zusammenhang zwischen „EMV-Schutzanforderung" nach EMVG und „ordnungsgemäßem Zustand" nach BGV A2? [3.2]

Die EMV-Schutzanforderungen haben zwei Wirkungsrichtungen. Es geht

- erstens um die Auswirkungen auf die Funktionssicherheit der Geräte und Anlagen und
- zweitens geht es um die Auswirkungen auf die Sicherheit der elektrischen Geräte, Anlagen und Netze in Bezug auf den Schutz der Gesundheit sowie den Schutz von Nutztieren und Sachwerten vor Beschädigung.

Sehr häufig wird durch *Elektromagnetische Störungen* die Sicherheit von Anlagen, Netzen und Steuerungen beeinträchtigt und es werden damit Unfall- und Brandgefahren verursacht. Damit wird klar, dass die EMV-Schutzanforderungen den ordnungsgemäßen Zustand einer Anlage mitbestimmen. Die Einhaltung der *EMV-Schutzanforderungen* ist einerseits eine gesetzliche Pflicht der Planer und Errichter der Gebäudeinstallation. Anderseits stellen die *EMV-Schutzanforderungen* eine Qualitätseigenschaft dar, die ein Auftragnehmer vom Planer und Errichter auch ohne ausdrückliche Vereinbarung per Gesetz bei der Auftragserfüllung verlangen kann. Werden die *EMV-Schutzanforderungen* in der Gebäudeinstallation nicht erfüllt, so besteht im einfachsten Fall ein Qualitätsmangel und in schwereren Fällen ein Sicherheitsrisiko im Arbeitsprozess. Der Verursacher ist für die Beseitigung von Mängeln verantwortlich und für eingetretene Schäden schadenersatzpflichtig [2.4].

Frage 2.16 Was ist eine EMV-fachkundige Person?

EMV-fachkundige Personen im Sinne des *EMVG* [2.1] sind Elektrofachkräfte mit speziellen Kenntnissen auf dem Gebiet der *EMV*.
EMV-fachkundige Personen müssen grundsätzlich folgende Anforderungen erfüllen [5.3]. Es wird erwartet, dass sie

1. einen geeigneten Berufsabschluss haben,
2. eine praktische Tätigkeit ausüben, bei der die EMV eine Rolle spielt,
3. über technische Kenntnisse verfügen, die für die Herstellung der jeweiligen Bauteile, Systeme oder Anlagen notwendig sind,
4. die EMV-Normen und -Bestimmungen sowie EMV-Fachliteratur für die entsprechenden Geräte und Anlagen ihres Tätigkeitsbereiches kennen und Zugriff auf diese Bestimmungen besitzen,
5. praktische Erfahrungen bei der Herstellung und Errichtung von Geräten und/oder Anlagen haben, die die *EMV-Schutzanforderungen* nach *EMVG* erfüllen,
6. die für ihren Tätigkeitsbereich notwendigen EMV-Messverfahren kennen, selbstständig durchführen und die Ergebnisse bewerten können,
7. praktische Erfahrungen bei der EMV-Ertüchtigung von Geräten und/oder Anlagen besitzen.

Die Planung und Errichtung elektrischen Anlagen soll grundsätzlich durch EMV-fachkundiges Personal erfolgen. Dabei wird davon ausgegangen, dass nur solche Betriebsmittel eingesetzt werden, die eine CE-Kennzeichnung besitzen und alle anderen EMV-Anforderungen, wie sie in Frage 2.6 dargestellt sind, erfüllen.
Elektrische Anlagen, in denen für spezielle Anwendungen einzelne für sie selbst gefertigte Betriebsmittel ohne EMV-Nachweis eingesetzt werden sollen, **dürfen** nur von EMV-fachkundigem Personal geplant und errichtet werden [2.1]. In diesen Fällen ist durch die EMV-fachkundige Person für die komplette Anlage, wie in Frage 2.12 unter Ziffer 2 beschrieben, eine technische Dokumentation zu erstellen, die gegenüber der Behörde als EMV-Nachweis gilt.

3 Übertragung von EM-Störungen in der Gebäudeinstallation

Wenn Anlagen oder Geräte von EM-Störungen betroffen sind, fragt man sich, wo denn die Störungen herkommen und vor allem wie sie dahin kommen. Genau diese Fragen, die nicht nur für elektrotechnische Laien ein Phänomen darstellen, hat die Diskussion über den sogenannten „Elektrosmog" in Gang gesetzt. Hinter all diesen Erscheinungen stehen physikalische Gesetzmäßigkeiten, die hinreichend erforscht und theoretisch beschrieben sind. Auf der Grundlage der theoretischen Betrachtungen wurden Berechnungsmethoden entwickelt, mit denen man sehr genau Störpegel und auch Störwirkungen berechnen kann.

Die theoretischen Grundlagen wurden bisher in allen Fällen immer soweit vereinfacht, dass sie auch für den Praktiker verständlich sind. In Bezug auf die elektromagnetische Beeinflussung wurde das sogenannte „Beeinflussungsmodell" geschaffen. Hiermit lassen sich die Vorgänge bei der gegenseitigen Beeinflussung hinreichend gut beschreiben. Die Übertragung von EM-Störungen durch Betriebsmittel auf Anlagen und umgekehrt erfolgt über spezielle Koppel-Mechanismen, wie sie in den Fragen 3.2 bis 3.5 beschrieben werden. Maßnahmen zur Minderung von EM-Störungen sind damit **immer** Entkopplungsmaßnahmen.

Frage 3.1 Was versteht man in der EMV unter Störquelle und Störsenke?

Zur elektromagnetischen Beeinflussung gehören mindestens zwei Teilnehmer, ein Störer und einer, der gestört wird. Diese werden in der EMV-Praxis üblicher Weise, wie im **Bild 3.1** dargestellt, als **Störquelle** (Sender) und als **Störsenke** (Empfänger) bezeichnet. Ausgangspunkt für eine Störung ist immer die Störquelle. Die Störung kann aber nur eintreten, wenn auf der anderen Seite in der Störsenke eine Einrichtung vorhanden ist, die auf das ausgesendete Störsignal mit nicht gewollten Reaktionen reagiert.

Störquelle und Störsenke sind auf einem Wirkungsweg durch Koppelmechanismen mit einander verbunden. Der Zusammenhang zwischen den Teilnehmern und dem Wirkungsweg wird in der Praxis mit dem „Beeinflussungsmodell" beschrieben. Das Beeinflussungsmodell mit seinen Komponenten zeigt das Bild 3.1. Nähere Betrachtungen zu den Koppelmechanismen enthalten die Antworten zu den Fragen 3.2 bis 3.5.

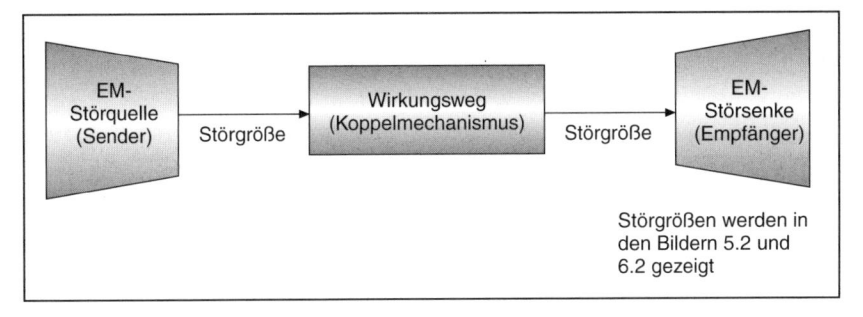

```
EM-              Wirkungsweg                       EM-
Störquelle  Störgröße  (Koppelmechanismus)  Störgröße  Störsenke
(Sender)                                          (Empfänger)

                                    Störgrößen werden in
                                    den Bildern 5.2 und
                                    6.2 gezeigt
```

Bild 3.1 Wirkungsweg der elektromagnetischen Beeinflussungen mit den beiden Teilnehmern Störquelle und Störsenke (Beeinflussungsmodell)

Störquellen, die auf bzw. in Gebäuden wirken, sind z.b.

- Felder aus Energieanlagen und Bahnen,
- Felder aus Sendern, wie Rundfunk, Fernsehen, Telekommunikation, Radar,
- Anlagen der Gebäudeinstallation aller *Spannungsbereiche*,
- elektrische *Apparate* in und am Gebäude,
- Blitzeinwirkungen,

Störsenken an und in Gebäuden sind z.B.

- die baulichen Anlagen mit ihren metallenen Einlagen selbst,
- Anlagen und Installationen aller Gewerke im Gebäude,
- alle elektrischen und elektronischen *Apparate* und Betriebsmittel.

Bei den Anlagen und Installationen ist zu beachten, dass nicht nur die Anlagen mit elektrischen Betriebsmitteln, sondern auch Anlagen mit technologischen Rohrleitungen, metallene Tragkonstruktionen, Blitzschutzanlagen, Krananlagen u.a. Störsenken sind. Sehr häufig werden gestörte Anlagen rückwirkend selber zur Störquelle. So bilden z.B. in metallenen Schleifen induzierte Ströme um den metallenen Leiter magnetische Felder, die andere naheliegende Betriebsmittel beeinflussen. Ein typisches Beispiel sind metallene Rohrleitungen von Warmwasserheizungen, in denen durch EMV-Einflüsse elektrische Ströme induziert werden können und/oder sich über die metallenen Rohrleitungen vagabundierende Potentialausgleichsströme ausbreiten. In diesem Fall können PC-Bildschirme in der Nähe dieser Heizungsleitungen oder neben Heizkörpern magnetisch beeinflusst und gestört werden. Wenn man die Störeinflüsse zwischen den Anlagen und Betriebsmitteln eines Hauses unterbinden oder unterdrücken will, muss man deren Wirkungsmechanismen und die Art und Weise ihrer Ausbreitung ermitteln und diese vermindern.

Frage 3.2 Wie werden Störungen in der Gebäudeinstallation übertragen?

EM-Störungen werden auf ihren Wirkungswegen über galvanische, induktive und kapazitive Kopplungen oder durch Strahlungen übertragen.
Der Wirkungsweg kann eine Leitung sein. In diesem Fall spricht man von leitungsgebundenen Störungen. Es findet eine galvanische Kopplung statt. Wirkungsweg kann aber auch ein elektrisches, magnetisches oder ein elektromagnetisches Feld sein. Dabei werden induktiv oder kapazitiv nichtleitungsgebundene Störungen übertragen. Welches der drei möglichen Felder wirkt, ist objektspezifisch und hängt von der Störfrequenz ab. Niederfrequente Störungen werden über elektrische oder magnetische Felder, hochfrequente Störungen dagegen durch elektromagnetische Felder, übertragen. Koppelmechanismen werden in den Fragen 3.3 bis 3.6 behandelt.

Frage 3.3 Was ist galvanische Kopplung?

Die galvanische Kopplung erfolgt über elektrisch leitfähige Teile und ist immer leitungsgebunden. Dabei wird die EM-Störung zwischen zwei Stromkreisen über solche Impedanzen (Leiter) übertragen, die von beiden Stromkreisen gemeinsam genutzt werden. Die gemeinsamen Impedanzen werden als Koppelimpedanzen bezeichnet.
Eine einfache Darstellung für die galvanische Kopplung zwischen Stromkreis 1 und Stromkreis 2 mit der gemeinsamen Koppelimpedanz Z_K zeigt das **Bild 3.2**.

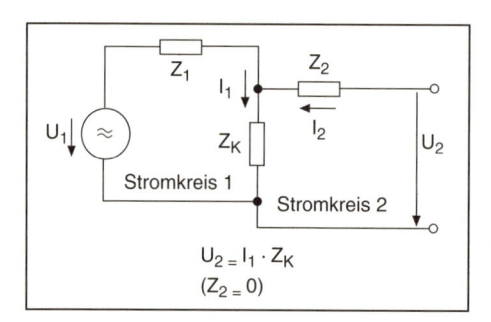

$$U_2 = I_1 \cdot Z_K$$
$$(Z_2 = 0)$$

Bild 3.2
Prinzip der galvanischen Kopplung zwischen zwei Stromkreisen

Die Amplitude der Störung wächst mit den Stromstärken von I_1 und I_2 sowie mit der Koppelimpedanz Z_K. Die Art der Störung wird von der Charakteristik der im Kreis fließenden Ströme bestimmt. Beispiele für galvanische Kopplungen sind Netzrückwirkungen in Form von *Oberschwingungen* und Spannungsschwankungen bzw. -einbrüche.
Weitere Hinweise über die Vermeidung galvanischer Kopplungen und die Minderung ihrer Wirkungen wird mit den Fragen im Abschnitt 6 zu den Netzrückwirkungen und im Abschnitt 7 über Ausgleichsströme behandelt.

Frage 3.4 Was ist induktive Kopplung?

Die induktive Kopplung erfolgt über das magnetische Feld. Dabei wird im ersten Schritt elektrische Energie in magnetische Energie umgewandelt und im zweiten Schritt aus der magnetischen wieder elektrische Energie gewonnen. Jeder stromdurchflossene Leiter ist von einem Magnetfeld umgeben. Die Stärke des Magnetfeldes folgt direkt der Stromstärke. Die Energie solcher Magnetfelder wird bekanntlich bei der Transformation von einer Spannungsebene in die andere genutzt. Das Magnetfeld induziert aber auch in jeder anderen Leiterschleife Störspannungen, wenn sich das Feld in der Leiterschleife zeitlich ändert. In Stromkreisen mit Wechselstrom ist immer ein zeitlich sich änderndes Feld vorhanden. Eine Feldänderung tritt aber auch dann ein, wenn sich der Effektivwert des Stromes ändert. Das ist unabhängig davon, ob es sich um Gleich- oder Wechselstromkreise handelt. Stromänderungen haben wir z.B. bei jedem Motoranlauf oder beim Schalten von Lasten. Die dabei entstehenden an- und abschwellenden Felder können in anderen Stromkreisen EM-Störungen verursachen.

Im **Bild 3.3** wird die induktive Kopplung zwischen zwei Kreisen prinzipiell dargestellt. Dabei wird bei einer Stromänderung im Stromkreis 1 über die Gegeninduktivität M_K im Stromkreis 2 magnetisch eine Störspannung eingekoppelt.

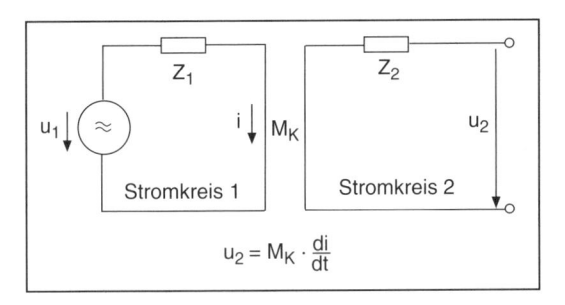

$$u_2 = M_K \cdot \frac{di}{dt}$$

Bild 3.3 *Prinzip der induktiven Kopplung zwischen zwei Stromkreisen*

Die Größe der übertragenen Störung hängt von der Größe der Stromänderung pro Zeiteinheit und der Dimension der Gegeninduktivität ab. Hohe Stromänderungsgeschwindigkeiten entstehen z.B. bei Blitzeinwirkungen, beim Schalten mit Halbleiter- und Vakuumschaltern. Dabei können in naheliegenden Leiterschleifen erhebliche Störspannungen induziert werden. Die Größe dieser Spannung hängt von der Stärke des magnetischen Störfeldes und von der Fläche ab, die die jeweilige Leiterschleife aufweist und die vom magnetischen Störfeld durchsetzt wird.

Induktive Einkopplungen werden minimiert, indem man das magnetische

Störfeld begrenzt und in der Installation keine Koppelschleifen zulässt oder deren wirksame Fläche klein hält. Die wirksame Störfeldstärke wird mit dem Abstand zwischen Quelle und Senke verringert.

Frage 3.5 Was ist kapazitive Kopplung?

Bei der kapazitiven Kopplung wird die EM-Störung über das elektrische Feld übertragen. Parallel liegende Leitungen in der Gebäudeinstallation und Bauteile in Geräten sind physikalisch gesehen Kapazitäten, über die Störungen eingekoppelt werden können. Zu beachtende Kapazitäten sind z.B. großflächige Massestrukturen, wie große Gehäuse oder Wicklungen von Motoren. Die kapazitive Kopplung von einem Stromkreis in den anderen erfolgt, wie im **Bild 3.4** gezeigt, über den dielektrischen Verschiebungsstrom der Koppelkapazitäten. Die Störung wächst mit Stärke der Frequenz bzw. Änderungsgeschwindigkeit der Spannung und der Koppelkapazität C_K zwischen den Stromkreisen. Bei parallel geführten Leitungen treten kapazitive und induktive Kopplungen gleichzeitig auf.

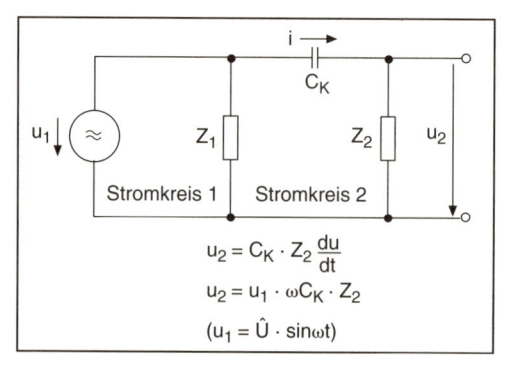

$$u_2 = C_K \cdot Z_2 \frac{du}{dt}$$
$$u_2 = u_1 \cdot \omega C_K \cdot Z_2$$
$$(u_1 = \hat{U} \cdot \sin\omega t)$$

Bild 3.4 Prinzip der kapazitiven Kopplung zwischen zwei Stromkreisen

Die Koppelkapazität zwischen zwei Leitungen ist abhängig von der Länge der Parallelführung, dem Abstand und dem Querschnitt der Leiter sowie von der jeweiligen Dielektrizitätskonstante. Am stärksten sind die Einkopplungen zwischen zwei Adern in einer Leitung oder eines Kabels. Hier liegen die Adern entlang der gesamten Strecke sehr nahe beieinander. So kann sich z.B. bei einer 10 m langen 230-V-Leitung, in der zwei Stromkreise gemeinsam geführt werden, die Störspannung im zweiten Stromkreis auf eine Höhe von mehreren 10 V aufbauen.

Einkopplungen zwischen zwei Leitungen werden in der Praxis durch Verdrillung der Leiter und metallische Abschirmung der Leitung weitgehend verhindert oder minimiert. Für den Schutz der kapazitiven Einkopplung reicht bei verdrillten Leitungen eine einseitige *Erdung* des Schirmes. Dagegen hilft

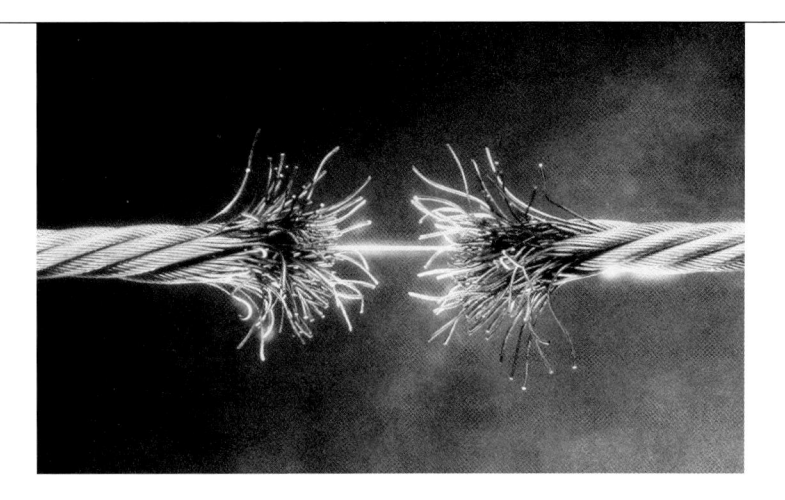

NETZRÜCKWIRKUNGEN

Seien Sie gespannt.

Flimmern, Flackern und Ausfälle elektrischer Geräte sind häufig die Folge von stark schwankenden Lastströmen und elektromagnetischen Feldern. Wir sorgen dafür, dass Sie die Spannung halten!

■ Sowohl in der Planungsphase einer Anlage als auch bei Problemen mit einem bestehenden Netzwerk – wir beraten Sie im Vorfeld, messen und analysieren mit modernen Methoden Netzrückwirkungen und EMV-Einflüsse.

■ Mit den Ergebnissen einer detaillierten Ursachen-/Wirkungs-Analyse erhalten Sie von uns gewinnbringende Vorschläge zur Sicherung der Spannungsqualität und Beseitigung von EMV-Störungen.

Rufen Sie uns an. Und seien Sie gespannt, welche Unannehmlichkeiten und Kosten Sie sich sparen können.

TÜV Anlagentechnik GmbH
Unternehmensgruppe
TÜV Rheinland/
Berlin-Brandenburg

10882 Berlin
Tel. 030/75 62-15 56
Fax 030/75 62-13 70

51101 Köln
Tel. 02 21/806-24 91
Fax 02 21/806-13 54

TÜV Rheinland/
Berlin-Brandenburg

TÜV

ELEKTRO PRAKTIKER Bibliothek

Jürgen Schliephacke
Hans-Heinrich Egyptien
Rechtssicherheit beim Errichten und Betreiben elektrischer Anlagen
Leitfaden und Nachschlagewerk für Fach- und Führungskräfte
192 Seiten, 19 Abbildungen
ISBN 3-341-01208-7
DM 68,–

Faxabruf: 030/428 465 01136

■ Bei der Nutzung elektrischer Energie gelten spezielle Gesetze, Verordnungen und Normen. Das Nachschlagewerk zeigt, welche Verantwortung die Elektrofachkraft beim Planen, Prüfen und Warten elektrischer Anlagen trägt und wie diese Aufgaben richtig, vollständig und gerichtsfest wahrgenommen werden.
Der Anhang enthält u.a. Musterformulare, Merkblätter, häufig verwendete Abkürzungen wichtiger Gesetze, Vorschriften, Organisationen und Einrichtungen.

■ Aus dem Inhalt:
– Rechtsgrundlagen
– Grundlagen der Unternehmerverantwortung
– Unternehmensorganisation und Delegation von Verantwortung
– Umfeld der Elektrofachkraft innerhalb der Unternehmensorganisation
– Stellung und Aufgaben einer Elektrofachkraft
– Umgang mit Fremdfirmen und Leiharbeitnehmern
– Verstöße gegen die Rechtsordnung und deren Folgen

Tel.: 030/4 21 51-325
Fax: 030/4 21 51-468

Verlag Technik · 10400 Berlin

bei induktiven Einkopplungen nur eine beidseitige Erdung des Schirmes. In vieladrigen Datenleitungen sollten die Adern paarweise verdrillt sein. Die Datenleitungen müssen immer geschirmt und die Schirme beidseitig induktionsarm geerdet werden.
Die elektrische Feldstärke wächst mit der Spannungshöhe und nimmt mit dem Abstand zwischen Störquelle und Störsenke sehr schnell ab. Abstand ist der wirksamste Schutz vor EM-Störungen.

Frage 3.6 Welche Störungen werden durch elektromagnetische Strahlung übertragen?

Durch elektromagnetische Strahlung werden höherfrequente EM-Störungen übertragen. Störquellen sind Sender von Rundfunk, Fernsehen und vom Mobilfunk sowie die abgestrahlten Felder der Amateurfunker, der Richtfunkstrecken und Radaranlagen. Störstrahlungen gehen aber auch von Handys, bestimmten elektronischen Schaltungen, getackteten Spannungsquellen, technischen Lichtbögen, elektrostatischen Entladungen und Blitzentladungen aus. Durch elektromagnetische Strahlungen werden hauptsächlich informationstechnische Einrichtungen und Netze gestört. Weitere Einzelheiten werden im Abschnitt 10 behandelt.

Bei höherfrequenten Feldern können ab einer bestimmten Entfernung die elektrischen und magnetischen Felder nicht mehr unterschieden werden. Dieser Zustand tritt ein, wenn der Abstand zwischen Störquelle und Störsenke etwa eine halbe Wellenlänge der Störstrahlung überschreitet. Dabei wirken elektrisches und magnetisches Feld grundsätzlich wechselseitig und treten damit gemeinsam auf.

Die Störwirkung elektrostatischer Entladungen auf einen Stromkreis zeigt das **Bild 3.5**.

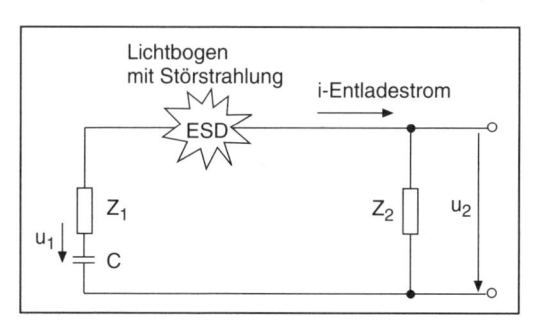

Bild 3.5 Störung durch elektrostatische Entladung

4 Sicherstellung der Elektromagnetischen Verträglichkeit

Die Sicherstellung der *EMV* in der Gebäudeinstallation ist heute neben der elektrischen Sicherheit und dem Blitzschutz eine dritte gleichwertige Disziplin.
Es wurden zwar schon immer Maßnahmen zur elektrischen Sicherheit und zum Blitzschutz bei der Installation berücksichtigt und damit teilweise auch etwas für die *Elektromagnetische Verträglichkeit* getan. Doch nicht alles, was für die elektrische Sicherheit gut ist, ist auch EM-verträglich. Beispiele dafür finden wir u.a. beim Potentialausgleich und bei der Schutzleiterführung, die beide erhebliche EM-Störungen verursachen können, ohne dass von ihnen eine elektrische Gefahr ausgeht. EMV, elektrische Sicherheit und Blitzschutz sind im Zusammenhang zu realisieren.
Mit dem *EMVG* hat die EMV-Problematik an Bekanntheit gewonnen. Zugenommen haben aber auch die negativen Erfahrungen, wo nach Inbetriebnahme neuer Gebäude oder Industrieanlagen EMV-Probleme den bestimmungsgemäßen Betrieb, die Funktion der automatisierten Fertigungsanlagen, die Datenverarbeitungsanlagen eines Bankhauses oder die Funktionssicherheit elektromedizinischer Einrichtungen in Krankenhäusern beeinträchtigt haben. Dennoch erleben wir noch heute in der Praxis Situationen, bei denen die Maßnahmen, die aus nicht beachteten EMV-Grundsätzen oder aus falschen Annahmen realisiert werden, fatale Folgen für den Betrieb eines Gebäudes haben.

Frage 4.1 Welche Möglichkeiten gibt es zur Herstellung der EMV?

Zur Herstellung der elektromagnetischen Verträglichkeit gibt es grundsätzlich drei Möglichkeiten. Im Leitfaden zur Planung der EMV von Anlagen und Gebäudeinstallationen [5.2] werden diese Möglichkeiten als die drei Freiheiten zur Sicherstellung der EMV bezeichnet. Es sind dies

1. die Aussendung von Störgrößen an der Störquelle muss hinreichend klein sein,
2. die Kopplung zwischen Störquelle und Störsenke muss hinreichend gering sein und

3. die Störfestigkeit der Einrichtungen in der Störsenke muss hinreichend groß sein.

Für die Aussendung von Störgrößen sind in Normen Verträglichkeitspegel festgelegt. Die z.Z. geltenden Pegelwerte sowie die Mittel und Möglichkeiten zur Einhaltung der Verträglichkeitspegel, werden im nächsten Abschnitt mit den Fragen zu den einzelnen Störgrößen beschrieben.

Störungen werden durch Kopplungen übertragen. Unterbindet man diese Kopplung, so können die Störungen nicht an die Störsenke gelangen und es findet keine Störung statt. Die Kopplung zwischen Störquelle und -senke wird entscheidend durch die Art der Installation beeinflusst. Deshalb ist die Sicherstellung der EMV bereits bei der Planung der Gebäude und deren Ausrüstung eine eigenständige anspruchsvolle Aufgabe, die es neben den anderen Aufgaben zu lösen gilt. Dabei bedarf es, wie in der Frage 5.2 dargestellt, einer entsprechenden Koordinierung der erforderlichen Maßnahmen.

Die Störfestigkeit von Betriebsmitteln, *Apparat*en und Systemen wird mit EMV-Produktnormen oder auch in Normen für die Verwendung von Betriebsmitteln geregelt. Eine sehr komplexe Norm, die den Einsatz elektronischer Betriebsmittel in Störbereichen von Starkstromanlagen regelt, ist DIN EN 50178, die VDE 0160 [4.14].

Frage 4.2 Wie genau muss die Sicherheit vor EM-Störungen nachgewiesen sein?

Die *Elektromagnetische Verträglichkeit* einer Gebäudeinstallation ist dann gegeben, wenn alle darin betriebenen Anlagen, Ausrüstungen, Betriebsmittel, Systeme und angeschlossene *Apparate* funktionieren und störungsfrei arbeiten. Diese Verträglichkeit kennzeichnet eine begrenzte Störaussendung und eine bestimmte Störfestigkeit. Damit ist für die örtlich betrachtete Konstellation grundsätzlich ein Beweis dafür erbracht, das die Störaussendungen, Kopplungen und Störbeeinflussungen für die zu diesem Zeitpunkt installierten und betriebenen Ausrüstungen und Geräte in zueinander verträglichen Grenzen liegen. Hier muss man ein „aber" nachsetzen. Am nächsten Tag kann das schon ganz anders sein, wenn nämlich empfindliche *Apparate* angeschafft und an die nächste Steckdose angeschlossen und dort gestört werden. An dieser Stelle beginnt der Ärger.

Für die Störfestigkeit und zulässige Störaussendung von elektrischen Betriebsmitteln besteht eine definierte Nachweispflicht. Betriebsmittel dürfen, wie in der Frage 2.8 dargestellt, nur in den Verkehr gebracht (eingesetzt) werden, wenn ihre Störfestigkeit nachgewiesen ist. D.h. es besteht für Betriebsmittel von Anfang an eine Nachweispflicht über deren Störfestigkeit.

35

Ausdruck dafür ist die CE-Kennzeichnung mit Konformitätserklärung sowie die Gebrauchsanweisung des Herstellers. Die Geräte müssen nach den in EMV-Produktnormen festgelegten Verfahren vollständig geprüft sein. Der Errichter darf nur so gekennzeichnete Betriebsmittel einsetzen und muss die Gebrauchsanweisungen der Hersteller beachten. Damit sind für die Störsenke klare Bedingungen gegeben.

Die Planer und Errichter von Anlagen, z.B. elektrische Anlagen und Informationsanlagen, haften wie jeder andere Hersteller für ihr Produkt [2.4]. Sie müssen nach den Bestimmungen des *EMVG,* wie in der Frage 2.12 beschrieben, sicherstellen, dass die Anlagen in ihrer Gesamtheit die *EMV-Schutzanforderungen* erfüllen. Das auf einen Nenner gebracht heißt, die Installation muss so ausgeführt werden, dass daraus die im Gebäude betriebenen Einrichtungen nicht unzulässig beeinflusst werden. Eine sehr wesentliche Einflusskomponente auf die Installation und die daran angeschlossenen Verbraucher ist die Netzspannung. Die Spannungen aus dem öffentlichen Netz, aber auch die aus internen Spannungsquellen haben bereits einen beachtlichen Störpegel. Dieser wird durch die Installation und die daran angeschlossenen Verbraucher weiter verstärkt. Es kommt sehr schnell zu Unverträglichkeiten, wenn die Störpegel in der Netzspannung nicht mit entsprechenden Maßnahmen in verträglichen Grenzen gehalten werden.

Was ist zu tun?

Den Nachweis über die Einhaltung der *EMV-Schutzanforderungen* bringt nur eine entsprechenden Messung vor Ort. Mit der Messung werden alle Einflüsse aus der gesamten EMV-Umgebung und der Netzspannung erfasst. Es wird nachgewiesen, in welchem Maß die *EMV-Schutzanforderungen* erfüllt sind. Deshalb ist von Fall zu Fall zu entscheiden, ob und wie umfangreich gemessen wird. Die Messung kostet zwar zunächst Geld, spart aber eine Menge Ärger und mitunter sehr hohe Nachfolge- bzw. Umrüstkosten.

5 EM-Störungen in der Gebäudeinstallation

Die Gebäudeinstallation ist ein sehr komplexes Gebilde. Sie besteht aus einer Vielzahl von elektrischen und technologischen Anlagen, Einrichtungen sowie Erdungs- und Potentialausgleichsmaßnahmen. Daneben sind in den Gebäuden metallisch leitende Teile, wie Stahlarmierungen im Beton, in Tragwerken der Gebäudekonstruktion und weitere metallene Einbauten, z.B. Geländer, Leitern, Bühnen, Brücken, Galerien und vieles mehr vorhanden. Zwischen den leitenden Gebäudeteilen und den Installationen mit all ihren Betriebsmitteln, Systemen und Netzen gibt es gewollte und ungewollte elektrische Verbindungen und diverse Näherungen, über die sich EM-Störungen in alle Richtungen ausbreiten können (s.a. Bild 5.1).
Erschwerend zu der Komplexität der in einem Gebäude vorhandenen Systeme ist die Tatsache, dass die Systeme von unterschiedlichen Fachleuten und nach völlig unterschiedlichen Gesichtspunkten errichtet werden. Den Baukörper mit leitenden Gebäudeteilen planen und errichten die Bauingenieure. Die unterschiedlichen technologischen Installationen sind Produkte der Gas-, Wasser- und Heizungsfirmen. Selbst bei den elektrischen Systemen arbeiten die Fachleute der Starkstrom-, Fernmelde- und MSR-Technik in weiten Bereichen unkoordiniert nebeneinander. Dabei entstehen viele Störquellen und Störsenken sowie Wirkungswege, auf denen sich die Störungen ausbreiten können.

Frage 5.1 Wer stört wen in der Gebäudeinstallation?

Alle im Gebäude an- und eingebrachten Ausrüstungen mit elektrisch leitenden Teilen sind grundsätzlich an der elektromagnetischen Beeinflussung beteiligt. Darin einbezogen sind nicht nur die elektrischen Systeme, sondern auch die metallischen Armierungen und Tragwerke, die metallischen Installationen für Wasser, Gas und Heizung, technologische Rohrleitungen, Kabelwannen, Blitzschutzmaßnahmen. Jede der Ausrüstungen wird in der EM-Umgebung über Leitungen, Felder oder Strahlung mindestens Störsenke, d.h. Empfänger von EMV-Störpotentialen. Sehr häufig kommt es dann zu Rückwirkungen. Dabei werden aus Störsenken aktive Störquellen.

Das Prinzip der in einem Gebäude wirkenden gegenseitigen elektromagnetischen Einflüsse zeigt schematisch das **Bild 5.1**.

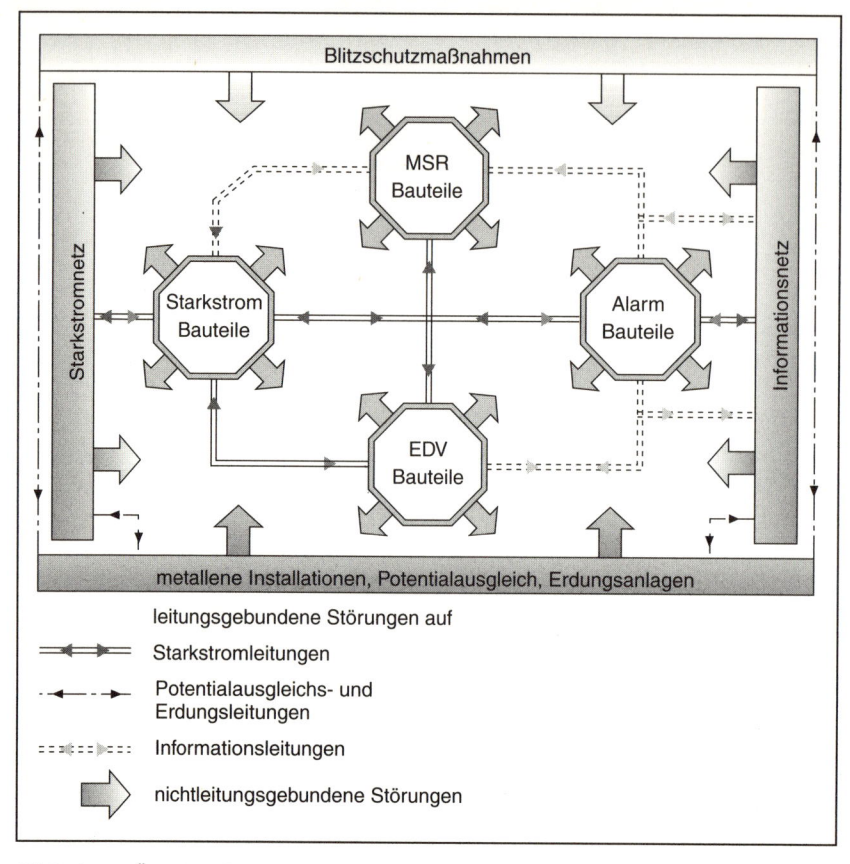

Bild 5.1   Übersicht über die Bestandteile der Gebäudeinstallation und die gegenseitige Beeinflussung von Geräten, Bauteilen und Installationen

Suchen wir nach galvanischen Verbindungen zwischen elektrischen und anderen Installationen im Gebäude oder zwischen mehreren Gebäuden, so finden wir diese z.B. im Potentialausgleich, an Erdungsleitungen und Schutzleiterverbindungen an Gehäusen. Dabei werden als Schutz gegen elektrischen Schlag, gegen Überspannung, als *Funktionserde*, für den Blitzschutz usw. metallisch leitende Verbindungen zwischen

– der Erdungsanlage,
– den technologischen Leitungen,
– dem Starkstromnetz,

- dem Netz der Informationstechnik,
- der Blitzschutzanlage und
- allen elektrischen und elektronischen Betriebsmitteln der Schutzklasse I

hergestellt. Über diese Verbindungen werden galvanisch Störungen ausgetauscht.
Zusätzlich wirken die kapazitiven und induktiven Koppelmechanismen. Auf den entsprechenden Übertragungswegen werden damit leitungsgebundene und nicht leitungsgebundene Störungen ausgesendet und empfangen.
Indem wir in den Gebäuden immer mehr spezielle Technik der Neuzeit einsetzen, z.B. Rechnernetze, Gebäudeleittechnik, elektronische Steuerungen, elektronische Bussysteme, elektromedizinische Geräte, Funkfernsteuerungen und Funktelefone, erhöhen wir die Zahl der Störquellen und Störsenken. Sehr häufig sind diese speziellen Gebäudeausrüstungen empfindliche Störsenken. Dort, wo früher eine robuste Glühlampe und Kurzschlussläufermaschinen betrieben wurden, werden heute Kompaktleuchten mit *EVGs* und mit Frequenzumrichtern gesteuerte Motoren eingesetzt. An die Stelle klassischer Schützsteuerungen kommen heute speicherprogrammierbare Steuerungen (SPS) mit elektronischen Bauteilen.

Frage 5.2 Was muss zur Sicherstellung der EMV bei der Planung und Errichtung von Gebäuden und deren Ausrüstung koordiniert werden?

Die Vielzahl der Störquellen und -senken sowie die komplexen Zusammenhänge zwischen den Ausrüstungen eines Gebäudes, erfordert bereits in der Planungsphase eine Koordinierung zwischen allen Gewerken. Nur durch komplexe Koordinierung der zur Beherrschung der EM-Störungen notwendigen Maßnahmen können die *EMV-Schutzanforderungen* nach *EMVG* [2.1] erfüllt werden.
Unter komplexer Koordinierung wird verstanden, dass alle an der Ausbreitung von EM-Störungen beteiligten Gebäudeausrüstungen so geplant und errichtet werden müssen, dass sie benachbarte Ausrüstungen nicht stören. So müssen z.B.

- der Architekt und der Bauingenieur bei der Anordnung der Betonarmierung die aus dem Betrieb künftiger Gebäudeausrüstungen abgestrahlten Felder berücksichtigen und die ordnungsgemäße und zweckdienliche Einbringung der Erdungsanlagen mit den erforderlichen Anschlüssen für Potentialausgleich vorsehen.
- Der Fachmann für Gas-, Wasser und Heizungsanlagen muss seine Installationen so planen und ausführen, dass sie mit den technologischen Rohrleitungen selbst und zu anderen Gebäudeausrüstungen keine Induktionsschleifen bilden, und wenn das nicht möglich ist, muss er die

wirksamen Flächen dieser Induktionsschleifen minimieren. Er muss die Voraussetzungen für die Schirmung und den erforderlichen Potentialausgleich schaffen.
- Der Planer für technologische Gebäudeausrüstungen, wie Klima, Lüftung, Sprinkler, sollte seine Anlagen ebenfalls möglichst ohne Induktionsschleifen aufbauen und den richtigen Potentialausgleich mit vorsehen.
- Die Elektrofachkraft für die Planung und Errichtung von Starkstrom-, Informations- oder MSR-Anlagen muss ein geeignetes Netzsystem wählen (s. Frage 7.3), Leitungswege nach EMV-Gesichtspunkten optimieren, erforderliche Abstände und Schirmmaßnahmen gegenüber anderen Leitungen und Betriebsmitteln vorsehen (s. Frage 10.3.2) und notwendige Potentialausgleichsmaßnahmen durchführen (s. Frage 7.5).
- Die Planer und Errichter aller Gewerke müssen sich auf gemeinsame Installationswege für Leitungen so einigen, dass mit einer abgestimmten Leitungsführung die EMV-Beeinflussung klein gehalten wird.

EM-Störungen bereiten Ärger, haben juristische Auseinandersetzungen zur Folge und führen zwangsläufig zu einer Qualitätsminderung der Immobilie. Nachträgliche Entflechtungsmaßnahmen sind entweder sehr teuer oder bringen nur kompromissbehaftete Teilerfolge.

Frage 5.3 Mit welchen Arten von EM-Einflüssen muss in der Gebäudeinstallation gerechnet werden?

EM-Störungen resultieren nicht nur aus abgestrahlten Feldern von Sendern der Rundfunk- und Fernsehanstalten oder des Mobilfunks sondern auch aus der Gebäudeinstallation. Einen Überblick über mögliche Störungen, die in unserer elektromagnetischen Umwelt auftreten und die von der Gebäudeinstallation ausgehen oder auf sie einwirken, sind in den **Bildern 5.2** und 6.2 dargestellt.

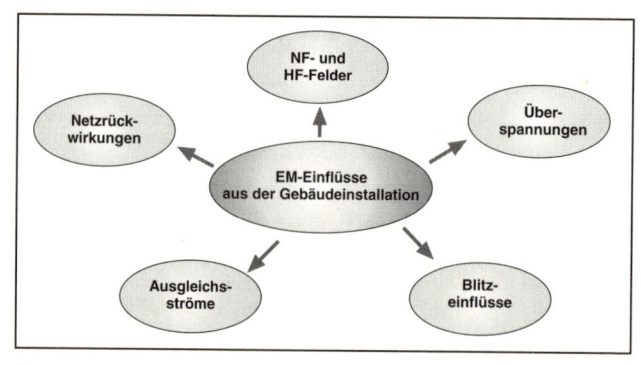

Bild 5.2 Überblick über zu beachtende EM-Einflüsse in der Gebäudeinstallation

Wir müssen sowohl die leitungsgeführten und nicht leitungsgeführten Störgrößen beachten.

Zu den leitungsgeführten Störungen gehören im Wesentlichen
- Netzrückwirkungen (s.a. Bild 6.2),
- Ausgleichsströme,
- Blitzeinflüsse und
- Transiente Überspannungen.

Nicht leitungsgeführte Störgrößen finden wir in Form von
- niederfrequenten elektrischen und magnetischen Feldern und
- hochfrequenten elektromagnetischen Feldern.

Alle Einflüsse haben in Bezug auf ihre Wirkungsmechanismen und Störwirkung eigene Spezifika. Deshalb gelten für deren Begrenzung oder Unterdrückung eigene von einander abweichende Bestimmungen und Grundsätze. Eine nähere Beschreibung erfolgt mit der Behandlung der jeweiligen Einflüsse bei den dazu gestellten Fragen.

Planer und Errichter von elektrischen Anlagen haben die Aufgabe, die von den eingesetzten Betriebsmitteln ausgehenden Störeinflüsse abzuschätzen [4.2] und dafür zu sorgen, dass die *EMV-Schutzanforderungen* [2.1] erfüllt werden.

Frage 5.4 Was sind EMV-Umgebungsklassen?

Ausgehend von dem Grundprinzip der Sicherheitstechnik, „so sicher wie nötig und nicht so sicher wie möglich", werden die elektrischen Versorgungsnetze in Gebäuden nach den Bestimmungen der DIN EN 61000-2-4, VDE 0839, Teil 2-4 [4.24] in *EMV-Umgebungsklassen* eingeteilt. Die Anzahl der Umgebungsklassen ist beliebig. In der Praxis werden überwiegend die drei nachfolgend genannten EMV-Umgebungsklassen definiert. Eine weitere Unterteilung ist zulässig und mitunter notwendig.

Die **EMV-Umgebungsklasse 1** gilt für Verbrauchernetze mit sehr empfindlichen Betriebsmitteln. Man spricht in diesen Fällen von einer geschützten Versorgung. Die *Verträglichkeitspegel* dieser Netzabschnitte sind kleiner als die in öffentlichen Netzen.

Sehr empfindliche Geräte [4.24] sind Ausrüstungen technischer Laboratorien, einige Automatisierungseinrichtungen, MSR-Schutzeinrichtungen, Datenverarbeitungseinrichtungen, empfindliche elektromedizinische Geräte usw. Empfindliche Geräte werden normalerweise USV-versorgt. Die Netzabschnitte für die Versorgung dieser Geräte erhalten Filter und Schutzableiter.

Die **EMV-Umgebungsklasse 2** gilt für den *Verknüpfungspunkt (PCC)* mit dem öffentlichen Netz und allgemein für anlageninterne *Anschlusspunkt*e in der industriellen Umgebung. Diese EMV-Umgebungsklasse entspricht also unserer normalen Umgebung.

Die **EMV-Umgebungsklasse 3** und höher gilt nur für *anlageninterne Anschlusspunkte (IPC)* in spezieller industrieller Umgebung. Solche Umgebungsklassen werden benötigt, wenn in einem Netzabschnitt spezielle Verbraucher betrieben werden, die einen höheren Oberschwingungsgehalt im Laststrom haben, stärkere Spannungsschwankungen verursachen oder wenn beim Betrieb mit stärkeren Frequenzabweichungen gerechnet werden muss. Im Netz der Umgebungsklasse 3 wird mit höheren Störpegeln gerechnet. Deshalb dürfen hier auch nur solche Betriebsmittel und Geräte betrieben werden, die mit diesen Störpegeln sicher und zuverlässig arbeiten können. Ob die Geräte oder Betriebsmittel mit erhöhten Störpegeln arbeiten können, weiß nur der Gerätehersteller. Zum Nachweis der Verträglichkeit und aus Gründen der Gewährleistungspflicht, muss vom Hersteller die Zustimmung für den Einsatz der Betriebsmittel in Klasse 3 eingeholt werden.

6 Netzrückwirkungen

Unter Netzrückwirkungen sind alle die Einflüsse (EMV-Einflüsse) zusammengefasst, die von den Lastströmen auf dem Wege von der Spannungsquelle (Q) zu den Verbrauchern in Verbindung mit den Impedanzen im Netz ausgehen und sich auf die Netzspannung am *Anschlusspunkt* auswirken. Die Entstehung und Wirkung von Netzrückwirkungen ist im **Bild 6.1** schematisch dargestellt. Der eingezeichnete Laststrom erzeugt an den Impedanzen im Netz und an den inneren Impedanzen der Spannungsquelle Spannungsfälle, die sich mit der angelegten Netzspannung überlagern. Die Netzrückwirkungen wachsen mit der Größe des Laststromes, dessen Frequenz und den Impedanzen im Versorgungsnetz. Mit den Netzrückwirkungen werden Form und Größe der Spannung verändert.

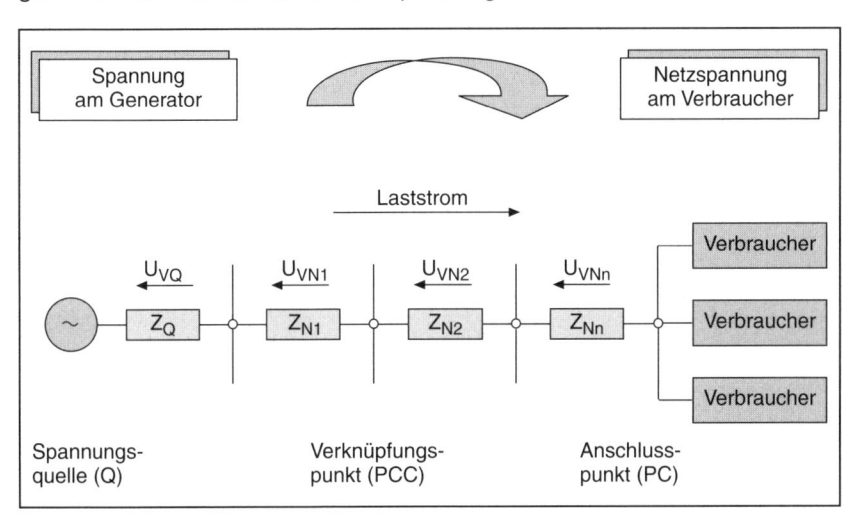

Bild 6.1 Schematische Darstellung zur Entstehung und Wirkung von Netzrückwirkungen, U_V Spannungsfall

Die älteste Form von Netzrückwirkung ist die Spannungsschwankung oder der -einbruch, die beim Schalten starker Lasten entsteht. Wenn die Ströme der geschalteten Lasten gleichzeitig verzerrte Ströme sind, entstehen nicht nur Spannungsschwankungen, sondern auch gleichzeitig noch Spannungsverzerrungen durch *Oberschwingungen*.

Frage 6.1 Was versteht man unter Netzrückwirkungen und welche Störeinflüsse gehören zu den Netzrückwirkungen?

Nach den einschlägigen Normen der VDE-Reihen 0100 und 0800 werden folgende Arten von Netzrückwirkungen betrachtet (**Bild 6.2**):

- *Oberschwingungen* in Strömen und Spannungen,
- *Zwischenharmonische* in Strömen und Spannungen,
- Schwankungen der Netzfrequenz,
- Spannungsschwankungen,
- Flicker in der Netzspannung,
- Spannungseinbrüche und Kurzunterbrechungen,
- Spannungsunsymmetrien,
- Netz-Signalübertragungen und
- Überspannungen.

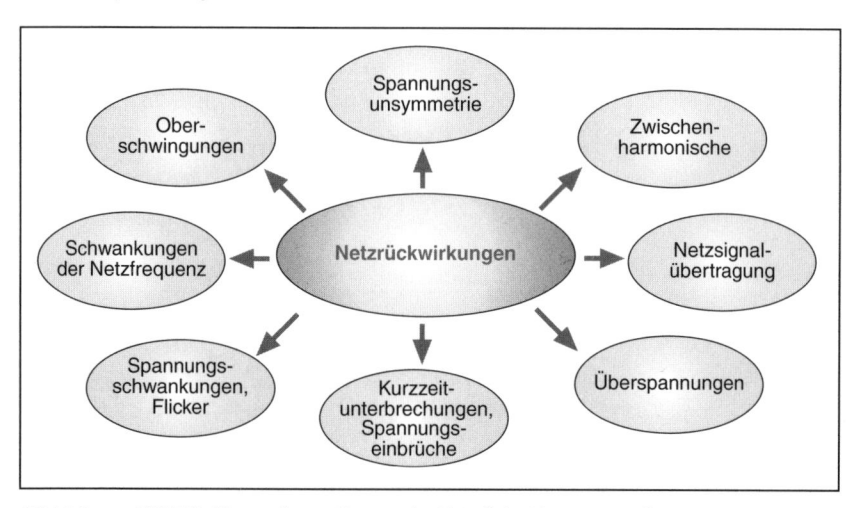

Bild 6.2 *EMV-Einflüsse, die zur Gruppe der Netzrückwirkungen gehören*

Die Netzrückwirkungen gehören zu den leitungsgeführten Störgrößen. Störquellen sind grundsätzlich, so wie es der Name schon sagt, die elektrischen Netze und die daran betriebenen Verbraucher. Die von den Netzrückwirkungen ausgehenden EM-Störungen beeinflussen jedoch nicht nur die elektrischen Verbraucher, sondern auch alle anderen Gebäudeausrüstungen.

Die in Form von Netzrückwirkungen auftretenden EM-Störungen werden häufig von Laien nicht als solche anerkannt. Fachunkundige Personen schimpfen mitunter auf die Qualität der eingesetzten elektrischen Betriebsmittel. Ursache für Funktionsmängel ist nicht immer die Qualität der Geräte, sondern kann auch die Qualität der Netzspannung sein. Diese kann durch Netzrückwirkungen bis zur Unbrauchbarkeit vermindert werden. Netzrückwirkungen werden häufig als gegeben hingenommen und für deren Wirkungen endlos bezahlt. Auf die Wirkungen und möglichen Maßnahmen wird in den nachfolgenden Fragen eingegangen.

6.1 Oberschwingungen

Frage 6.1.1 Was sind Oberschwingungen?

Oberschwingungen oder auch Harmonische genannt, sind ganz allgemein betrachtet sinusförmige Schwingungen, deren Frequenz (f_{OS}) ein ganzzahliges Vielfaches der Grundschwingung (f_0) ist.

$$f_{OS} = n \cdot f_0 \qquad (6.1)$$

(f_0 Grundfrequenz; f_{OS} Frequenz der Oberschwingung; n Ordnungszahl, ganzzahlig)

Die Ordnungszahl einer Oberschwingung ist die Zahl, die das Vielfache ausdrückt, um die die Frequenz der Oberschwingung größer ist als die der Grundschwingung.

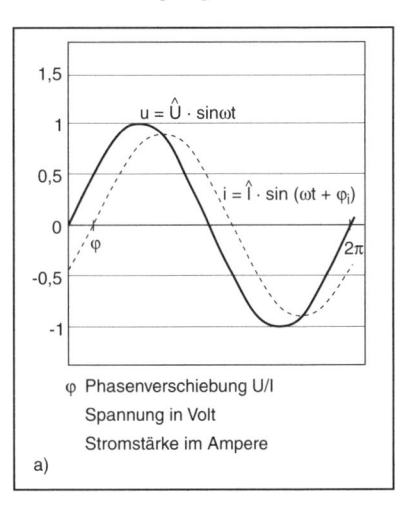

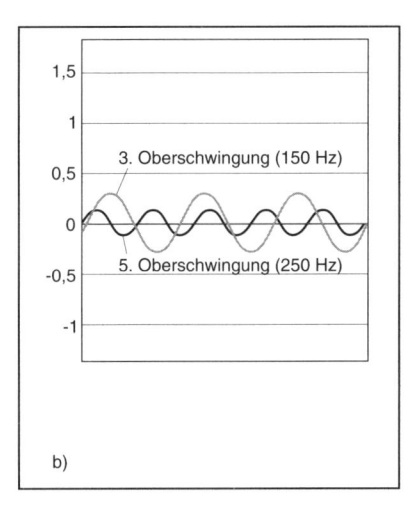

Bild 6.3 Darstellung der Grund- und Oberschwingung
  a) 50-Hz-Grundschwingung von Spannung und Stromstärke
  b) 3. (30%) und 5. Oberschwingung (10%)

45

Schauen wir in unsere technischen Wechselstrom- und Drehstromnetze, so haben wir hier, wie im **Bild 6.3** dargestellt, eine sinusförmige Spannung, die einen sinusförmigen Strom antreibt. Der Strom ist in der Praxis gegenüber der Spannung um den Winkel φ phasenverschoben. Wird ein Verbraucher mit rein ohmschem Innenwiderstand an eine 50-Hz-Spannung angeschaltet, so fließt im Stromkreis ein 50-Hz-Strom ohne Phasenverschiebung. Die am Verbraucher umgesetzte Leistung ist eine reine Wirkleistung. Sie hat, wie im **Bild 6.4a** erkennbar, gegenüber der Spannung die doppelte Frequenz, also 100 Hz. Sind Strom und Spannung um den Winkel φ verschoben, kommt zusätzlich eine Blindleistungskomponente hinzu. Diese ist im **Bild 6.4b** dargestellt.

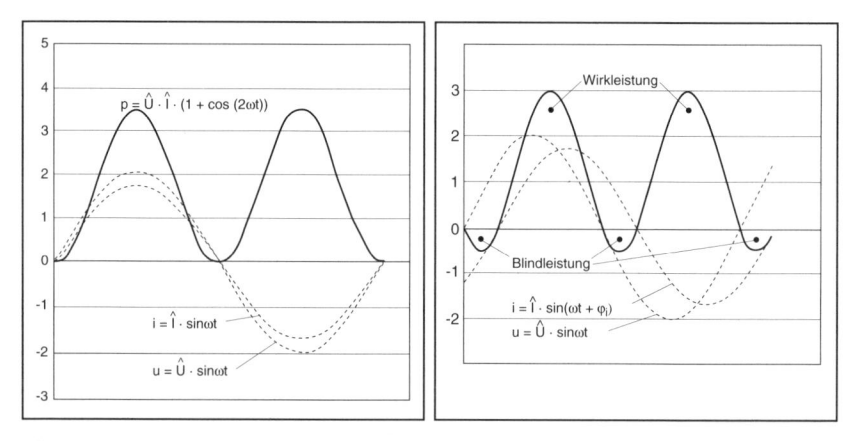

Bild 6.4 a+b *Spannung, Strom und Leistung*
a) bei ohmscher Last, b) bei induktiver Last

Anders verhält sich ein Stromkreis, wenn in ihm sogenannte nichtlineare Verbraucherlasten betrieben werden. Hierzu gehören z.B. eisengesättigte Induktivitäten, wie Transformatoren (insbesondere Kleintransformatoren), Eisendrosseln, Wandler sowie Gasentladungslampen und Stromrichterventile. Trotz sinusförmiger Eingangsspannung fließen in Stromkreisen mit nichtlinearen Lasten nichtsinusförmige Lastströme. Ein Beispiel dafür ist der thyristorgesteuerte Laststrom im **Bild 6.5** (Seite 48).
Aus der Grundschwingung des Stromes werden bei Thyristorsteuerung Teile komplett herausgeschnitten. Der verbleibende Rest ist aus der Sicht der Grundschwingung nicht mehr sinusförmig. Da jedoch in jeder Periode der Grundschwingung an der gleichen Stelle ein Stück gleicher Größe herausgeschnitten wird, bleibt der Laststrom periodisch. Nichtsinusförmige periodische Schwingungen lassen sich nun wieder in eine endliche Zahl von sinusförmigen Schwingungen zerlegen (Fourieranalyse). Diese sinusförmigen

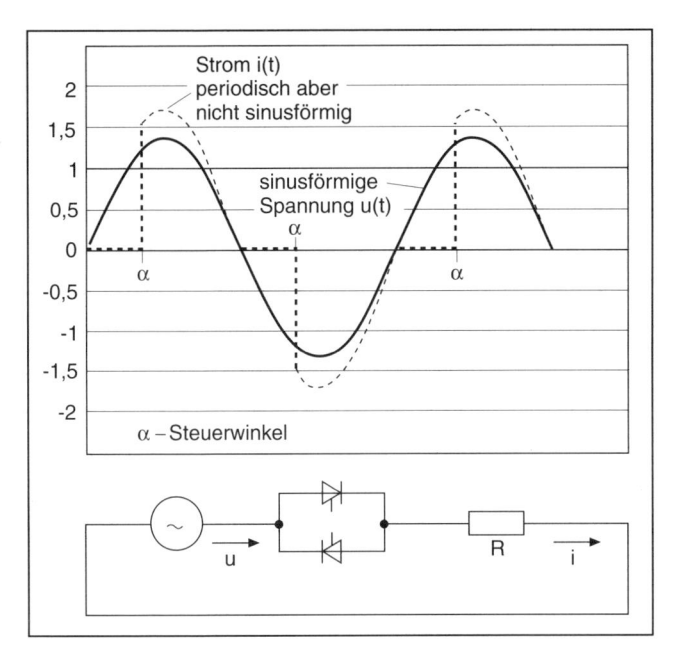

Bild 6.5 Thyristorgesteuerter Laststrom, Laststrom ist nicht mehr sinusförmig

Schwingungen haben jeweils eine eigene Frequenz, die wegen ihrer Zugehörigkeit zur selben periodischen Grundfunktion ganzzahlige Vielfache der Grundschwingung (f_0) sind. Die einzelnen sinusförmigen Schwingungen nennt man *Oberschwingungen*, das Vielfache ihrer Frequenz zur Grundfrequenz die Ordnungszahl der Oberschwingung.

Ein Beispiel zur Ordnungszahl 3: Die Oberschwingung mit der Ordnungszahl 3 hat eine dreimal höhere Frequenz als die Grundschwingung. In den europäischen 50-Hz-Netzen hat damit die 3. Oberschwingung eine Frequenz von 150 Hz, in den amerikanischen 60-Hz-Netzen 180 Hz und im 16-2/3-Hz-Netz der Deutschen Bahn 50 Hz.

Ein Beispiel aus der Praxis zeigt das **Bild 6.6**. Hier wurde der Strom in der Zuleitung eines Unterverteilers gemessen und oszillografiert. Von dem Unterverteiler werden diverse elektronische Geräte eines Studios versorgt. Der im Bild 6.6 oszillografierte Laststrom ist typisch für einphasig arbeitende Netzteile, z.B. von PCs und anderen elektronischen Geräten. Der Strom ist stark beschnitten und verzerrt. Analysiert man die im Strom enthaltenen *Oberschwingungen* (Einzelschwingungen), so erhält man im sogenannten Oberschwingungsspektrum die Pegelwerte (Effektivwerte) jeder einzelnen Oberschwingung bis zur 50. Ordnung.

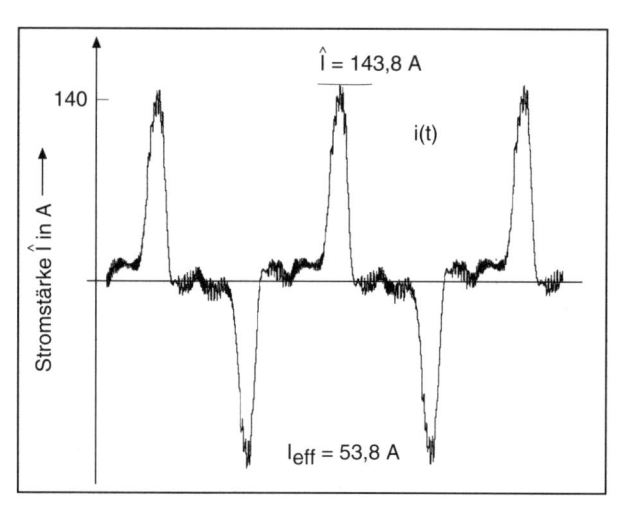

Bild 6.6 Oszillogramm eines Stromes in einem Stromkreis mit diversen Netzteilen für elektronische Geräte

Im **Bild 6.7** sind der Gesamtstrom I_g und die wesentlichen im oszillografierten Strom enthaltenen Pegelwerte als Effektivwert in Ampere ausgewiesen. Wenn sich der Fachmann das Oszillogramm genau ansieht, stellt er fest, dass neben den im Diagramm ausgewiesenen *Oberschwingungen* auch noch höherfrequente *Oberschwingungen* oberhalb der 50. Ordnung enthalten sind.

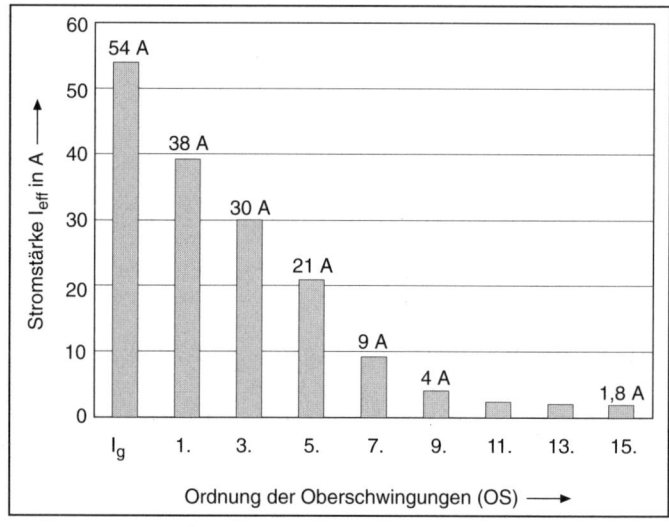

Bild 6.7 Spektrum der Oberschwingungen im Strom von Bild 6.8

V, A, W, THD%, ...

EFFIZIENTE ANALYSE IHRER NETZE

Die Leistungs- und Oberwellen-Analysezange **F27** ist ein tragbares Meßgerät zu einem unvergleichbaren Preis, perfekt geeignet für die Instandhaltung und Überwachung der elektrischen Anlagen (AC+DC)*. Feldtauglich, handlich, und einfach zu bedienen, dieses Werkzeug wird die Effizienz Ihrer Analysen erhöhen.

Urteilen Sie selbst :
- Einphasen und sym. Drehstromnetze
- Messung W, VA, var, Leistungsfaktoren (PF und Cos φ)
- Strom und Spannung in Echteffektivwert (True RMS)
- Oberwellengehalt bis zur 25. Ordnung
- Messung an Transformatoren: Faktoren K & CBEMA
- Große beleuchtete Anzeige mit 3 x 10 000 Meßpunkte
- LWL-Ausgang RS232 mit Software zur Auswertung der Ergebnisse unter Windows

IEC 1010-1 600 V - Cat III

Weiteres Model F23 für AC-Netze

Das Beste der Meßtechnik

CHAUVIN ARNOUX GmbH

Straßburger Straße 34
77694 Kehl/Rhein
Tel.: 07851/9926-0
Fax: 07851/9926-60

CE

ELEKTRO PRAKTIKER
Bibliothek

Veiko Raab
**Überspannungsschutz
in Verbraucheranlagen**
Auswahl, Errichtung, Prüfung

168 Seiten, 97 Bilder, 18 Tafeln
ISBN 3-341-01202-8
DM 39,80

■ Überspannungen können unangenehme und teure Folgen haben.
Sicherheit für Personen und Technik, sorgfältig abgestimmte und ausgewählte Überspannungseinrichtungen, die auch bei starker Beanspruchung zuverlässig schützen: das sind die Ansprüche an die Elektroinstallation. Das Buch von Veiko Raab beschreibt anschaulich und genau, was Sie beachten müssen, um Ihren Kunden eine wirklich überspannungsfeste Anlage übergeben zu können.

■ Aus dem Inhalt:
– Das Ereignis „Transiente Überspannung" in Verbraucheranlagen
– Möglichkeiten zur Begrenzung transienter Überspannungen
– Begrenzung transienter Überspannungen in Verbraucheranlagen durch Überspannungsschutzgeräte
– Einsatz von Überspannungsschutzgeräten unter Beachtung des Schutzes bei indirektem Berühren in Verbraucheranlagen
– Wechselwirkungen von Überspannungsschutzgeräten mit Überstrom-Schutzeinrichtungen in Verbraucheranlagen
– Einfluss der Installationsausführung von Überspannungsschutzgeräten auf deren Wirksamkeit
– Koordination von Überspannungsschutzgeräten unterschiedlicher Anforderungsklassen
– Einsatz von Überspannungsschutzgeräten der Anforderungsklasse B in Hauptstromversorgungssystemen
– Prüfung der Funktionsfähigkeit von Überspannungsschutzgeräten

Tel.: 030/4 21 51-325
Fax: 030/4 21 51-468

Verlag Technik · 10400 Berlin

Oberschwingungen werden grundsätzlich auch über Transformatoren in die anderen Spannungsebenen bis zur Spannungsquelle, z.B. zum Generator, transportiert. Bei der Transformation der *Oberschwingungen* über Drehstromtransformatoren spielen der Aufbau des Transformators die Schaltgruppe (DY; YY) und die Sternpunktbehandlung im Netz eine Rolle.
Die *Oberschwingungen* der ersten bis n-ten Ordnung bilden im Drehstromsystem Mit-, Gegen- und Nullsysteme. Demzufolge haben die *Oberschwingungen* im Drehstromsystem bezogen auf das Drehfeld auch unterschiedliche Drehrichtungen. Aus der näheren Betrachtung ergibt sich folgendes Bild:

- **Oberschwingungen im Mitsystem**
  unterstützen bzw. verstärken das Drehfeld der Grundschwingung,
- **Oberschwingungen des Gegensystems**
  arbeiten gegen das Drehfeld der Grundschwingung. Sie bremsen bzw. schwächen das Drehfeld der Grundschwingung ab.
- **Oberschwingungen im Nullsystem**
  haben keinen Drehsinn und damit keinen Einfluss auf umlaufende Drehfelder.

Welche der *Oberschwingungen* zum Mit-, Gegen- oder Nullsystem gehören, zeigt **Tafel 6.1**. Darin haben die *Oberschwingungen* des Nullsystems eine „0", die des Mitsystems ein „+" und die des Gegensystems ein „–". Die Reihe der Ordnungszahlen in der Tafel kann beliebig fortgesetzt werden. Damit lässt sich die Systemzugehörigkeit jeder beliebigen Oberschwingung bestimmen.

Tafel 6.1 Übersicht über die Systemzugehörigkeit der Oberschwingungen und ihren Drehsinn im Drehstromnetzen

	Ordnungszahl n der Oberschwingung											
System	1	2	3	4	5	6	7	8	9	10	11	n	n+1
-zugehörigkeit, Drehsinn	+	–	0	+	–	0	+	–	0	+	–	0	+

+ → Mitsystem: positiver Drehsinn
– → Gegensystem: negativer Drehsinn
0 → Nullsystem: ohne Drehsinn

Die Zugehörigkeit der *Oberschwingungen* zu den jeweiligen Systemen kann aber auch wie folgt rechnerisch ermittelt werden:

$\nu - 3k = 0$ → ergibt ein Nullsystem
$\nu - 3k = 1$ → ergibt ein Mitsystem
$\nu - 3k = 2$ → ergibt ein Gegensystem $(0 \leq k \leq \nu)$

In einem Drehstromnetz mit einer Unsymmetrie im Strom oder in der Spannung bzw. in den Impedanzen der Last oder des Netzes, können die *Oberschwingungen* derselben Ordnung, wie die Grundschwingungen eigene Mit-, Gegen- und Nullsysteme bilden.
Oberschwingungen oberhalb der 50. Ordnung werden in unseren elektrischen Netzen nach der gegenwärtigen Normenlage [4.23], [4.24] und [5.1] nicht bewertet. DIN EN 50160 [4.29] bewertet die *Oberschwingungen* nur bis zur 25. Ordnung. Das Störpotential der *Oberschwingungen* mit Ordnungszahlen über 25 ist jedoch nicht weniger gefährlich und sollte deshalb unbedingt beachtet werden.

Frage 6.1.2 Wie entstehen Oberschwingungen in der Netzspannung?

Oberschwingungen in der Netzspannung entstehen entweder bei der Spannungserzeugung oder durch Rückwirkungen aus oberschwingungshaltigen Lastströmen. Am stärksten wirkt die zweite Quelle, die Rückwirkung aus oberschwingungshaltigen Lastströmen.

1. Mit der Netzspannung erzeugte Oberschwingungen

Oberschwingungen entstehen sowohl bei der generatorischen als auch der transformatorischen Spannungserzeugung. Das Ausmaß der in Generatoren und Transformatoren erzeugten *Oberschwingungen* hängt von der Führung der inneren magnetischen Felder, der verwendeten magnetischen Materialien und von der Art der Wicklungsschaltung ab. Insbesondere Generatoren von Ersatzstromaggregaten erzeugen starke *Oberschwingungen* im Nullsystem, wenn diese nicht durch spezielle Maßnahmen, z.B. durch zweidrittel gesehnte Wicklungen, kompensiert werden. Aber auch Kleintransformatoren und Wandler sind als Oberschwingungserzeuger bekannt. Eine andere Kategorie von Spannungsquellen sind die Wechselrichter, die z.B. im Ausgang jeder statischen USV-Anlagen eingesetzt sind. Abhängig vom Schaltungsaufbau und den Kompensationsmaßnahmen werden bei der Spannungserzeugung in Wechselrichtern *Oberschwingungen* erzeugt. Die Wechselrichtertechnik hat sich in den letzten Jahren sehr stark entwickelt. Dabei wurden intelligente Systeme zur Verminderung der Oberschwingung geschaffen. Es sind aber noch diverse alte Systeme in Betrieb, die bereits bei geringer nichtlinearer Belastung so starke Störpegel erzeugen, dass die Spannung für die sensiblen Verbraucher unbrauchbar wird. Damit können alte USV-Anlagen ohne Maßnahmen gegen Oberschwingungen nur im Unterlastbetrieb gefahren werden.

2. Oberschwingung durch Rückwirkungen aus dem Laststrom

Oberschwingungen im Strom erzeugen Rückwirkungen auf die Netzspannung. Das Prinzip der Netzrückwirkungen zeigt das Bild 6.1.

Lastströme erzeugen im Lastkreis an den Impedanzen immer Spannungsfälle. In den Spannungsfällen widerspiegeln sich nicht nur die Höhe der Lastströme sondern auch deren Form. Ist der Laststrom ein Gemisch von Grund- und *Oberschwingungen*, so ist das auch der Spannungsfall. So erzeugt z.B., wie in der Formel (6.2) dargestellt, die Oberschwingung I_n im Strom einen Spannungsfall U_n, die nun eine Oberschwingung in der Spannung geworden ist. Die Spannungsfälle U_n an den Impedanzen auf dem Wege vom *Verknüpfungspunkt (PCC)* zum *Anschlusspunkt (PC)* addieren sich zu den Oberschwingungen am *Verknüpfungspunkt (PCC)*. Die Summe der Störpegel finden wir dann in der Netzspannung am *Anschlusspunkt (PC)*.

$$U_n = z \cdot I_n \qquad (6.2)$$

Eine 50-Hz-Grundschwingung, der eine 250-Hz-Spannung (*Oberschwingungen* der 5. Ordnung) überlagert ist, zeigen die **Bilder 6.8** und **6.9**.

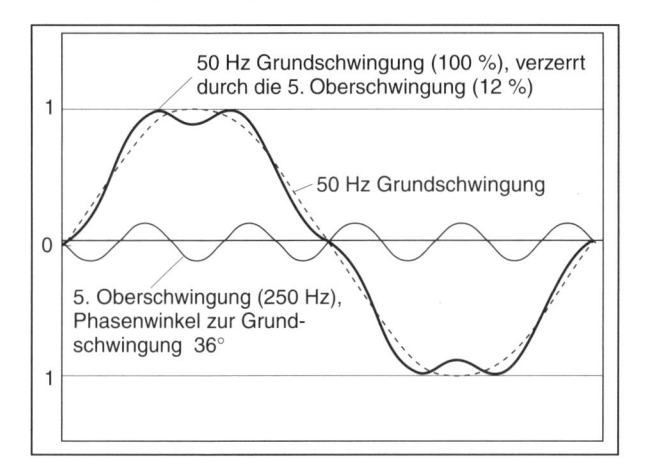

Bild 6.8 Durch die 5. Oberschwingung (12 %) verzerrte Netzspannung, 5. Oberschwingung gegenüber der Grundschwingung um 36° verschoben

Das fatale bei den oberschwingungsbehafteten Spannungsfällen ist, dass diese frequenzabhängig sind und ihre Wirkungen stärker als die der Grundschwingung ausfallen. So ist z.B. bei gleichem Effektivwert der Spannungsfall der 5. Oberschwingung (250 Hz) im Strom an einer Induktivität fünfmal größer als der der Grundschwingung (50 Hz). Der Spannungsfall an einer Induktivität ergibt sich aus der Gleichung $U_v = I \cdot \omega L$ oder anders ausgedrückt $U_v = I \cdot 2\pi f \cdot L$ bzw. $U_v = f(I, f, L)$. Wenn auch die *Oberschwingungsströme* höherer Ordnung gegenüber denen der niedrigeren Ordnung bedeutend kleinere Pegelwerte haben, sind Störwirkungen, z.B. an längeren Leitungen, nicht mehr zu vernachlässigen.

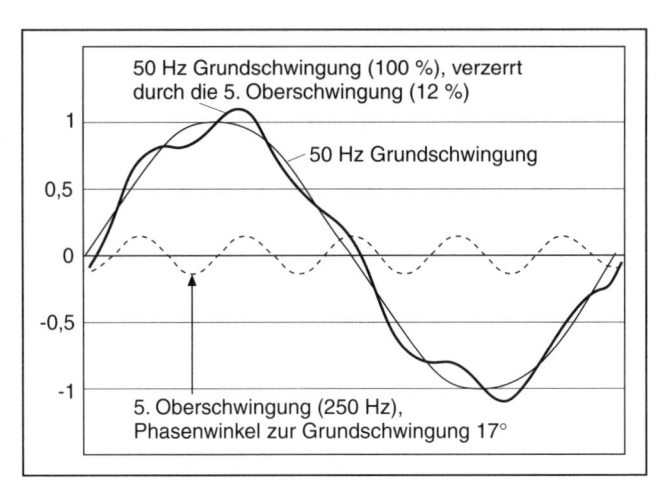

Bild 6.9 Durch die 5. Oberschwingung (12 %) verzerrte Netzspannung, 5. Oberschwingung gegen Grundschwingung um 17° verschoben

Die Netzspannung in den öffentlichen Versorgungsnetzen wird am Tage schwerpunktmäßig durch Rückwirkungen aus der Industrie einschließlich den gewerblichen Betrieben und am Abend im starken Maße durch die Verbraucher der vielen Millionen Haushalte verzerrt.

Ein Beispiel für den Wochengang der Störpegel ausgewählter *Oberschwingungen* in einer 230-V-Netzspannung am *Anschlusspunkt* eines Abnehmers zeigt das **Bild 1/ Anhang 2**. Darin sind auf der linken Seite die Störpegel der *Oberschwingungen* und auf der rechten Seite der Effektivwert der Netzspannung skaliert. Ins Auge springt der Wochengang vom Störpegel der 5. Oberschwingung (250 Hz, rote Kurve). Seine Maximalwerte erreicht er zu bestimmten Tageszeiten und diese sind wiederum abhängig vom Wochentag. An Werktagen liegt das Tageshoch gegen 20 Uhr. Am Wochenende beginnt das Maximum schon früher und hat zur Mittagszeit bereits ein erstes Hoch. Bei interessanten Fernsehsendungen, z.B. bei der Fußballweltmeisterschaft, erreichen die Störpegel der 5. Oberschwingung Extremwerte. Im zeitlichen Verlauf des 250-Hz-Störpegels kommen die Rückwirkungen der vielen nichtlinearen einphasigen Verbraucher zum Ausdruck. Im Niederspannungsnetz sind neben der 5. Oberschwingung (Harmonische) auch die 3. und 7. Oberschwingung nicht zu unterschätzen.

Wenn ein Betreiber behauptet, er hätte keine *Oberschwingungen* bzw. er wolle sie vollständig beseitigen, so lebt er neben der Realität. Eine Netzspannung ohne *Oberschwingungen* gibt es nicht. Vollständig sinusförmige Lastströme sind heute genauso selten. Real und erfüllbar ist der Wunsch nach *Oberschwingungen* im verträglichen Umfang.

Frage 6.1.3 Was sind die quantitativen Merkmale von Oberschwingungen?

Charakteristische Grundgrößen für *Oberschwingungen* sind
- **Pegel** – entspricht dem Effektivwert der Oberschwingung,
- **Ordnungszahl** ν – ist das Vielfache der Frequenz der Grundschwingung,
- **Frequenz** f_{OS} – steht mit der Ordnungszahl im Verhältnis (Formel 6.1),
- **Phasenlage** φ – ist der Winkel zwischen Ober- und Grundschwingung,
- **Oberschwingungsgehalt** – ist das Verhältnis aller Oberschwingungen zur Gesamtgröße.

Für den Oberschwingungsgehalt werden in der Praxis voneinander abweichende Definitionen verwendet (Formeln 6.3 bis 6.5). Für die Angabe des Oberschwingungsgehaltes, z.b. der Spannung, sind alternativ folgende drei Definitionen gebräuchlich.

- Der **Klirrfaktor K** gibt das Verhältnis der Summe aller Effektivwerte der *Oberschwingungen* zum Effektivwert der Gesamtspannung an [5.1].

$$K = \sqrt{\sum_{n=2}^{N}(u_n)^2} \quad (\%) \qquad u_n = \frac{U_n}{U_{LN}} \qquad (6.3)$$

- Der **Gesamtverzerrungsfaktor D** gibt das Verhältnis der Summe aller Effektivwerte der *Oberschwingungen* zum Effektivwert der Grundschwingung an [4.23].

$$D = \sqrt{\sum_{n=2}^{N}(u_n)^2} \quad (\%) \qquad u_n = \frac{U_n}{U_1} \qquad (6.4)$$

- Der **Gesamtoberschwingungsgehalt THD** gibt das Verhältnis der Summe aller Amplitudenwerte der *Oberschwingungen* zur Amplitude der Gesamtspannung an [4.29].

$$THD = \sqrt{\sum_{n=2}^{N}(\hat{u}_h)^2} \quad (\%) \qquad \hat{u}_h = \frac{\hat{U}_n}{\hat{U}_1} \qquad (6.5)$$

U_n Effektivwert der n-ten Oberschwingung (V),
u_n Relativwert der n-ten Oberschwingung (%),
$\hat{U}_n$ Amplitude der n-ten Oberschwingung (V),
$\hat{u}_n$ relative Amplitude der n-ten Oberschwingung (%),
U_1 Effektivwert der Grundschwingung (V),
U_{LN} Effektivwert der Gesamtspannung (V),
$\hat{U}_1$ Amplitude der Grundschwingung (V).

Der Gesamtverzerrungsfaktor D und der Gesamtoberschwingungsgehalt THD liefern vergleichbare Werte, weil beide auf die Grundschwingung bezogen sind hat sich der THD durchgesetzt.

Unter den *Oberschwingungen* werden in der Normenpraxis drei Gruppen unterschieden:

1. *Oberschwingungen* mit geradzahliger Ordnungszahl n, z.B. 2.; 4. und 6. Ordnung,
2. *Oberschwingungen* mit ungeradzahliger nicht durch drei teilbarer Ordnungszahl n, z.B. 5.; 7. und 11. Ordnung,
3. *Oberschwingungen* mit ungeradzahliger durch drei teilbarer Ordnungszahl n, z.B. 3.; 9. und 15. Ordnung.

Für jede dieser Gruppen gibt es eigene Bewertungsmaßstäbe. Diese werden mit der Frage 6.1.5 behandelt.

Frage 6.1.4 Was ist das Störpotential bei Oberschwingungen?

Oberschwingungen haben ein sehr breites EM-Störpotential. Die wesentlichen Störeinflüsse werden in den nachfolgenden Punkten 1 bis 9 dargestellt.

1. *Oberschwingungen* verzerren Strom und Spannung

Oberschwingungen verzerren den Momentanwert der Ströme und der Spannung. Man spricht in solchen Fällen auch von verzerrten oder nichtsinusförmigen Größen. Die Verzerrung entsteht durch Überlagerung der sinusförmigen Grundschwingung mit sinusförmigen *Oberschwingungen* unterschiedlicher Frequenz.

Die Verzerrungswirkung der *Oberschwingungen* ist abhängig von deren Phasenlage zur Grundschwingung. Sie kann dabei die Flanken der Grundgrößen oder den Scheitelwert vergrößern oder verkleinern. Im Bild 6.8 ist die Oberschwingung um eine halbe Periode der 250-Hz-Frequenz (36°) gegenüber der Grundschwingung verschoben. Vergleicht man die Wirkung im Bild 6.8 mit der im Bild 6.9, so stellt man fest, dass die Phasenlage der *Oberschwingungen* Auswirkungen auf die Form der Verzerrung und damit auf den Scheitelwert (*Crestfaktor*) der verzerrten Schwingung hat.

Ein Beispiel aus der Praxis, bei dem die Flankensteilheit bzw. die wirksame Fläche und der Crestfaktor eines periodischen Stromes beeinflusst sind, zeigt das Bild 6.14.

2. *Oberschwingungen* beeinflussen das Drehfeld

Die 50-Hz-Ströme der drei Leiter eines Drehstromsystem erzeugen in elektrischen Maschinen das umlaufende Drehfeld. Das ist jenes Feld, in dem die elektrische Energie über das Magnetfeld in mechanische Energie umgesetzt wird und das den Motor dreht. Bei geordneter Reihenfolge der Außenleiter hat das umlaufende Drehfeld einen Rechtsdrehsinn. Das ist unabhängig davon, welche Frequenz die Grundschwingung hat. Mit diesem Drehsinn der Motoren ist jeder Fachmann in der praktischen Installationstechnik vertraut. So muss er z.B. nach den Errichtungsbestimmungen der DIN VDE 0100 die Drehstromsteckdosen in Arbeitsstätten alle auf gleichen Drehsinn, vorrangig den Rechtsdrehsinn, anschließen und am Ende auch durch Prüfung nachweisen. Das ist kein EMV-Problem, sondern eine Frage des sicheren Betriebes der angeschlossenen Maschinen.

EMV-Probleme entstehen aus den unterschiedlichen Drehrichtungen der *Oberschwingungen*. Einen Überblick über deren Auswirkungen zeigt das **Bild 6.10**. Hier sind die Drehwirkungen der 50-Hz-Grundschwingung sowie die parasitären Wirkungen ausgewählter *Oberschwingungen* der 5. bis 13. Ordnung dargestellt. Die *Oberschwingungen* der 5. und 11. Ordnung drehen gegen das Drehmoment, das die Grundschwingung im Asynchronmotor erzeugt und bremsen ihn ab. Das führt in der Praxis zur Schwächung des Antriebsmomentes. Der Motor benötigt einen höheren Strom, wird warm und laut.

7. OS 350 Hz	5. OS 250 Hz
	50 Hz Drehfeld
11. OS 1050 Hz	13. OS 1150 Hz

Mitsystem
(positiver Drehsinn):
- 1. Grundschwingung
- 7. Oberschwingung
- 13. Oberschwingung

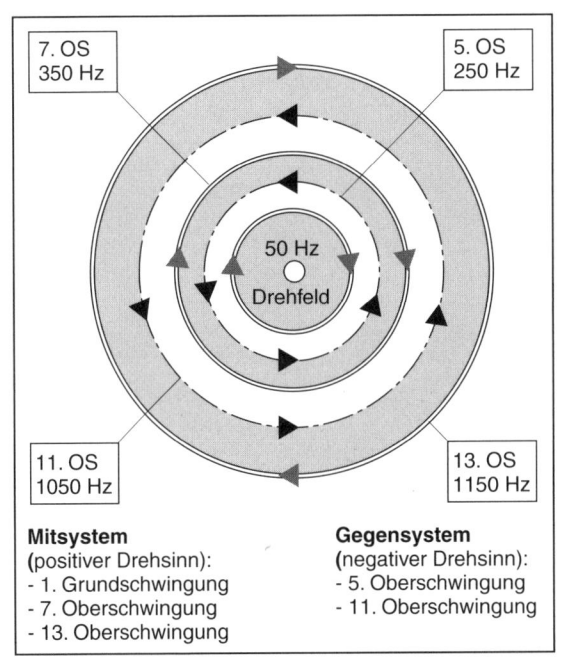

Gegensystem
(negativer Drehsinn):
- 5. Oberschwingung
- 11. Oberschwingung

Bild 6.10   *Drehfeldbeeinflussung durch Oberschwingungen*

Anders verhalten sich die *Oberschwingungen* des Mitsystems, z.B. die *Oberschwingungen* der 7. und 13. Ordnung. Sie unterstützen das Drehfeld im Antriebsmotor. Die dem Drehfeld zusätzlich aufgeprägten höherfrequenten Felder verstärken die Laufunruhe und -geräusche. Sie können Rüttelkräfte erzeugen.

Die parasitären Momente resultieren aus den *Oberschwingungen* der Spannung und können nur durch Verminderung der Oberschwingungspegel in der Spannung bekämpft werden.

3. *Oberschwingungen* erhöhen den Strom im Neutralleiter

In einem Drehstromnetz addieren sich die Ströme des Nullsystems im Neutralleiter. Zum Nullsystem im Drehstrom gehören alle die *Oberschwingungen*, deren Ordnungszahl durch 3 teilbar ist (s.a. Frage 6.1.3).

Daraus erwachsen zwei Probleme. *Oberschwingungen* des Nullsystems

- belasten zusätzlich den Neutralleiter und können ihn oder darin enthaltene Klemmstellen im Extremfall thermisch zerstören und
- erwärmen in Netztransformatoren der Schaltgruppe DY5 durch Kreisströme I_0 die Dreieckswicklung und senken damit die übertragbare Leistung der Transformatoren.

I_{L10} Summe aller Oberschwingungen des Nullsystems im Leiter L1

I_{L20} Summe aller Oberschwingungen des Nullsystems im Leiter L2

I_{L30} Summe aller Oberschwingungen des Nullsystems im Leiter L3

I_{N0} Summe aller Oberschwingungen des Nullsystems im Leiter N

I_0 Kreisstrom in der Dreieckswicklung des Netztransformators

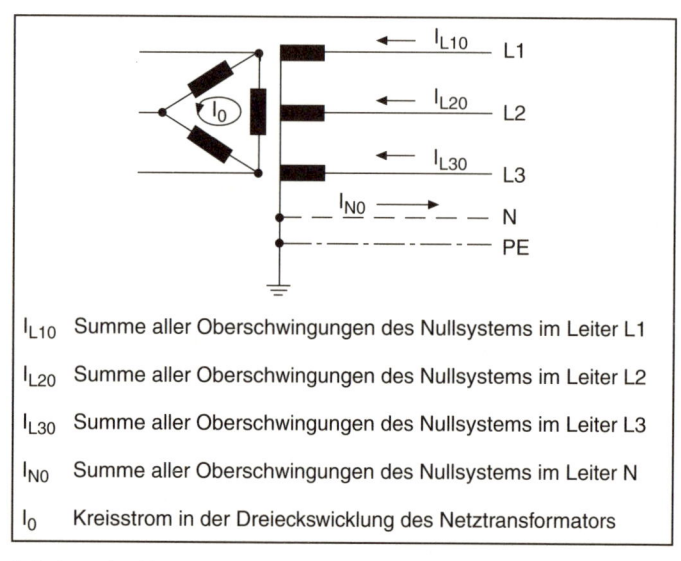

Bild 6.11 Belastung des Neutralleiters und des Transformators durch Oberschwingungen des Nullsystems

Die Addition der Ströme im *N-Leiter* und die Kreisströme im Trafo zeigt das **Bild 6.11**. Rechnerisch können die erhöhten Neutralleiterströme nach Formel (6.6) ermittelt werden. Darin ist I_{N0} die Summe der Oberschwingungsströme im Neutralleiter. In die Summe gehen die Oberschwingungsströmen des Nullsystems aller drei Außenleiter (L1, L2 und L3) ein. Bei gleichmäßiger Oberschwingungsbelastung der drei Außenleiter und Gleichphasigkeit der *Oberschwingungen* des Nullsystems würde die Neutralleiterbelastung genau dreimal so groß wie in den Außenleitern sein.

$$I_{N0} = I_{L10} + I_{L20} + I_{L30} \tag{6.6}$$

$$I_{N0} = 3 \times I_{L0}$$

(Wenn $I_{L10} = I_{L20} = I_{L30}$ und gleichphasig)

Greifen wir noch einmal auf die Bilder 6.6 und 6.7 (Seite 48) zurück. Wenn in diesem Fall alle drei Außenleiter gleich mit je 54 A belastet sind und die Pegel der 3. *Oberschwingungen* (150 Hz) in allen drei Leitern 30 A betragen, so fließt im Neutralleiter bereits ein 150-Hz-Strom von 3 x 30 A = 90 A. Hinzu kommen noch die üblichen 50-Hz-Ströme, die aus der Unsymmetrie der Phasenbelastung resultieren sowie die Ströme der übrigen *Oberschwingungen* des Nullsystems, wie die der 9., 15., 21. Oberschwingung usw. Im Bild 6.7 betrugen die Pegel der 9. und 15. Oberschwingung 4 und 1,8 A. Im praktischen Beispiel wurden im *N-Leiter* 103 A gemessen. Damit war der N-Leiter-Strom 1,9 mal größer als der Außenleiterstrom.

Wenn bei der Planung und Errichtung diese Neutralleiterströme nicht berücksichtigt werden, kommt es in der Gebäudeinstallation zwangsläufig zu folgenden drei gravierenden EMV-Problemen:

a) Hohe Neutralleiterströme heben das Neutralleiterpotential an. Dabei entsteht ein störfähiges Potential zwischen *N* und *PE*, das insbesondere bei elektronischen Betriebsmitteln Funktionsstörungen hervorrufen kann.

b) Der Ausfall eines Neutralleiters führt zu Überspannungen im Netz. Bei zu hohen Neutralleiterströmen können Klemmverbindungen im Neutralleiter ausfallen. In einem Drehstromnetz ohne Neutralleiter verschieben sich die Spannungen zwischen den Außenleitern lastabhängig. Es entstehen Überspannungen, die z.B. an einer Netzsteckdose im ungünstigsten Fall bis zum Wert der verketteten Spannung (400 V) anwachsen und daran angeschlossene Verbraucher zerstören.

c) Überlast im Neutralleiter führt zur Übererwärmung der Kabel und Leitungen. Das kann Brände verursachen. Zu hohe Erwärmung der Kabel und Leitungen mindert deren Lebensdauer. Es entstehen Energieverluste und damit zusätzliche Betriebskosten. Die Übertragungsfähigkeit der übrigen Kabel und Leitungen wird infolge der Erwärmung vermindert.

Nun stellt sich die Frage nach dem Leiterquerschnitt für den Neutralleiter. Die Normen lassen unter bestimmten Bedingungen für den Neutralleiter kleinere Querschnitte als für den Außenleiter zu. In neueren Normen [4.7] wird vor der Belastung durch vagabundierende *Oberschwingungen* gewarnt und auf deren Beachtung hingewiesen. Wenn nun aber für den *N-Leiter* ein größerer Querschnitt als für den Außenleiter benötigt wird, bestimmt nicht mehr die Außenleiterbelastung sondern die N-Leiterbelastung den Kabelquerschnitt. Für die Außenleiter sind dann die Kabelschnitte überdimensioniert, aber das stellt aus der Sicht der Sicherheit der Anlagen kein Problem dar, ist aber eine Finanzierungsfrage. Abhilfe schaffen Oberschwingungsfilter.

4. *Oberschwingungen* erhöhen den Scheitelwert in Strom und Spannung

Oberschwingungen beeinflussen sehr intensiv den Scheitelwert (*Crestfaktor*) der Grundschwingung von Strom und Spannung. Prädestiniert dafür sind insbesondere die *Oberschwingungen* mit niedrigen Ordnungszahlen, bis zur 9. Ordnung.

Erhöhte Scheitelwerte haben nicht nur fatale Folgen für EM-Beeinflussung von Anlagen und Geräten, sondern auch für den sicheren Betrieb der Anlagen und Betriebsmittel, die die *Oberschwingungen* verursachen.

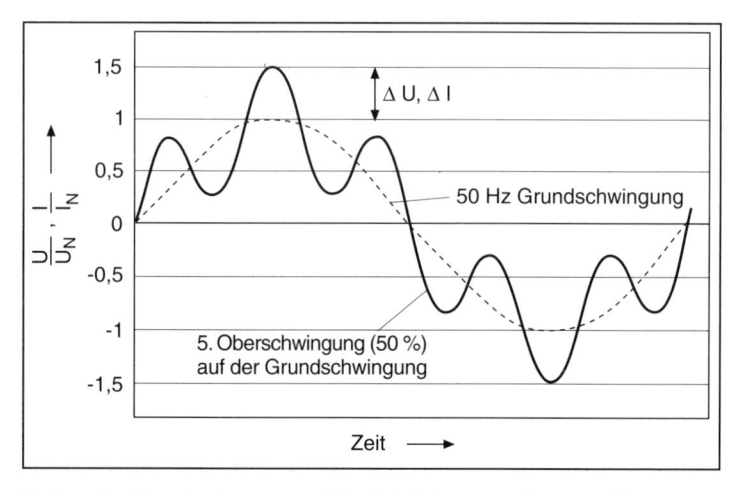

Bild 6.12 *Einfluss der Oberschwingungen auf den Scheitelwert von Strom und Spannung*

Im **Bild 6.12** wird der Oberschwingungseinfluss auf den Crestfaktor der Grundschwingung gezeigt. Der Scheitelwert der Grundschwingung wird hier um den Faktor 1,5 vergrößert und damit auch der Crestfaktor. Schauen wir auf den oszillografierten Strom in Bild 6.6, so errechnet sich der Scheitel- oder Crestfaktor für den dargestellten Laststrom nach der Formel (6.7). Der Scheitelfaktor beträgt in diesem Fall 2,67.

$$\sigma = \frac{\hat{U}}{U_{eff}} \text{ oder } \frac{\hat{I}}{I_{eff}} \qquad (6.7)$$

Das Bild 6.14 zeigt das Oszillogramm vom Netzstrom einer einphasigen USV, die nur schwach belastet war. Der Effektivwert des Stromes in der Netzzuleitung betrug 4,3 A und der Scheitelwert 13,8 A. In diesem Fall ergab das einen Crestfaktor von 3,2. Die durch den Eingangsgleichrichter verursachte hohe Stromverzerrung hatte z.B. einen starken 150-Hz-Anteil von 54 % und einen 250-Hz-Anteil von 44 % am Gesamtstrom zur Folge.

Was kann bei veränderten Scheitelwerten passieren?
a) Ein vergrößerter Scheitelwert in der Spannung
  – beansprucht die Betriebsisolation von Anlagen, Geräten und Betriebsmitteln. Besonders gefährdet sind Kondensatoren und elektronische Bauteile. Es muss mit Durchschlägen und Zerstörungen gerechnet werden,
  – beeinflusst Regler in ihrer betriebssicheren Funktion. Fehlfunktionen in Form von zu großen Regelabweichungen oder Regelschwingungen sowie völliges Versagen können nicht ausgeschlossen werden,
  – verursacht abhängig von der Art der verwendeten Technik Messfehler.
b) Bei zu großen Scheitelwerten im Strom können z.B.
  – magnetische Überstromschutzeinrichtungen ungewollt ansprechen,
  – mit Wandlern ausgerüstete Mess- und Schutzsysteme versagen,
  – Störspannungen durch Induktion entstehen,
  – dynamische Kräfte erzeugt werden.

Auf jeden Fall werden Neutralleiter- und Potentialausgleichsströme erheblich vergrößert und damit Störquellen geschaffen.
Die Scheitelwerte werden hauptsächlich durch folgende Maßnahmen gesenkt:

– Linearisierung der Lastströme durch Vergrößerung der Grundlast in den Endstromkreisen,
– Einsatz höherpulsiger Stromrichterschaltungen, soweit das möglich ist oder
– Einbau statischer oder dynamischer Oberschwingungsfilter.

5. *Oberschwingungen* erhöhen die Leistungsverluste und die Blindleistung im Netz
Oberschwingungen verursachen in der Installation und in den elektrischen Betriebsmitteln Leistungsverluste. Bei verzerrten Strömen und Spannungen sind nur die *Oberschwingungen* aus Strom und Spannung wirkleistungsbildend, die gleichfrequent sind. Alle anderen *Oberschwingungen* leisten wie

die Verschiebungsblindleistung Q_1 keinen Beitrag zur Energieumsetzung an den Verbrauchern.

Beim Stromdurchfluss durch einen Widerstand entsteht immer Wärme, die sogenannte Joulsche Wärme. Jede Leitung und jedes Betriebsmittel hat einen ohmschen Widerstand. Die entstehende Wärme ist eine Energie, die nicht gewollt ist. Sie kann an kritischen Stellen Ärger bereiten und muss am Ende bezahlt werden. Für die Verlustwärme gilt allgemein die Formel (6.8). Darin ist I_n der Effektivwert der Ströme, einschließlich der Oberschwingungsströme, und R der ohmsche Widerstand, durch den die Ströme fließen. Dabei spielt die Frequenz des Stromes keine Rolle.

$$P_n = I_n^2 \cdot R \qquad (6.8)$$

Halten wir fest, jede Oberschwingung im Strom erzeugt, ebenso wie die Grundschwingung im Netz, Wärmeverluste. Dabei muss beachtet werden, dass bei Resonanzen im Netz die *Oberschwingungen* hohe Werte annehmen können.

In Transformatoren und elektrischen Maschinen entstehen in aktiven und interaktiven Materialien Zusatzverluste durch Wirbelströme.

Durch *Oberschwingungen* in Strom und Spannung entsteht neben der üblichen Verschiebungsblindleistung Q_1 aus Grundschwingung von Strom und Spannung zusätzlich eine Oberschwingungsblindleistung, die sogenannte „Verzerrungsleistung" D_d. Im theoretischen Fall, bei dem die Spannung oberschwingungsfrei ist, ergibt sich die Verzerrungsblindleistung (*bei sinusförmiger Spannung und verzerrtem Strom*) aus der Formel (6.9a).

$$Q_g = \sqrt{D_d^2 + Q_1^2} \qquad (6.9a)$$

(Q_g Gesamtblindleistung; Q_1 Verschiebungsblindleistung; D_d Verzerrungsblindleistung)

In der Praxis sind aber Strom und Spannung oberschwingungsbehaftet.

$$Q_g = \sqrt{S^2 - P^2} \qquad (6.9b)$$

(Q_g Gesamtblindleistung; S Gesamtscheinleistung; P Gesamtwirkleistung)

Die Gesamtblindleistung lässt sich in diesem Fall nur über die Schein- und Blindleistung errechnen.

Bei Stromrichterschaltungen der Leistungselektronik tritt neben der Verzerrungsblindleistung eine sogenannte „Steuerblindleistung" auf. Sie entsteht z.B. bei Thyristoren durch die Zündverzögerung beim Einschalten der Halbleiter. Die Zündverzögerung, ausgedrückt durch den Steuerwinkel α, s.a. Bild 6.5, bewirkt eine zeitliche Verschiebung zwischen Strom und Spannung. Sie lässt den Strom, abhängig vom Steuerwinkel α (α > 0), der Spannung nacheilen. So können in gesteuerten Stromrichterschaltungen mit ohmschen Verbrauchern analoge Verhältnisse wie bei einer gemischten ohmschen-induktiven Belastung entstehen. Die Verschiebungs-, Verzerrungs- und Steuerblindleistungen zusammen ergeben im Netz gegenüber unverzerrten Strömen und Spannungen eine erhöhte Gesamtblindleistung, die nach Formel (6.9 b) berechnet werden kann.

Maßnahmen zur Senkung der Gesamtblindleistung müssen heute in allen Anwendungen immer im Zusammenhang mit der Verminderung der *Oberschwingungen* in Strom und Spannung gesehen werden. Zur Kompensation der Gesamtblindleistung sind

– Kondensatoren für die Verschiebungsblindleistung Q_1 und
– Oberschwingungsfilter für die Verzerrungsblindleistung D_d

erforderlich. Anstelle der Oberschwingungsfilter sind selbstverständlich auch alle andere Maßnahmen zur Begrenzung der *Oberschwingungen* in Strom und Spannung möglich (s. a. Frage 6.1.6).

6. *Oberschwingungen* können in Resonanzkreisen hohe Ströme und Spannungen anregen

Die Impedanz der elektrischen Netze ist aufgrund der vorhandenen Kombinationen von ohmschen, induktiven und kapazitiven Widerständen ein frequenzabhängiges Gebilde. Die elektrischen Leitungen haben nicht nur ohmsche, sonder auch induktive und kapazitive Belege. Es sind ständig Netztransformatoren und zeitweise auch Motoren mit starken Spulen angeschaltet sowie Eisendrosseln in Leuchtstofflampen und Kondensatoren zur Blindstromkompensation eingesetzt. Ständig werden Verbraucher mit z.T. sehr stark abweichenden Impedanzen zu- und abgeschaltet. Das läuft in der Regel mit mehr oder weniger Problemen ab.

Probleme entstehen sofort, wenn im elektrischen Netz Resonanzkreise entstehen. Resonanzkreise sind bekanntlich Reihen- oder Parallelschaltungen von induktiven und kapazitiven Widerständen, deren Widerstand bei einer bestimmten Frequenz, der Resonanzfrequenz, gleich groß ist. Dabei kann die Parallelschaltung von induktiven und kapazitiven Widerständen einen Parallelschwingkreis und die Reihenschaltung einen Reihenschwingkreis darstellen. Den grundsätzlichen Aufbau eines Parallel- und eines Reihenschwingkreises zeigt das **Bild 6.13**. Die Resonanzfrequenz eines solchen Schwingkreises erhält man aus der Resonanzbedingung, in der der induktive und kapazitive Widerstand gleich groß sind ($X_L = X_C$). Sie lässt sich dann einfach aus den gegebenen Induktivitäten und Kapazitäten nach der Formel (6.10) berechnen.

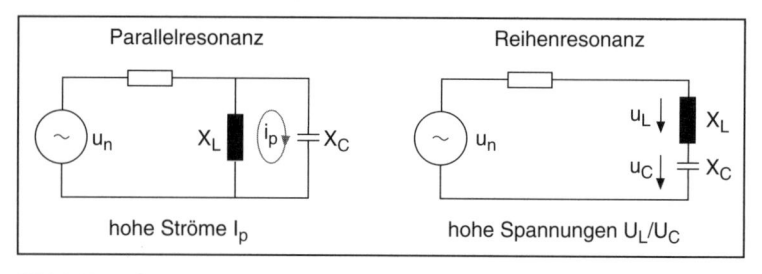

Bild 6.13 Schaltbilder für einen Parallel- und einen Reihenschwingkreis

$$f_R = \frac{1}{2\pi\sqrt{L \cdot C}} \qquad (6.10)$$

(f_r Resonanzfrequenz; L Induktivität; C Kapazität)

Im Parallelschwingkreis können im Resonanzfall sehr hohe Kreisströme angetrieben werden. Die Kreisströme können im Resonanzfall viel größer als der Gesamtstrom i_g in der Zuleitung sein. Dieses Prinzip wird z.B. in Induktionsöfen für die Metallschmelze genutzt. In einem Reihenschwingkreis kommt es bei Resonanz dagegen zu erhöhter Teilspannungen an den in Reihe geschalteten induktiven und kapazitiven Widerständen. Hier können die Teilspannungen größer als die angelegte Gesamtspannung werden. Der Resonanzfall tritt ein, wenn ein Resonanzkreis mit einem Wechselstrom bzw. einer Wechselspannung eingespeist wird, deren Frequenz gleich der Resonanzfrequenz ist.

Das elektrische Netz ist ein sehr lebendiges Gebilde. Es werden bedarfsmäßig ständig Verbraucher ein- und ausgeschaltet sowie in automatischen Kompensationsanlagen die Anzahl der parallelgeschalteten Kondensatoren oder in Beleuchtungsanlagen die Anzahl der betriebenen Eisendrosseln verändert. Es werden Motoren und Transformatoren mit starken Induktivitäten geschaltet und mit allen Verbraucherschaltungen auch Leitungslängen verändert. Dabei entstehen Parallel- und Reihenschaltungen mit unterschiedlichen Resonanzfrequenzen. Gelangt die Resonanzfrequenz eines Anlagenteiles oder eines Verbrauchers in den Bereich der Netzfrequenz oder eines ganzzahligen Vielfachen der Netzfrequenz, so wird dieser Kreis durch die Grundschwingung oder durch die entsprechenden *Oberschwingungen* in Strom oder Spannung in Resonanz versetzt. Es kommt zur Schwingung (Resonanzschwingung).

In der Praxis bilden elektrische Anlagenteile sehr häufig Schwingkreise mit einer Resonanzfrequenz von 250 und 350 Hz. Das sind aber gerade die Frequenzen der 5. und 7. Oberschwingung. Es kommen aber auch Schwingkreise mit höheren Frequenzen vor.

In Resonanzkreisen reagiert eine zur Resonanzfrequenz passende Oberschwingung mit dem Resonanzkreis und bringt ihn zum Schwingen. Dabei wird je nach gegebener Situation die betreffende Oberschwingung im Strom oder in der Spannung erheblich verstärkt. Mitunter wird aus einer zuvor harmlosen Störquelle ein unverträglicher Störer. Es entstehen EMV-Probleme, die den bestimmungsgemäßen oder auch ordnungsgemäßen Betrieb der Anlage oder einzelner Betriebsmittel behindern oder unmöglich machen.

Ein klassisches Beispiel für einen Parallelschwingkreis ist die Kombination von Blindstromkondensatoren und Spulen eines Transformators, wie wir sie häufig in Transformatorenstationen finden. Besonders alte Trafostationen, in denen z.T. noch undrosselte Kompensationsanlagen betrieben werden, haben hier eine deutliche Schwachstelle. In einem praktischen Problemfall glaubte der Betreiber, er hätte seinen 630-kVA-Trafo mit 490 A (53 % I_N) gut ausgelastet. Eine Messung ergab dann, dass darin der Pegel der 5. Oberschwingung Werte zwischen 330 A und in der Spitze bis 450 A erreichte. Der Störpegel der 5. Oberschwingung in der Spannung stieg dabei, bedingt durch Rückwirkungen, auf 33 bis 45 V (ca. 15 bis 20 %). Die so verzerrte Spannung hat diverse Störungen in automatischen Steuerungen verursacht. Die Probleme wurden durch Überarbeitung der Kompensationsanlage beseitigt. Es wurde eine dezentrale Kompensation mit verdrosselten Kondensatoren errichtet.

In Reihenschwingkreisen entstehen Überspannungen, die Betriebsisolationen und Bauteile in elektrischen Anlagen und Betriebsmitteln zerstören können. Beispiele findet man dafür im Kleinen wie im Großen. So wurde z.B. in einer Entladungslampe (HQI-Leuchte) mit induktivem Vorschaltgerät ein Reihenschwingkreis gefunden. Die Schaltung ist im **Anhang 2** im **Bild 4** dargestellt. Die Leuchte fiel dadurch auf, dass sie zeitweise laut wurde und in mehren Leuchten die Kondensatoren ausgebrannt sind. Die Untersuchung ergab folgendes Bild. Der Leuchtenhersteller hatte es gut gemeint und die Einzelkompensation in der Leuchte als verdrosselte Kompensation ausgeführt. Dazu hat er zum Kondensator eine Sperrdrossel SD in Reihe geschaltet, ohne dabei auf die Resonanzfrequenz zu achten. Dieser Schwingkreis wurde durch die 5. Oberschwingung in der Netzspannung angeregt. Die Anregung war in den Abendstunden am größten. Dabei stieg die Spannung am Kondensator bis auf 253 V (eff) und an der in Reihe geschalteten Drossel auf 155 V (eff). Die 5. Oberschwingung in der Spannung am Kondensator erreichte effektiv 109 V, das waren 43 % der Grundschwingung. Der Scheitelwert der verzerrten Spannung wuchs auf 451 V. Das entsprach einem Scheitelfaktor von 1,97. Bei dieser Spannung hat es in den Kondensatoren Überschläge gegeben. Die Sperrdrossel, eine Eisenspule, hat intensiv mit 250 Hz geschwungen und Lärm verursacht. Die Sperrdrossel wurden aus den

Leuchten entfernt. Danach konnten die Leuchten störungsfrei betrieben werden.

7. Oberschwingungen verfälschen Messwerte und beeinflussen Schutzsysteme

Oberschwingungen sind höherfrequente Schwingungen. Sie können nur mit Messsystemen gemessen werden, die für derartige Frequenzen ausgelegt sind. Haben Gesamtspannung oder Gesamtstrom im Netz einen hohen Oberschwingungsgehalt, so können diese Spannungen oder Ströme nur richtig gemessen werden, wenn die verwendeten Instrumente auch die höherfrequenten Anteile richtig erfassen.

Alle Messsysteme mit inneren Induktivitäten und Kapazitäten oder mit eisenhaltigen Bauteilen, wie z.B. induktive Zangenanleger, haben ein spezielles Frequenzverhalten und dabei gerätespezifische Grenzfrequenzen. *Oberschwingungen* mit Frequenzen oberhalb der Grenzfrequenz der Messgeräte können in unterschiedlicher Form das Messergebnis verfälschen. Normale Messgeräte haben Grenzfrequenzen zwischen 200 und 500 Hz. Das reicht heute nicht mehr aus, um die Effektivwerte der elektrischen Größen in den elektrischen Netzen richtig zu messen. Wegen des hohen Anteils an *Oberschwingungen* im Laststrom, werden heute Echteffektivwert-Messgeräte benötigt.

Oberschwingungen beeinflussen Multivibratorschaltungen. Bei höherfrequenten *Oberschwingungen* können in der Spannung Mehrfachnulldurchgänge auftreten. Messgeräte oder auch Regler und andere Betriebsmittel, für die der Spannungsnulldurchgang eine signifikante Größe ist, verlieren bei ihrer Arbeit die Orientierung und kommen zu völlig falschen Ergebnissen. So zeigt z.B. der Messpfad „Frequenz" auf einem Multimeter bei verzerrter Spannung einen instabilen Wert an, der weit vom tatsächlichen Messwert entfernt ist.

Elektrische Wandler haben ein spezielles Übertragungsverhalten. Dabei spielt die Frequenz eine wichtige Rolle. Bei induktiven Wandlern muss je nach Kernaufbau und Kernmaterial mit abweichenden Messwerten gerechnet werden. Will man den Messfehler abschätzen, so muss man das Übertragungsverhalten genau kennen. Nur so kann man auch die Folgen der Abweichungen beurteilen. Wenn es auf Genauigkeit ankommt, muss das Übertragungsverhalten des betreffenden Wandlers gemessen werden, z.B. mit einem Impedanzmessgerät.

Werden mit Wandlern oder unverzögerten magnetischen Auslösern Schutzsysteme aufgebaut, muss zuvor der mögliche Einfluss von *Oberschwingungen* abgeschätzt werden. Hohe Scheitelwerte in den Lastströmen, wie z.B. im **Bild 6.14,** können in lastschwachen Zeiten ungewollte Schutzanregungen bewirken. Sättigungsvorgänge im Eisen können Schutzauslösungen verhindern.

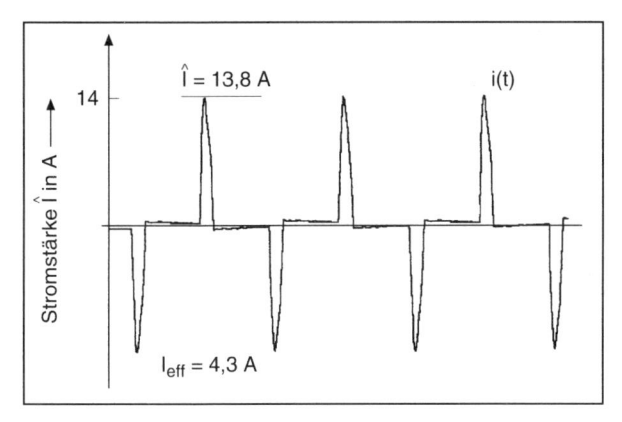

Bild 6.14 *Oszillogramm, Eingangsstrom einer einphasigen USV bei geringer Belastung, Crestfaktor = 3,2*

Bei zu hohem Oberschwingungsgehalt im Laststrom sollten für den Kurzschluss-Schutz keine Auslösesysteme verwendet werden, die auf den Scheitelwert des Stromes reagieren, z.b. keine Magnetauslöser. Es müssen Auslöser eingesetzt werden, die den Effektivwert des Stromes richtig bewerten, z.B. thermische Auslöser.

8. *Oberschwingungen* **beeinflussen bzw. stören die Funktion elektronischer Betriebsmittel**

Durch *Oberschwingungen* werden elektronische Betriebsmittel gestört bzw. in ihrer Funktion beeinflusst.

Beeinflusst werden z.b. Programmierbare elektronische Steuerungen (*PES*), wie SPS-Steuerungen, elektronische Regler, elektronische Messsysteme, elektromedizinische Geräte und andere elektronische *Apparate*.

Typische Störungen an elektronischen Betriebsmitteln in Anlagen, die durch *Oberschwingungen* verursacht werden, können in folgenden Situationen auftreten:

– Die Störungen treten nur zu bestimmten Tageszeiten auf im Zusammenhang mit besonderen Oberschwingungssituationen im Netz, wie z.B. am Abend in der Spannung der öffentlichen Energieversorger auftretende Spitzenwerte im Störpegel der 5. Oberschwingung. Im **Bild 1/Anhang 2** wird der Wochengang der *Oberschwingungen* gezeigt,
– im Zusammenhang mit dem Betrieb bestimmter Anlagen, von denen starke Rückwirkungen ausgehen, oder
– bei Netzersatzversorgung, z.B. mit einem Ersatzstromaggregat. Dabei kann es zum Versagen spezieller Funktionen oder auch zum Programmabbruch kommen.

Beim Einsatz elektronischer Betriebsmittel muss darauf geachtet werden, dass sie für die am Einsatzort vorhandene *EMV-Umgebungsklasse* ausgelegt sind. Nach den Bestimmungen der VDE 0160 [4.14] müssen elektronische Geräte, die in Starkstromnetzen eingesetzt werden, so aus gelegt sein, dass sie bei Störpegeln der *EMV-Umgebungsklasse 3* [4.24] noch sicherer arbeiten.

9. *Oberschwingungen* beeinflussen Einrichtungen zur Übertragung von Rundsteuersignalen

Zwischen *Oberschwingungen* in der Netzspannung und den Einrichtungen zur Übertragung von Rundsteuersignalen bestehen Wechselwirkungen. Die Rundsteuersignale sind unter Abschnitt 6.8 beschrieben.

Rundsteuersignale können in schwingungsfähigen Netzabschnitten, wie sie vorstehend in Punkt 6. beschrieben sind, Schwingkreise anregen. In diesem Fall werden die Rundsteuersignale verstärkt und können Störungen erzeugen, wie sie für *Oberschwingungen* in den vorstehenden Punkten beschrieben sind. In solchen Fällen muss man in dem betreffenden Netzabschnitt die Resonanzfrequenz der frequenzabhängigen Netzimpedanz verändern oder entsprechende Sperrkreise einsetzen. Sperrkreise haben hier den Vorrang. Sie sind im Gegensatz zu Oberschwingungsfiltern hochohmig und schwächen das Rundsteuersignal nicht ab. Anderseits verhindern sie, dass Rundsteuerempfänger durch *Oberschwingungen* beeinflusst werden.

Oberschwingungen können Rundsteuerempfänger so weit beeinflussen, dass sie unzuverlässig arbeiten oder blockiert werden. Zur Lösung derartiger Probleme gibt es die beiden Wege, die im Grundsatz des *EMVG* beschrieben sind. Im ersten Weg erfolgt die Behandlung der Störquelle. Das sind Maßnahmen zur Begrenzung der *Oberschwingungen*, wie sie in Frage 6.1.6 beschrieben werden. Auf dem zweiten Weg wird die Störsenke ertüchtigt. Die elektrischen Ausrüstungen für den Empfang der Rundsteuersignale sind so zu dimensionieren, dass sie von den Störpegeln aus *Oberschwingungen* in den Kundenanlagen nicht beeinträchtigt werden.

Frage 6.1.5 Wie groß dürfen die Störpegel der Oberschwingungen sein?

Die Verträglichkeitspegel für *Oberschwingungen* sind in den EMV-Normen für öffentliche Niederspannungsnetze [4.23] und für Industrieanlagen [4.24] festgelegt. Entsprechende Auszüge aus den Normen enthalten die **Tafeln 6.2** bis **6.5**. Dabei müssen die Verträglichkeitspegel für

– den Oberschwingungsgehalt (THD) der Spannung insgesamt und
– für jede Oberschwingungsspannung (jeder Ordnung)

eingehalten werden. Die Pegel gelten für die Netzspannung am *Verknüpfungspunkt (PCC)* bzw. für *anlageninterne Anschlusspunkte* (IPC).

Tafel 6.2 Verträglichkeitspegel für Oberschwingungen [4.24] – Oberschwingungsgehalt der Spannung

	Klasse 1	Klasse 2	Klasse 3
Verzerrungsfaktor (THD)	5 %	8 %	10 %

Tafel 6.3 Verträglichkeitspegel für Oberschwingungen [4.24] – Oberschwingungsspannung, Ordnungszahl ungeradzahlig, kein Vielfaches von 3

Ordnung n	Klasse 1 U_n in %	Klasse 2 U_n in %	Klasse 3 U_n in %
5	3	6	8
7	3	5	7
11	3	3,5	5
13	3	3	4,5
17	2	2	4
19	1,5	1,5	4
23	1,5	1,5	3,5
25	1,5	1,5	3,5
> 25	0,2 + 12,5/n	0,2 +12,5/n	$5 \times \sqrt{11/n}$

Tafel 6.4 Verträglichkeitspegel für Oberschwingungen [4.24] – Oberschwingungsspannungen, Ordnungszahl ungeradzahlig, ein Vielfaches von 3

Ordnung h	Klasse 1 U_h in %	Klasse 2 U_h in %	Klasse 3 U_h in %
3	3	5	6
9	1,5	1,5	2,5
15	0,3	0,3	2
21	0,2	0,2	1,75
> 25	0,2	0,2	1

Tafel 6.5 Verträglichkeitspegel für Oberschwingungen [4.24] –
Oberschwingungsspannungen, Ordnungszahl geradzahlig

Ordnung n	Klasse 1 U_n in %	Klasse 2 U_n in %	Klasse 3 U_n in %
2	2	2	3
4	1	1	1,5
6	0,5	0,5	1
8	0,5	0,5	1
10	0,5	0,5	1
> 10	0,2	0,2	1

EN 50 160 [4.29] klassifiziert die *Oberschwingungen* als ein Qualtitätsmerkmal in der Spannung der öffentlichen Energieversorgung. Die Norm lässt einen Gesamtoberschwingungsgehalt von THD = 8 % zu. Bei den Spannungen der *Oberschwingungen* werden nur die Pegel bis zur 25. Ordnung betrachtet. Eine Gegenüberstellung der Pegel aus den EMV-Normen zur Qualitätsnorm zeigt das **Bild 6.15**.

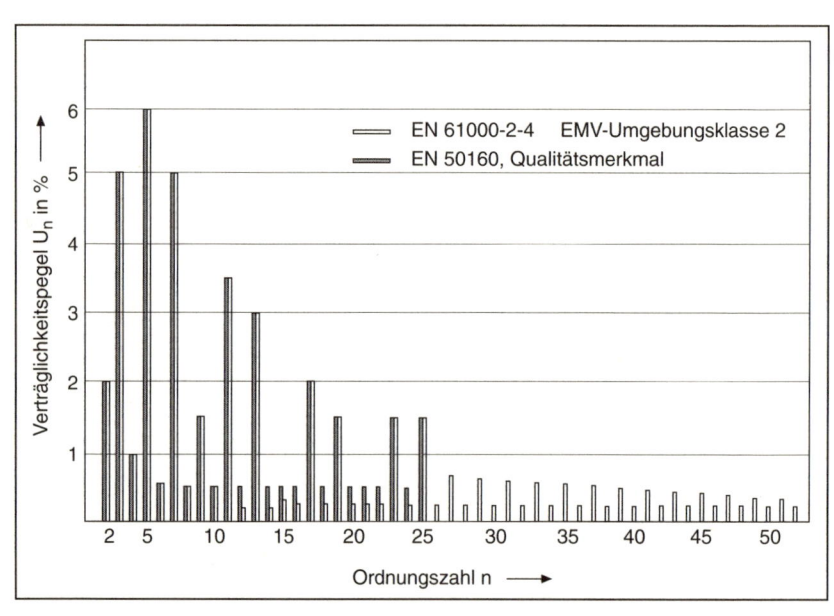

Bild 6.15 Gegenüberstellung der EMV-Verträglichkeitspegel für Oberschwingungen mit den allgemeinen Pegelwerten für Oberschwingungen in öffentlichen E-Versorgungsnetzen

Ein reales elektrisches Netz ohne *Oberschwingungen* gibt es in der Praxis nicht! Den Wunsch nach einem Netz ohne *Oberschwingungen*, kann niemand erfüllen. Ein zumeist kleiner Teil der *Oberschwingungen* wird mit der Netzspannung und ein größerer Anteil (s.a. Frage 6.1.2) durch Rückwirkungen der *Oberschwingungen* im Laststrom erzeugt.

Je weiter der Verbraucher von der Spannungsquelle entfernt liegt, um so größer sind die Störpegel der *Oberschwingungen* in der Netzspannung. Spannungsquelle im Energieversorgungsnetz einer Abnehmeranlage ist nicht der Hausanschluss und auch nicht der Netztransformator, sondern der Generator im Kraftwerk. Auf dem Wege vom Generator bis zum Verbraucher liegen eine Reihe von Impedanzen, an denen durch Rückwirkungen aus den Lastströmen *Oberschwingungen* entstehen. Die Stärke der Rückwirkungen hängt von der Größe der Oberschwingungsströme und Impedanzen im jeweiligen Netzabschnitt ab. Beide sind im Niederspannungsnetz bedeutend größer als im Mittelspannungs- und Hochspannungsnetz. Deshalb entstehen in Niederspannungsnetzen und besonders in den Endstromkreisen die größten *Oberschwingungen*.

Oberschwingungen besitzen, wie in Frage 6.1.4 beschrieben, ein EM-Störpotential. Zur Beantwortung der Frage muss man also auf das *EMVG* und hier auf die Einhaltung der Schutzanforderungen für Anlagen schauen.

In Frage 2.6 wurden für die *EMV-Schutzanforderungen* zwei Zielrichtungen erläutert. Es sind dies einerseits die Begrenzung der EMV-Emission der Störquelle. Das heißt aus der Sicht der *Oberschwingungen* ganz klar, die Begrenzung der Oberschwingungspegel.

Anderseits wird von den eingesetzten Geräten eine entsprechende Immunität gegen *Elektromagnetische Störungen* verlangt, so dass **ein bestimmungsgemäßer Betrieb** möglich ist.

Die zulässige Stärke der *Oberschwingungen* in der Netzspannung hängt von den zu versorgenden Verbrauchern und damit von der örtlichen EMV-Umgebungsklasse ab.

In der *EMV-Umgebungsklasse 1* muss Rücksicht auf die empfindlichen Betriebsmittel und Geräte genommen werden. Die *Verträglichkeitspegel* sind kleiner als die in öffentlichen Netzen.

Die *EMV-Umgebungsklasse 2* gilt für den *Verknüpfungspunkt (PCC)* mit dem öffentlichen Netz und allgemein für anlageninterne *Anschlusspunkte* in der industriellen Umgebung. Diese *EMV-Umgebungsklasse* entspricht also unserer normalen Umgebung. Die *Verträglichkeitspegel* für die *Oberschwingungen* dieser Klasse sind identisch mit denen für das öffentliche Netz [4.23]. Im Netz mit der *EMV-Umgebungsklasse 2* können alle handelsüblichen Geräte betrieben werden.

Die *Verträglichkeitspegel* für *Oberschwingungen* in der *EMV-Umgebungsklasse 3* liegen überwiegend über denen der Klasse 2. Typische Netze der

Klasse 3 sind solche mit hohem Lastanteil aus Stromrichteranwendungen. In Netzen der Klasse 3 dürfen nur Betriebsmittel eingesetzt werden, die mit den erhöhten Störpegeln aus *Oberschwingungen* arbeiten können. Informationen über die Eignung der entsprechenden Betriebsmittel für den Einsatz in Klasse 3 kann nur deren Hersteller geben. Um in der Gewährleistungspflicht der Hersteller zu bleiben, muss vom Hersteller die Zustimmung für den Einsatz der Betriebsmittel in Klasse 3 eingeholt werden.

Bei *anlageninternen Anschlusspunkten* für hochempfindliche Geräte oder für sehr starke Oberschwingungserzeuger kann es notwendig sein, andere als zuvor beschriebene *EMV-Umgebungsklassen* zu definieren. Die Bestimmung der *EMV-Umgebungsklassen* obliegt dem Planer oder Errichter der speziellen Anlage.

Wenn die Verträglichkeitspegel nicht eingehalten werden, so sind Maßnahmen erforderlich, wie sie in Frage 6.1.6 beschrieben sind.

Frage 6.1.6 Wie kann man die Oberschwingungssituation in elektrischen Netzen beherrschen?

Unter Beherrschung der Oberschwingungssituation im Sinne der gestellten Frage soll die Begrenzung der *Oberschwingungen* in der Netzspannung am *Verknüpfungs-* bzw. *Anschlusspunkt* auf ein verträgliches Maß verstanden werden. Diese Aufgabe zielt auf die Erfüllung der Schutzanforderungen nach *EMVG*, Teil 1 [2.1], in dem die Begrenzung des Störpotentials der Störquelle auf ein verträgliches Maß verlangt wird, in diesem Fall bezogen auf den Oberschwingungsgehalt der Netzspannung. Die *EMV-Schutzanforderungen* wurden mit der Frage 2.6 behandelt.

Das öffentliche Netz besitzt durch die Vielzahl der daran angeschlossenen Verbraucher bereits einen endlichen Oberschwingungsgehalt. Dieser darf nach den Bestimmungen der VDE 0839, Teil 2-2 [4.23] am *Verknüpfungspunkt* maximal 8 % betragen. Diese Störpegel aus dem öffentlichen Netz müssen im Konzept bei der Bewältigung der Oberschwingungssituation in Abnehmeranlagen berücksichtigt werden.

Oberschwingungen können durch primäre und sekundäre Maßnahmen begrenzt werden.

1. Primäre Maßnahmen

Zu den primären Maßnahmen gehören alle die Maßnahmen, mit denen der Oberschwingungsgehalt im Laststrom und die Netzimpedanzen minimiert werden, z.B. durch

a) ein hinreichend großes Verhältnis zwischen der Netzleistung am Verknüpfungspunkt und der angeschlossenen nichtlinearen Verbraucherlast,

b) Stromrichterbrücken mit höheren Pulszahlen,

c) Schaltung der vorgeordneten Netztransformatoren,
d) verdrosselte Kompensation,
e) Vermeidung von Resonanzen im Verbrauchernetz,
f) stärkere Aufteilung der Netze in *EMV-Umgebungsklassen*,
g) Netzersatzanlagen mit niedrigen Oberschwingungspegeln

Zu a) Ein hinreichend großes Verhältnis zwischen der Netzleistung am *Anschlusspunkt* und der angeschlossenen nichtlinearen Verbraucherlast

Eine Anpassung der nichtlinearen Last an die Netzkurzschlussleistung kann in zwei Richtungen erfolgen; die erste zielt auf die Reduzierung der nichtlinearen Last und die zweite auf die Erhöhung der Netzleistung.

Wenn das Leistungsverhältnis zwischen Netzkurzschlussleistung und angeschlossener nichtlinearer Leistung (Scheinleistung) **größer als 1000** ist, sind keine EMV-Probleme zu erwarten [5.1]. Voraussetzung dafür ist natürlich, dass am *Verknüpfungspunkt* der oberschwingungsbedingte Störpegel aus dem vorgeordneten Netz noch hinreichend weit unter den Verträglichkeitswerten der Norm liegt. Ist das Leistungsverhältnis zwischen Netzkurzschlussleistung und angeschlossener nichtlinearer Last **kleiner als 1000**, so wird dadurch das *EVU*-Netz stärker belastet. Es können aber auch am *Anschlusspunkt* in Verbrauchernetzen bereits zeitweise unzulässige Störpegel entstehen. Deshalb muss in diesen Fällen die Zulässigkeit für den Anschluss der Verbraucher näher geprüft werden. Bei einem Verhältnis **unter 100** sind zur Beherrschung der oberschwingungsbedingten Störpegel in der Regel sekundäre Maßnahmen erforderlich. Diese Situation erhält man sehr häufig in Endstromkreisen von Verbrauchernetzen.

Eine Reduzierung der nichtlinearen Last ist meist nur schwer möglich, weil bestimmte Verbraucher für spezielle Anwendungen benötigt werden und gerade diese sehr starke *Oberschwingungen* führen. Wenn es z.B. um Leuchtstofflampen geht, kann man einen Teil der Leuchten mit EVGs und den anderen Teil mit induktiven Vorschaltgeräten ausrüsten. Damit wird der Störpegel gesenkt und die Beleuchtungsanlage EM-verträglicher. Bei Antrieben muss es für den Anlauf der Maschinen nicht immer ein Frequenzumrichter sein. Sehr häufig reicht ein Direktanlauf oder auch ein Stern-Dreieck-Schalter. Mit Drehstrommaschinen wird die Last linearisiert und mit den Spulen der Maschinen wird die Netzimpedanz günstig beeinflusst.

Die Netzleistung am Verknüpfungspunkt kann durch größere Transformatoren oder auch durch zusätzliche Leitungen verstärkt werden.

Anpassungsprobleme gibt es fast immer in Netzen mit Ersatzstromquellen, wie z.B. Sicherheitsstromversorgungen mit Ersatzstromaggregaten und in USV-Netzen. Hier fällt das Verhältnis zwischen Netzkurzschlussleistung und angeschlossener nichtlinearer Leistung schnell unter 10. In diesen Fällen muss die Erzeugerleistung überdimensioniert werden. Wenn die Erzeugerleistung von Aggregaten und USV-Anlagen effektiv ausgenutzt werden soll, sind sekundäre Maßnahmen mit Filtern meist unumgänglich. Hersteller von USV-Anlagen kennen diese Problematik und haben spezielle Steuerungen entwickelt, mit denen sie im Ausgang der USV die rückwirkungsbedingte Spannungsverzerrung korrigieren.

Zu b) Stromrichterbrücken mit höheren Pulszahlen

Viele unserer Verbraucher haben im Eingang Stromrichterbrücken. Beispiele dafür sind USV-Anlagen, Frequenzumrichter, Ladegleichrichter für Batterien, Gleichrichter für Gleichstrommotoren. Die bei diesen Brückenschaltungen entstehenden *Oberschwingungen* im Laststrom hängen ab, von

– der Pulszahl,
– der Art der Glättung im Gleichstromkreis und
– der Steuerung der Ventile.

Mit der Pulszahl sinken die Pegel der Oberschwingungsströme. Aber dafür entstehen mehr *Oberschwingungen* höherer Ordnung. Sechspulsige Brücken haben starke *Oberschwingungen* der 5. und 7. Ordnung mit zweistelligen Pegelwerten. Bei zwölfpulsigen Brücken fallen die Pegel der 5. und 7. Ordnung sehr klein aus. Es entstehen insbesondere *Oberschwingungen* mit n = 11 und 13, 23 und 25, 35 und 37, sowie 47 und 49. Ihre Pegelwerte liegen jedoch unter 10 %. Brückenschaltungen mit induktiver Glättung sind verträglicher als solche mit kapazitiver Glättung. Bei einer normalen 6pulsigen Brückenschaltung mit induktiver Glättung hat die 5. Oberschwingung im Laststrom einen Pegel von etwa 27 %. Dagegen erreicht der Pegel der 5. Oberschwingung bei derselben Brückenschaltung über 80 %, wenn im Gleichstromkreis kapazitiv geglättet wird. Wird die kapazitive Glättung verdrosselt, sinkt der Pegel auf 45 % [5.1].

Zu c) Schaltung der vorgeordneten Netztransformatoren

Die Schaltung von Stromrichtertransformatoren beeinflusst nicht die Ordnungszahl und auch nicht die Pegel der *Oberschwingungen* im Laststrom [6.1]. Mit verschiedenen Transformatorenschaltungen lässt sich aber die Phasenlage der *Oberschwingungen* verändern. Dabei kann man durch Phasenoposition einzelne *Oberschwingungen* eliminieren.

Werden an einem *Anschlusspunkt* mehrere Brückenschaltungen gleichzeitig betrieben, so kann man durch das Parallelschalten von Stromrichtertransformatoren mit unterschiedlichen Wicklungsschaltungen *Oberschwingungen* bestimmter Ordnungen, z.B. der 5. und 7. Ordnung unterdrücken. Beispiele für unterschiedliche Schaltungen zeigt das **Bild 6.16**.

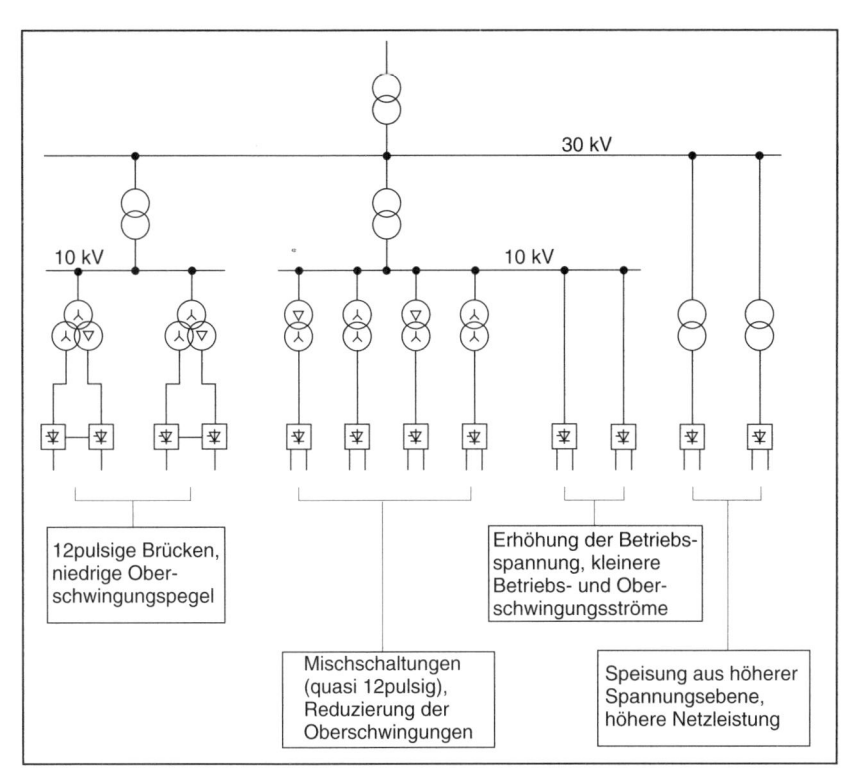

Bild 6.16 Schaltungsmaßnahmen zur Verminderung von Oberschwingungen bei Stromrichterbrücken

Die Oberschwingungssituation kann durch Erhöhung der Netzleistung verbessert werden. Das kann man mit dem Einsatz eines größeren Transformators oder durch Parallelschaltung zweier Transformatoren erreichen. Eine Erhöhung der Netzleistung erhält man auch durch Einspeisung aus einer höheren Spannungsebene im Mittelspannungsnetz. Eine ganz andere Lösung erreicht man dadurch, dass für den Verbraucher eine höhere Betriebsspannung gewählt wird, z.B. wird anstelle eines 400-V-Verbrauchers ein 10-kV-Verbraucher eingesetzt. Mit der Betriebsspannung werden nicht nur der Laststrom, sondern auch die Effektivwerte der Oberschwingungsströme reduziert (s. Bild 6.16).

Zu d) Beschaltung der Kondensatoren mit Drosseln, verdrosselte Kompensation

Kondensatoren bilden mit den Streuinduktivitäten der Netztransformatoren immer mehr oder weniger starke Resonanzkreise. In der Regel sind das Parallelresonanzkreise. Die Resonanzkreise können bei Anregung durch *Oberschwingungen* (s. Frage 6.1.4, Punkt 6) gefährliche Störpegel hervorbringen. Dabei werden die Kondensatoren in Kompensationsanlagen durch *Oberschwingungen* zusätzlich belastet. In kritischen Fällen können Kondensatoren durch Überlastung beschädigt werden. Deshalb müssen die Kondensatoren der Blindstromkompensation verdrosselt werden.

Die Kondensatoren der Kompensationsanlage erhöhen aber auch die Gesamtkapazität im Netz und verschieben dabei die Resonanzfrequenz des Netzes in Richtung niedrigere Frequenzen. Eine Gegenmaßnahme ist wiederum die Verdrosselung der Kompensation.

Die Verdrosselung muss so erfolgen, dass ihre Resonanzfrequenz unterhalb der stärksten *Oberschwingungen* liegt. Dabei wird ein *Verdrosselungsgrad* von 5 bis 7 % gewählt und damit eine Resonanzfrequenz zwischen 189 und 223 Hz eingestellt.

Mit den Drosseln in der Kompensation entstehen partiell Reihenschwingkreise, bei denen überhöhte Spannungen an den Kondensatoren entstehen. Die Kondensatoren müssen für diese Spannung bemessen sein. Alte unverdrosselte Kondensatoren können deshalb nicht nachträglich verdrosselt werden.

Verdrosselte Kompensationen müssen an die jeweilige Anlage angepasst werden. Dazu sind in der Regel Messungen vor Ort erforderlich.

Zu e) Vermeidung von Resonanzen im Verbrauchernetz

Resonanzkreise im Netz entstehen durch Kombinationen von Impedanzen aus der Installation, von Betriebsmitteln zur Wandlung und Übertragung der Energie und von Verbrauchern. Letztere sind häufig eine schwer fassbare Komponente im Netz.

Resonanzen im Netz können global berechnet werden. In allgemeinen Netzen kommt man jedoch mit einer speziellen Impedanzmessung, bei der die Netzimpedanz frequenzabhängig über einen längeren Zeitraum (möglichst mehrere Tage bis eine Woche) gemessen wird, besser und genauer zum Ziel. Aus den Messergebnissen können Rückschlüsse auf vorhandene Resonanzpunkte im Netz und deren quantitative Dimensionen gezogen werden. Damit hat man eine Grundlage für die gezielte Beseitigung der festgestellten Resonanzstellen.

Zu f) Stärkere Aufteilung der Netze in *EMV-Umgebungsklassen*

Wenn in einem Netz starke Oberschwingungserzeuger mit hohen Störpegeln betrieben werden sollen, stellt sich die Frage, wie man diese mit den übrigen allgemeinen Verbraucher gemeinsam betreiben kann. Die Frage kann aber auch umgekehrt stehen. Wir haben sehr empfindliche Betriebsmittel mit geringer Störfestigkeit.

In beiden Fällen macht es Sinn, das Versorgungsnetz in Netzabschnitte aufzuteilen und die Netzabschnitte *EMV-Umgebungsklassen* zuzuordnen. Für starke nichtlineare Verbraucher muss mindestens ein eigener Transformator gestellt werden. Es kann aber in größeren Anlagen auch eine Einspeisung aus höherer Spannungsebene erforderlich sein. Der Versorgungsbereich mit den starken Verbrauchern wird dann *EMV-Umgebungsklasse 3*.

Bei empfindlichen Kleinverbrauchern reicht mitunter bereits ein eigener Unterverteilerbereich, der mit einer niederohmigen Zuleitung vom Gebäudehauptverteiler gespeist wird. Dieser Versorgungsbereich wird dann *EMV-Umgebungsklasse 1*.

In Netzabschnitten der *EMV-Umgebungsklasse 3* dürfen nur Betriebsmittel eingesetzt werden, die nachweislich mit den erhöhten Störpegeln fehlerfrei arbeiten. Entsprechende Nachweise müssen von den Herstellern der Betriebsmitteln angefordert werden.

In Netzabschnitten der *EMV-Umgebungsklasse 1* sollten die empfindlichen Geräte unter sich bleiben. Andere allgemeine Betriebsmittel können zwar in der sensibleren Klasse sicher betrieben werden, sie erhöhen jedoch den Störpegel und sind deshalb hier nicht gewollt.

Zu g) Netzersatzanlagen mit niedrigen Oberschwingungspegeln in der Spannung

Bei Ersatzstromquellen, wie Ersatzstromaggregate oder USV-Anlagen, entstehen gleich zwei Probleme. Sie haben erstens gegenüber öffentlich versorgten Energieanlagen eine bedeutend kleinere Kurzschlussleistung. Damit ergeben sich für das Verhältnis zwischen Netzleistung und nichtlinearer Verbraucherleistung, wie unter a) beschrieben, sehr ungünstige Oberschwingungspegel. Einen derartigen Fall zeigt das **Bild 7** im **Anhang 2**. In der dargestellten Ersatzstromversorgung waren 12 USV-Anlagen an das Aggregat angeschlossen, die in der Summe eine Leistung hatten, die etwas größer als die Generatorleistung war. Obwohl vorsorglich USV-Anlagen mit zwölfpulsigem Eingang gewählt worden waren, kam es zu massiven Pegelüberschreitungen bei den Oberschwingungen der Netzspannung. Das Oszillogramm der Spannung und die Störpegel der Oberschwingungen sind rechts im Bild 7 ersichtlich. Aus den Kommutierungseinbrüchen wurden Kommutierungsschwingungen und diese führten zu Mehrfachnulldurchgängen in der Spannung. Die Störpegel der Oberschwingungen ab der 35. Ordnung lagen um ein Mehrfaches über den Verträglichkeitspegeln. Durch den Einsatz eines Tiefpasses wurden die Oberschwingungen ab der 40. Ordnung erheblich gesenkt und damit die Kommutierungsschwingungen auf ein verträgliches Maß begrenzt. Die verbleibenden Oberschwingungen lagen im Bereich der EMV-Umgebungsklasse 3 und waren für den Anwendungsfall verträglich.

Das zweite Problem liegt darin, dass die in Ersatzstromquellen erzeugte Spannung bereits oberschwingungsbehaftet ist. Die Erzeugung lupenreiner Sinusspannungen erfordert erhebliche konstruktive Maßnahmen, die in kleineren Stromquellen aus Preisgründen nicht investiert werden. So werden z.B. in Generatoren von Ersatzstromaggregaten, streufeldbedingt, intensiv *Oberschwingungen* des Nullsystems (n = 3, 9, 15..) erzeugt. Dabei kann in schlechten Generatoren allein die 3. Oberschwingung in der Generatorspannung Pegelwerte bis 15 % erreichen. Ein Beispiel aus der Praxis zeigt das **Bild 8** im **Anhang 2**. Hier war ein extrem schlechter Generator eingesetzt, der bereits bei 60 % gemischter Last die Oberschwingungsstörpegel in der Generatorspannung weit in den unzulässigen Bereich wachsen ließ. Der Pegel der 3. Oberschwingung lag dreifach über der Verträglichkeitsgrenze. Aber auch die Pegel der 9., 15., 21. und 27. Oberschwingungen lagen im roten Bereich.

Die *Oberschwingungen* des Nullsystems lassen sich in Generatoren durch schaltungstechnische Maßnahmen eliminieren, indem sie Zweischichtwicklungen erhalten und diese um einen entsprechenden Winkel geometrisch versetzt angeordnet werden. In der Vergangenheit wurde diese Art von Generatoren nur auf ausdrückliche Bestellung geliefert. Zunehmend werden sie zum Standard.

Leistungsfähige USV-Anlagen mit klassischen Wechselrichtern haben zwar in der Regel Leerlaufspannungen mit nur geringen Oberschwingungspegeln, aber höhere Innenwiderstände. Mit nichtlinearen Lasten entstehen bereits bei geringer Auslastung soviel Netzrückwirkungen in Form von *Oberschwingungen*, dass die zulässigen Störpegel überschritten werden. USV-Anlagen werden häufig für die Energieversorgung empfindlicher Einrichtungen, z.B. für Rechenzentren, Studiotechnik, zentrale Steuerungen verwendet und das sind alles nichtlineare Verbraucher. In neueren USV-Anlagen mit IGBT-Technik, wird die Qualität der Ausgangsspannung durch spezielle Steuerungen hergestellt.

Aus den vorstehenden Betrachtungen ergibt sich die Schlussfolgerung, dass bei der Auswahl der Ersatzstromquellen unbedingt deren Charakteristik in Bezug auf oberschwingungsbedingte Störpotentiale geachtet werden muss. Für die Versorgung empfindlicher Verbraucher sind nur Ersatzstromquellen mit vermindertem Störpegel geeignet, wie z.B.

– Generatoren mit zweidrittel gesehnter Wicklung und
– USV-Anlagen mit spezieller Steuerung in der Ausgangsspannung.

2. Sekundäre Maßnahmen

Mit sekundären Maßnahmen werden die Rückwirkungen aus oberschwingungshaltigen Lastströmen begrenzt. Dabei werden entweder die verzerrten Lastströme linearisiert oder es werden die *Oberschwingungen* aus dem

Laststrom umgelenkt bzw. abgesaugt. Mittel für sekundäre Maßnahmen sind z.B.

- passive Netzfilter,
- aktive Netzfilter und
- Sperrkreise.

Passive Filter sind Saugkreise für einzelne *Oberschwingungen*. Mit ihnen werden Netzimpedanzen verändert und damit die Oberschwingungsströme gesteuert. Sie sind sehr robust, nicht besonders flexibel und müssen aber für den Einsatzfall angepasst werden. Die Anpassung wird von den Lieferfirmen zumeist in ihrem Leistungsumfang mit angeboten. Die Filterkreise werden auf spezielle Oberschwingungen ausgerichtet, z.B. auf die *Oberschwingungen* mit n = 5; 7; 11; 13 einer 6pulsigen Gleichrichterbrücke. Dabei wird wie im **Bild 6.17** dargestellt, eine Parallelschaltung von Schwingkreisen aufgebaut, in der für jede abzusaugende Oberschwingung ein Parallelkreis aus einer R-L-C-Kombination geschaltet wird, der auf die Frequenz der entsprechenden Oberschwingung abgestimmt ist. Die Zahl der Saugkreise ist begrenzt.

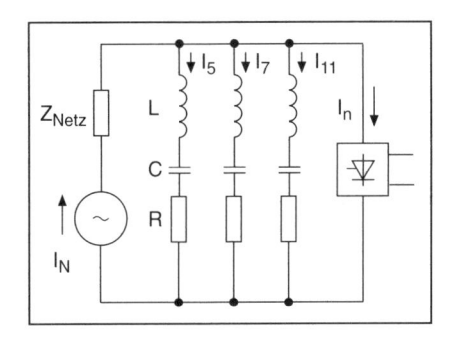

Bild 6.17   Prinzip eines passiven Filters

Die **aktiven Netzfilter** gibt es noch nicht lange. Sie arbeiten nach einem völlig anderen Prinzip. Mit ihnen wird der Laststrom linearisiert und damit die oberschwingungsbedingten Rückwirkungen verringert. Mittels Sensoren wird die Stromverzerrung gemessen und daraus das Sortiment an *Oberschwingungen* berechnet, das zur Kompensation der Stromverzerrung erforderlich ist. Im Filter werden dann die Oberschwingungsströme generiert und zeitgenau mit entsprechendem Vorzeichen in den Laststromkreis eingespeist. Damit fließt nur am Verknüpfungspunkt annähernd sinusförmiger Strom.
Es gibt, wie im **Bild 6.18** dargestellt, gesteuerte und geregelte Aktivfilter. Mit den letztgenannten Filtern werden genauere Ergebnisse erzielt.

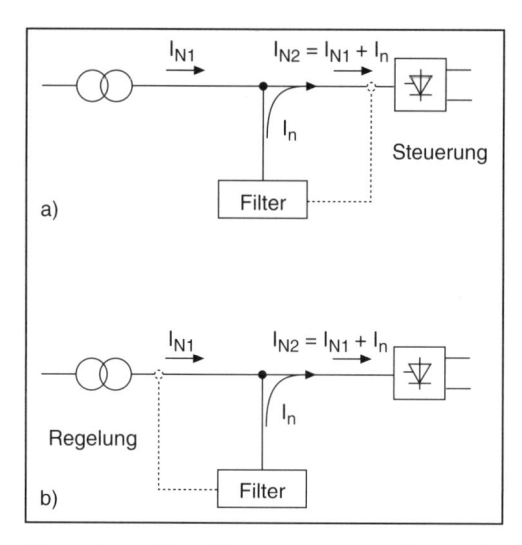

Bild 6.18 *Prinzip eines aktiven Filters – a) gesteuert, b) geregelt*

Aktive Filter müssen leistungsmäßig angepasst werden, d.h. sie werden nach den Nennströmen im Leitungskreis bemessen. Die Filter gibt es inzwischen bereits mit einem Filterbereich von der 2. bis 50. Oberschwingung. In diesem Bereich können bis zu 20 Harmonische (Oberschwingungen) kompensiert werden. Es sind aber auch aktive Filter auf dem Markt, die nur bis zur 13. Oberschwingung arbeiten.
Sperrkreise werden gegen Störungen aus Rundsteuersignalen eingesetzt.

6.2 Zwischenharmonische

Frage 6.2.1 Was sind Zwischenharmonische?

Zwischenharmonische oder auch Interharmonische genannt, sind sinusförmige Spannungen, deren Frequenz f_μ zwischen denen der *Oberschwingungen* liegt, d.h. ihre Frequenz ist kein ganzzahliges Vielfaches der Grundschwingungsfrequenz f_0.

$$f_\mu = \mu \cdot f_0 \tag{6.11}$$

(f_0 Grundfrequenz; f_μ Frequenz der *Zwischenharmonischen*; µ Ordnungszahl, nicht ganzzahlig)

Zwischenharmonische entstehen z.B. bei Umrichtern, Maschinen mit periodischen niederfrequenten Laständerungen, Oberschwingungserzeugern mit schwankenden Lasten, Schwingungspaketsteuerungen. Dabei können auch zwischenharmonische Spannungen mit nahe beieinander liegenden Frequenzen gleichzeitig auftreten.

Am größten sind die *Zwischenharmonischen*, die im Seitenband der Grundschwingung oder auch von starken *Oberschwingungen* liegen. *Zwischenharmonische* mit nennenswerten Amplituden werden i. Allg. im Frequenzbereich bis 400 Hz erwartet.

Mit der Entwicklung von Frequenzumrichtern und neuen Generationen von USV-Anlagen sowie anderen nichtlinearen Verbrauchern wurde daran gearbeitet, die Störpegel der klassischen *Oberschwingungen* zu senken. Aber im Zusammenhang damit sind die Pegel der *Zwischenharmonischen* gestiegen. Hohe Werte für *Zwischenharmonische* werden an Verknüpfungspunkten mit Netzen der *EMV-Umgebungsklasse 3* erwartet.

Frage 6.2.2 Was ist das Störpotential bei Zwischenharmonischen Spannungen?

Das Störpotential der *Zwischenharmonischen* ist weitgehend vergleichbar mit dem der *Oberschwingungen*. Darüber hinaus entstehen durch *Zwischenharmonische*

– Flicker in der Netzspannung und es können
– Tonfrequenz-Rundsteueranlagen gestört werden.

Die sinusförmigen Spannungen der *Zwischenharmonischen* überlagern die Netzspannung und verzerren diese. Da jedoch die Frequenz der *Zwischenharmonischen* kein ganzzahliges Vielfaches der Netzfrequenz ist, wird die Netzspannung nicht nur wie bei den *Oberschwingungen* verzerrt, sondern auch noch deformiert.

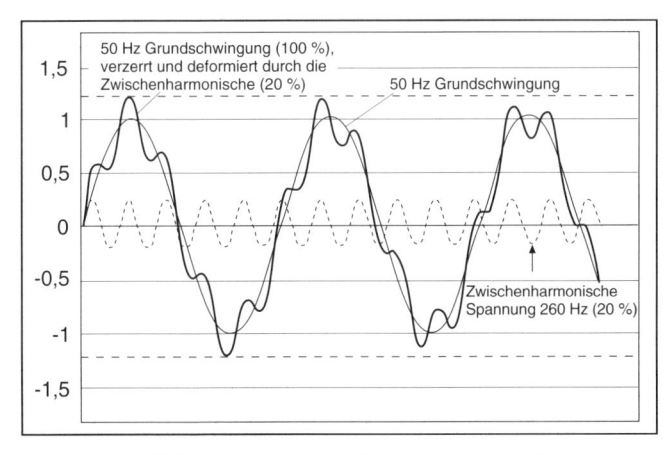

Bild 6.19   *Verzerrung der Netzspannung durch zwischenharmonische Spannungen*

Im Bild **6.19** ist die zwischenharmonische Spannung mit einer Frequenz von 260 Hz und einer Amplitude von 20 % der Grundschwingung dargestellt. Eine derart große *Zwischenharmonische* kommt in der Praxis so gut wie nicht vor. Das Bild zeigt aber dennoch sehr anschaulich die Wirkung der *Zwischenharmonischen*. Folgt man dem Verlauf der verzerrten Grundschwingung, so erkennt man neben der Verzerrung noch zusätzlich die Deformierung. Der Scheitelfaktor der Netzspannung ändert sich von Periode zu Periode. Es entstehen Flicker in der Netzspannung. Fragen zu Flickern werden im Abschnitt 6.5 behandelt. Da *Zwischenharmonische* und *Oberschwingungen* gleichzeitig auftreten, verstärken sie zusätzlich die verzerrende Wirkung der *Oberschwingungen* in der Netzspannung.

Tonfrequenz-Rundsteueranlagen arbeiten im Frequenzbereich von 110 und 3000 Hz. Dabei benutzen einige *EVU*s Frequenzen, die charakteristisch für zwischenharmonische Spannungen sind. In diesen Fällen können *Zwischenharmonische* Rundsteueranlagen stören bzw. beeinflussen.

Frage 6.2.3 Wie groß dürfen Zwischenharmonische Spannungen sein und wie können zwischenharmonische Spannungen vermindert werden?

Die Pegel für *Zwischenharmonische* in den Netzen der *EMV-Umgebungsklassen* 1 und 2 dürfen nach den Bestimmungen der Normen VDE 0839, Teil 2-2 [4.23] und 0839, Teil 2-4 [4.24] in öffentlichen Netzen und in Netzen der *EMV-Umgebungsklassen* 1 und 2 maximal 0,2 % betragen.

In den Netzen der *EMV-Umgebungsklasse* 3 sind höhere Werte unvermeidlich und auch zulässig. Die Verträglichkeitspegel nach VDE 0839, Teil 2-4 sind in der **Tafel 6.6** dargestellt.

Tafel 6.6 Verträglichkeitspegel Zwischenharmonische [4.24] – Zwischenharmonische Spannung

Ordnung n	Klasse 1 U_n in %	Klasse 2 U_n in %	Klasse 3 U_n in %
< 11	0,2	0,2	2,5
11 bis einschließlich 13	0,2	0,2	2,25
13 bis einschließlich 17	0,2	0,2	2
17 bis einschließlich 19	0,2	0,2	2
19 bis einschließlich 23	0,2	0,2	1,75
23 bis einschließlich 25	0,2	0,2	1,5
> 25	0,2	0,2	1

Zwischenharmonische können

- in Zwischenkreisumrichtern durch Glättung,
- durch Wahl höherpulsiger Stromrichter oder
- durch Wahl eines Verknüpfungspunktes mit höherer Kurzschlussleistung-

vermindert werden.

6.3 Abweichungen von der Netzfrequenz

Frage 6.3.1 Um wieviel Prozent darf die Frequenz der Netzspannung vom Nennwert abweichen?

Frequenzschwankungen können insbesondere an elektronischen Betriebsmitteln Störungen verursachen.

Der **EM-Verträglichkeitspegel** für Frequenzabweichungen in der Netzspannung für elektronische Betriebsmittel, die in Starkstromanlagen eingesetzt werden sollen und dort Störsenken im Sinn des *EMVG* sind, ist in der VDE 0160 [4.14] festgelegt. Danach müssen elektronische Betriebsmittel im Frequenzbereich zwischen 47 bis 52 Hz sicher arbeiten. Das entspricht einer Frequenzabweichung von + 4 bzw. – 6 % bezogen auf die Netzfrequenz von 50 Hz.

Aus der Sicht der Netzseite, der Störquelle, sind in den Normen der EN 61000 zwei **EM-Verträglichkeitspegel** für Abweichungen von der Netzfrequenz festgelegt. Es wird unterschieden, ob die Abnehmeranlage vom öffentlichen Netz oder getrennt vom öffentlichen Netz betrieben wird.

Für den Fall der **Versorgung aus dem öffentlichen Netz** ist für Frequenzabweichungen in der Netzspannung ein kleinerer Verträglichkeitspegel festgelegt. Er ist auf der *EVU*-Seite und Abnehmerseite gleich groß und beträgt ± 1 % von der Grundfrequenz 50 Hz [4.23], [4.29]

Für den Fall, dass eine Abnehmeranlage **getrennt vom öffentlichen Netz** betrieben wird, dürfen die Frequenzschwankungen größer sein. In diesem Fall beträgt der *EMV-Verträglichkeitspegel* auf der Abnehmerseite ± 4 % von der Grundfrequenz [4.24].

Ein Spezialfall ist der **Netzersatzbetrieb mit Ersatzstromaggregaten**. Bei den Kleinerzeugern ist die Wahrscheinlichkeit für Frequenzabweichungen relativ groß. Anderseits stehen solche Ersatzstromaggregate in Sonderbauten mit Menschenansammlungen oder in Krankenhäusern, in denen sehr viele empfindliche elektromedizinische Geräte betrieben werden. Für derartige Sonderbauten werden in der DIN 6280, Teil 13 [4.30] Betriebsgrenzwerte festgelegt, die vom Charakter her auch Verträglichkeitspegel im Sinne des *EMVG* sind. Sie betragen für den stationären Betrieb

± 4 % der Grundfrequenz 50 Hz in Krankenhäusern und
± 5 % der Grundfrequenz 50 Hz in baulichen Anlagen mit Menschenansammlungen.

Bei großen Lastschwankungen dürfen die dynamischen Frequenzabweichungen kurzzeitig (< 5 s) in beiden Anwendungen maximal ± 10 % betragen.

Im Gegensatz zu den vorstehenden *EM-Verträglichkeitspegeln* legt die Norm EN 50160 [4.29] Merkmale für die Versorgungsspannung in öffentlichen Elektrizitätsversorgungsnetzen fest. Hierbei handelt es sich um Qualitätsmerkmale eines Produktes, in diesem Fall um die Spannung in öffentlichen Elektrizitätsversorgungsnetzen. Nach der vorgenannten Norm muss der 10-Sekunden-Mittelwert der Grundfrequenz während 95 % einer Woche in folgenden Bereichen liegen:

± 1 % (49,5 bis 50,5 Hz) bei Verbindung mit dem Verbundnetz und
± 2 % (49 bis 51 Hz) ohne Verbindung mit dem Verbundnetz.

Während 100 % einer Woche müssen die vorgenannten Mittelwerte in folgenden Bereichen liegen:

+ 4/– 6 % (47 bis 52 Hz) bei Verbindung mit dem Verbundnetz und
± 15 % (42,5 bis 57,5 Hz) ohne Verbindung mit dem Verbundnetz.

Frage 6.3.2 Wie kann man elektronische Betriebsmittel gegen unzulässige Frequenzabweichungen schützen?

Vergleicht man die *EM-Verträglichkeitspegel* elektronischer Betriebsmittel [4.14] mit den Merkmalen für die Versorgungsspannung in öffentlichen Elektrizitätsversorgungsnetzen [4.23], [4.24], so muss für den Fall der Versorgung aus einem nicht mit dem Verbundnetz in Verbindung stehenden öffentlichen Netz oder bei Versorgung aus einem Ersatzstromnetz geprüft werden, ob mit dieser Spannung die im angeschlossenen Netz betriebenen elektronischen Betriebsmittel sicher versorgt werden können.

Sollen frequenzempfindliche elektronische Betriebsmittel aus einer nicht mit dem öffentlichen Netz verbundenen Spannungsquelle versorgt werden, sind Maßnahmen gegen Störungen aus Frequenzabweichungen notwendig. Für diese Fälle werden USV-Anlagen eingesetzt, mit denen Frequenzschwankungen ausgeglichen werden können. Vorrangig sollten hierfür dynamische USV-Anlagen verwendet werden.

In Netzen mit Ersatzstromversorgungen durch Dieselnotstromaggregate sind entsprechende Anforderungen an die Qualität der Drehzahlregelung zu stellen.

6.4 Spannungsänderungen bzw. -schwankungen

Frage 6.4.1 Was versteht man unter Spannungsänderungen?

In den Normen werden für ein und dieselbe Sache zwei unterschiedliche Begriffe benutzt. Als Begriffe werden verwendet

– Spannungsänderungen [4.24] und
– Spannungsschwankungen [4.23], [4.29], [5.1].

In beiden Fällen handelt es sich um Schwankungen in der Netzspannung in den Grenzen bis 10 %. Solche Schwankungen entstehen in der Netzspannung beim Ein- und Ausschalten von Lasten, Kondensatoren oder Netzkomponenten bzw. beim Stufen der Netztransformatoren. Spannungsänderungen über 10 % sind Spannungseinbrüche ober Spannungsunterbrechungen. Sie werden im Abschnitt 6.6 behandelt.

Die Spannungsänderungen in den Grenzen bis 10 % stören in der Regel nur, wenn sie mit entsprechender Dynamik verbunden sind. Deshalb werden langsame und schnelle Spannungsänderungen unterschieden.

Langsame Spannungsänderungen ergeben sich aus der jeweiligen Netz- und Lastsituation. Schnelle Spannungsänderungen entstehen beim Ein- und Ausschalten großer Verbraucher.

Spannungsschwankungen entstehen insbesondere bei Ersatzstromversorgungen mit Dieselnotstromaggregaten, wenn die Spannungsregelung nicht ordnungsgemäß ausgeführt wird. Ein Beispiel aus der Praxis zeigt das **Bild 5/Anhang 2**. Hier wurde ein Spannungsregler eingesetzt, der zwei Probleme hatte. Er hat erstens den Effektivwert der Spannung periodisch in 350 ms um 10 V schwingend geregelt und zweitens bei Entlastung des Generators die Spannung in den Überspannungsbereich gestellt. Ursache für die Fehlfunktion des Spannungsreglers waren u. a. die von den Stromrichtern des Aufzuges verursachten Kommutierungseinbrüche in der Netzspannung (s. a. **Bild 6/Anhang 2**). Die Spannungsschwankungen haben zu Störungen und Schäden an angeschlossenen Verbrauchern geführt. Das Problem konnte durch den Austausch des Spannungsreglers und durch einen Tiefpass gegen die Kommutierungseinbrüche gelöst werden. Der Tiefpass wurde im Generator eingesetzt.

Ein weiteres Beispiel für eine ungenügende Stabilität der Spannungsregelung ist im **Bild 7** (links) im **Anhang 2** dargestellt. Bei dieser Ersatzstromversorgung traten zeitweise Regelschwingungen auf. Dabei kam es bei stationärem Betrieb spontan zu Schwankungen in der Spannung und damit im Strom. Das Problem konnte nur durch den Austausch des Spannungs- und Drehzahlreglers gelöst werden.

Frage 6.4.2 Wie groß dürfen Spannungsänderungen im Netz sein?

Spannungsänderungen dürfen nur so groß sein, dass dadurch die Funktion elektrischer und elektronischer Betriebsmittel oder Geräte nicht gestört wird.

Schauen wir zunächst in die Störsenken der Gebäudeinstallation und dort auf die schwächsten Glieder, so finden wir hier die elektronischen Betriebsmittel und Geräte. **EM-Verträglichkeitspegel** für elektronische Betriebsmittel in Starkstromanlagen sind in der VDE 0160 [4.14] festgelegt. Danach müssen die elektronischen Betriebsmittel einschließlich solcher für Datenverarbeitungsanlagen mit einer Betriebsspannung zwischen 86 % und 110 % der Bemessungsspannung sicher und störungsfrei arbeiten. Dabei ist in dieser Norm nichts über die Dynamik der Spannungsänderung ausgesagt.

EM-Verträglichkeitspegel für langsame Spannungsänderungen im Versorgungsnetz der Gebäude, also der Störquelle, sind in der VDE 0839, Teil 2-4 [4.24] festgelegt. Sie betragen für den Verknüpfungspunkt (PCC) und den anlageninternen *Anschluss*punkt (PC)

– ± 8 % für die *EMV-Umgebungsklasse 1*,
– ± 10 % für die *EMV-Umgebungsklasse 2* und
– ± 10 % bis –15 % für die *EMV-Umgebungsklasse 3*.

Die Prozentsätze sind auf die Bemessungsspannung ausgerichtet. Die Bemessungsspannung, üblicherweise auch Nennspannung genannt, wird nach den Bestimmungen der DIN IEC 38 (1987-05) im Zeitraum von 1987 bis 2003 von 380/220 V auf 230/400 V umgestellt. In dieser Zeit gilt für den oberen Verträglichkeitspegel ein um 4 % verminderter Wert. Dabei wird an alte Anlagen gedacht, die seinerzeit für die geringere Spannung bemessen waren. Neue Anlagen müssen für die höhere Spannung dimensioniert werden. Der Störpegel im Netz muss bis zum Ablauf der Übergangsfrist auf den niedrigeren Wert begrenzt werden.

Die unter der Rubrik „langsame Spannungsänderungen" in EN 50160 [4.29] für die öffentlichen Elektrizitätsversorgungsnetze festgelegten **Qualitätsmerkmale** stimmen in den Parametern weitgehend mit den *EM-Verträglichkeitspegeln* der EMV-Norm [4.24], *EMV-Umgebungsklasse 2* überein. Dabei müssen 95 % der 10-Minuten-Mittelwerte innerhalb der Grenzen von U_N ± 10 % liegen.

6.5 Flicker in der Netzspannung

Frage 6.5.1 Was sind Flicker in der Netzspannung?

Laut Definition in VDE 0838, Teile 1 und 3 [4.20], [4.22] sind *Flicker* der Eindruck einer Instabilität der visuellen Wahrnehmung, hervorgerufen durch Lichtreize, deren Leuchtdichte oder Spektralverteilung mit der Zeit schwankt.

In [5.1] werden Flicker ganz einfach als der subjektive Eindruck von Leuchtdichteschwankungen bezeichnet.

Beide Definitionen beschreiben das Phänomen, das Spannungsschwankungen an einer Lampe zu Leuchtdichteänderungen führen und wir diese als Flackern des Lichts wahrnehmen. Im deutsch/englisch Wörterbuch findet man hinter dem englischen Wort „Flicker" das deutsche Wort „Flackern".

Das menschliche Auge reagiert auf flackerndes Licht unterschiedlich. Langsames Flackern wirkt weniger störend als schnelles Flackern. Ganz schnelles Flackern kann gar nicht wahrgenommen werden. Das kann man sich am Beispiel einer normale Leuchtstofflampe klar machen. Die mit 50 Hz Wechselspannung betriebene Leuchtstofflampe verlischt bei jedem Nulldurchgang der Spannung und geht damit genau hundertmal in der Sekunde an und aus. Unser Auge nimmt dieses schnelle Flackern als Dauerlicht wahr. Am empfindlichsten reagiert das menschliche Auge auf 18 Änderungen pro Sekunde. Das sind 1080 Änderungen pro Minute.

Bei den *Flickern* handelt es sich also um häufig auftretende schnelle Spannungsänderung in der Netzspannung, die bei eingeschalteter Beleuchtung im Form von flackerndem Licht wahrgenommen wird.

Flicker entstehen ähnlich wie die *Oberschwingungen* durch Rückwirkungen der Lastströme an den Impedanzen im Netz. Es gilt hierfür der gleiche Mechanismus wie im Bild 6.1 dargestellt. Im Unterschied zu den Oberschwingungen handelt es sich hier nicht um nichtlinearen Ströme, sondern um spontane starke Ströme aus sich wiederholenden stoßartigen Belastungen, wie z.B. beim Einschalten starker Motoren mit hohen Anlaufströmen oder größerer Lasten, beim Widerstandsschweißen, gepulsten Leistungen usw. Flicker können aber auch bei Problemen mit der Spannungsregelung an Generatoren und USV-Ausgängen enstehen. Hier sind es nicht nur Rückwirkungen aus der Last, sondern auch gesteuerte Spannungsänderungen. Letztlich können Flicker, wie im Bild 6.19 dargestellt, auch durch *Zwischenharmonische* oder durch Rundsteuersignale hervorgerufen werden.

Frage 6.5.2 Wie stark dürfen Flicker in der Netzspannung sein?

Der Flickerstörfaktor P_{st} und die relative Spannungsänderung d dürfen in den Netzen folgende Maximalwerte nicht übersteigen:

	Flickerstörfaktor P_{st}-Wert	rel. Spannungsänderung d (%)
NS-Netze	1,0	3
MS-Netze	0,75	2
HS-Netze	0,5	2

Die relativen Spannungsänderungen d werden nach der Formel 6.12 berechnet

$$d = \frac{\Delta U}{U} \quad (\%) \tag{6.12}$$

Der Flickerstörfaktor P_{st} ergibt sich aus der relativen Spannungsänderung d in % und der Wiederholrate R pro Minute, wobei darin die Empfindlichkeit des menschlichen Auges mit eingeht.

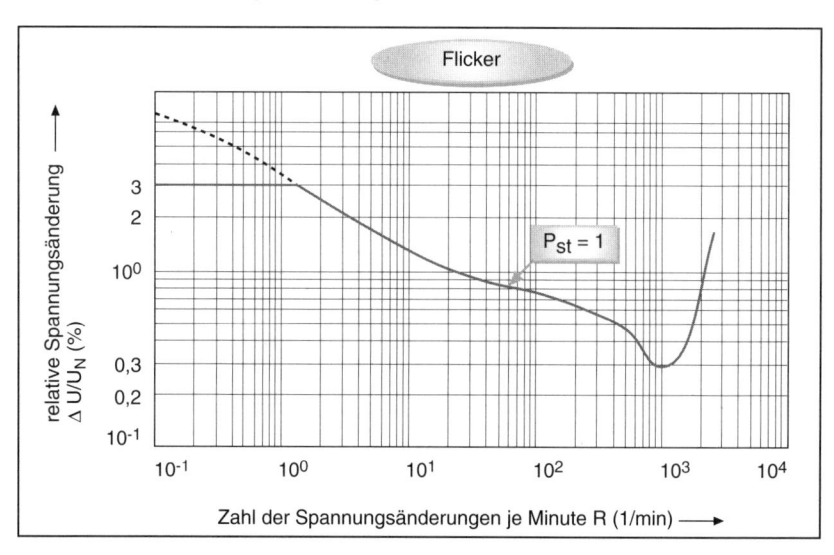

Bild 6.20 *Flickerkurve, zulässige Spannungsänderungen in Abhängigkeit von deren Wiederholrate R*

Den Verträglichkeitspegel für Flickerstörungen mit dem Wert $P_{st} = 1$ zeigt das **Bild 6.20** [4.23], [4.22]. Bei näherer Betrachtung der Grafik erkennt man, dass der Grenzwert für schnelle Spannungsänderungen, die Flicker erzeugen, mit zunehmender Häufigkeit der Spannungsänderungen, ausgedrückt als Wiederholrate R, abnimmt. Er hat seinen kleinsten Wert bei der für das menschliche Auge empfindlichsten Wiederholrate von 1080 Änderungen pro Minute und beträgt hier nur noch etwa 0,3 %. Danach steigt der Grenzwert für die relative Spannungsänderung d mit der Wiederholrate bis auf 3 %. Ab einer Wiederholrate von 2000 Änderungen pro Minute bzw. 33 pro

Sekunde kann das Auge die Änderungen nicht mehr wahrnehmen. An dieser Stelle endet die Flickerkurve in Bild 6.20.

Der Flickerstörfaktor P_{st} wird mit einem Flickermeter üblicherweise als 10-Minuten-Mittelwert gemessen. Der P_{st}-Wert wird auch als Kurzzeit-Flickerstärke bezeichnet. Es gibt auch noch die Langzeit-Flickerstärke. Diese trägt die Bezeichnung „P_{lt}" und wird aus zwölf P_{st}-Werten berechnet.

Frage 6.5.3 Welche Abhilfemaßnahmen gibt es bei Flickern?

Bereits in der Planungsphase muss daran gedacht werden, dass der Flickerstörpegel in verträglichen Grenzen gehalten wird. Das ist immer dann erforderlich, wenn in der Abnehmeranlage größere Antriebe, stoßartige Lasten, periodisch wechselnde Lasten, Widerstandsschweißgeräte, Schmelzöfen oder auch Eigenerzeugungsanlagen, Ersatznetze sowie USV-Anlagen mit geregelter Spannung eingesetzt werden sollen.

Zur Beherrschung der Flicker sollte von Anfang an großer Wert auf Folgendes gelegt werden:

– ausreichende Netzleistung am *Anschlusspunkt*,
– Begrenzung der Anlaufströme großer Motoren auf ein verträgliches Maß,
– Verteilung wechselnder Lasten auf verschiedene *Anschlusspunkte*,
– Vermeidung gleichzeitiger Flickererzeugung,
– Vermeidung von Leistungspendelungen in Erzeugungsanlagen sowie
– schwingungsfreie Steuerung der Spannung in Ersatz- und USV-Netzen.

In einer Abnehmeranlage, in denen wiederholt mit kurzen Lastspitzen gerechnet werden muss, reicht eine Bemessung der Zuleitungen und der Energiequelle für den Nennbetrieb der Verbraucher allein nicht aus. Gerade die Spitzen, die über den Nennbetrieb hinausgehen, erzeugen die starken Flicker in der Netzspannung.

Flicker in betriebenen Abnehmeranlagen können nur wirksam abgebaut werden, wenn man die Ursachen kennt. Spontan eingeleitete Maßnahmen führen meistens nicht zum Erfolg. Sie kosten nur Geld. Die Ursachen und die zum Abbau der Flicker notwendigen Maßnahmen findet man nur durch entsprechende Messungen. Dazu müssen neben den Flickern selbst auch die Spannungen und Ströme über einen hinreichend langen Zeitraum gemessen und aufgezeichnet werden. Da Flicker durch schnelle Spannungsänderungen entstehen, muss die Technik für die Strom- und Spannungsmessung hinreichend schnell sein. Bei Aufzeichnungsraten über 100 ms sind keine brauchbaren Ergebnisse mehr zu erwarten. Die Flicker selbst werden mit einem Flickmeter gemessen. Messgröße ist der über 10 Minuten gemittelte P_{st}-Wert.

Für die Herabsetzung des Flickerstörfaktors sind je nach Ursache folgende Maßnahmen möglich:

- Erhöhung der Anschlussleistung am *Anschlusspunkt* durch größere Transformatoren, Einspeisung aus einer höheren Spannungsebene oder auch Verstärkung der Anschlusskabel.
- Senkung der Anlaufströme durch Sanftanlauf, Frequenzumrichter, dynamische Kompensation oder auch durch Verwendung spezieller Motoren,
- durch entsprechende Steuerung der Verbraucher, so dass lastbedingte Spannungsänderungen sich nicht überlagern,
- Optimierung der Spannungsregelung an den Generatoren von Ersatzstromversorgungen und USV-Anlagen.

Ein Praxisbeispiel zeigt das **Bild 10/Anhang 2**. Hier wurde ein 250-kW-Schraubenverdichter an einen 800-kVA-Trafo angeschlossen. Nachdem beim Anlauf erhebliche Flicker in der Spannung aufgetreten sind, hat man sich für den Einsatz eines Sanftanlaufes entschieden. Sehr enttäuscht musste man dann zur Kenntnis nehmen, dass auch mit Sanftanlauf Flicker auftraten. Ein Schraubenverdichter erfordert ein hohes Anlaufmoment. Ein Sanftanlauf regelt die Spannung und senkt dadurch das mögliche Anlaufmoment. So sind beim Anlauf weiterhin hohe Ströme geflossen. Wie Bild 10/Anhang 2 zeigt, betrug der Anlaufstrom etwa 1500 A. Dabei sank die Netzspannung trotz Sanftanlauf um 20 V und es entstanden weiterhin Flicker in der Netzspannung, die im Bild 10 unten links dargestellt sind. Das Problem wurde mit dem Einsatz eines Frequenzumrichters gelöst. Mit Frequenzumrichtern können bei richtiger Dimensionierung und richtiger Einstellung Maschinen mit annähernd Nennstrom anfahren.

6.6 Spannungseinbrüche und Kurzunterbrechungen

Frage 6.6.1 Was sind Spannungseinbrüche und Kurzunterbrechungen in der Netzspannung?

Spannungseinbrüche sind Spannungsänderungen über das Maß von –10% der Nennversorgungsspannung hinaus und reichen bis in eine Tiefe nahe dem Nullpunkt.

Kurzunterbrechungen sind eine spezielle Form der Spannungseinbrüche, bei denen die Netzspannung bis auf Null absinkt und für eine Zeit von mehreren Zehntelsekunden bis in den Sekundenbereich nicht zur Verfügung steht.

Spannungseinbrüche und Kurzunterbrechungen sind **keine EM**- sondern **Betriebsstörungen**. Dabei handelt es sich um unvorhersehbare, weitgehend zufallsbedingte Ereignisse, die am besten in statistischer Form beschrieben werden [4.23].

Spannungseinbrüche entstehen durch elektrische Fehler im Netz. Solche gibt es in allen übergeordneten und öffentlichen Versorgungsnetzen. Sie können aber auch in Abnehmeranlagen selbst entstehen. Spannungseinbrüche aus dem Übertragungsnetz können durch schnelle Schutzeinrichtungen, oder bei selbstlöschenden Fehlern, kürzer als eine Zehntelsekunde sein. Fehler in den niedrigeren Spannungsebenen der öffentlichen Versorgungsnetze haben längere Einbrüche mit einer Zeitdauer von 100 ms bis 1,5 s zur Folge.

Ein Betreiber einer elektrischen Anlage in einer Stadt muss im Mittel pro Monat mit ein bis vier Spannungseinbrüchen rechnen, bei der die Netzspannung um mehr als 10 % einbricht. In ländlichen Gebieten mit freitleitungsversorgten Netzen liegt die Zahl der Spannungseinbrüche noch höher [4.23]. Pro Jahr rechnet man unter normalen Betriebsbedingungen mit 10 bis 1000 Spannungseinbrüchen. Die Mehrzahl der Spannungseinbrüche dauert weniger als 1 s und die Einbruchtiefe ist weniger als 60 % [4.29]. In einigen Gegenden können im öffentlichen Netz noch häufiger lastbedingte Spannungseinbrüche eintreten. Diese haben dann aber nur eine Tiefe von 10 bis 15 % [4.29].

Bei den Kurzunterbrechungen rechnet man mit 10 bis 100 pro Jahr. Die Dauer der Unterbrechung dürfte in der Mehrzahl der Fälle unter 1 s liegen [4.29]. Für Spannungseinbrüche und Kurzunterbrechungen gibt es keine EM-Verträglickeitswerte, weil es keine Betriebsmittel oder Geräte gibt, die ohne Spannung oder nur mit einer Restspannung weiterarbeiten können. Deshalb wird für anlageninterne *Anschlusspunkte* (IPC) der *EMV-Umgebungsklasse 1* ein Schutz durch USV-Anlagen ausgeführt. Trotzdem können Spannungsabsenkungen bis zu einer Dauer einer Halbschwingung (10 ms bei 50 Hz) und bis zu 100 % (Unterbrechung) auftreten [4.24].

Eine spezifische Form von Spannungseinbrüchen sind Kommutierungseinbrüche der Netzspannung. Sie entstehen in Brückenschaltungen bei der Kommutierung der Stromrichter von einem Leiter auf den anderen, wobei jedesmal für einen sehr kurzen Moment ein Kurzschluss stattfindet. Verträglich sind Spannungseinbrüche bis zu 20 % des Scheitelwertes der Netzspannung.

Extreme Kommutierungseinbrüche zeigen die **Bilder 5** und **9/Anhang 2**. Im Bild 5/Anhang 2 werden die Rückwirkungen der Lastströme eines Feuerwehraufzuges gezeigt, der bei Netzausfall von einem Ersatzstromaggregat versorgt wird. Die Drehzahl des Aufzuges wird mittels Stromrichter gesteuert. Beim Abbremsen vor dem Anhalten wurden in dem Praxisbeispiel Kommutierungseinbrüche in der Netzspannung bis 373 V gemessen. Diese Einbrüche führten zu erheblichen Störungen an den mit der Spannung versorgten Verbrauchern. In einem Testfall ist der Feuerwehraufzug ausgefallen und im Aufzugsschacht stecken geblieben. Die Kommutierungseinbrüche in der Netzspannung wurden durch den Einsatz eines Filters (Tiefpass) auf ein verträgliches Maß reduziert.

Das Bild 9/Anhang 2 zeigt die Spannung an einem anlageninternen *Anschlusspunkt* in einer Industrieanlage. Der Anschlusspunkt wurde von einem 630-kVA-Transformator versorgt. Die Transformatorenstation lag am Ende einer längeren 20-kV-Stichleitung (Freileitung). An dem *Anschlusspunkt* wurde ein 280-kW-Motor mit Thyristorsteuerung betrieben. Dabei gab es regelmäßig Kommutierungseinbrüche in der Spannung in der Größenordnung von 40 bis 60 %. Von diesem Anschlusspunkt sollte die Versorgungsspannung für eine Speicherprogrammierbare Steuerung (SPS) genommen werden. Die SPS ist beim Betrieb des Motors regelmäßig ausgefallen. Auch hier war ein Tiefpass zur Begrenzung der Kommutierungseinbrüche erforderlich.

Frage 6.6.2 Wie kann man sich gegen Spannungseinbrüche und Kurzunterbrechungen in der Netzspannung schützen?

Gegen Spannungseinbrüche und Kurzunterbrechungen kann man sich nur schützen, indem man die empfindlichen Verbraucher über eine Unterbrechungsfreie Stromversorgung (USV-Einrichtung oder -Anlage) versorgt.
Bei Spannungseinbrüchen und Kurzunterbrechungen in der Netzspannung muss man bei einer Reihe von Betriebsmitteln, Geräten und Anlagen mit Funktionsausfällen rechnen. Das betrifft z.B.

- Netzabschnitte, die über Schalter mit Unterspannungsüberwachung ausgerüstet sind,
- Rechner und Rechnernetze,
- Geräte und Steuerungen mit elektronischen Funktionsbaugruppen,
- Not-Aus-Kreise sowie Sicherheitsschaltung mit Ruhestromprinzip,
- Scheinwerfer und Beleuchtungsanlagen mit Metalldampflampen
- elektromechanisch betätigte Steuerungen in Anlagen und an Maschinen.

Ein Großteil der aufgezählten Einrichtungen sind nach Wiederkehr der vollen Netzspannungen nicht oder nicht gleich betriebsbereit. Es entstehen z.T. erhebliche finanzielle Schäden.
Gefahrenmeldeanlagen, Telefonanlagen und andere lebenswichtige Einrichtungen sind für diese Fälle von vornherein mit einer internen Energieversorgung (USV-Einrichtung) ausgerüstet. Für betriebswichtige Anlagen muss das Erfordernis einer unterbrechungsfreien Stromversorgung geprüft werden.
Netze der *EMV-Umgebungsklasse 1* benötigen zumeist immer eine USV-Anlage. Die USV-Anlage muss sehr sorgfältig nach den Erfordernissen der zu versorgenden Einrichtungen ausgewählt und angepasst werden. USV-Anlage ist nicht gleich USV-Anlage. Hier sparen, heißt ein Risiko für spätere Probleme eingehen. Bei der Auswahl und Anpassung kommt es darauf an, dass

die *EMV-Schutzanforderungen* nach *EMVG* erfüllt werden, d.h. Oberschwingungen in der Netzspannung, Flicker, Spannungsschwankungen und störende Potentialausgleichsströme müssen beherrscht werden.
Eine USV-Versorgung ist kein hundertprozentiger Schutz. Nach VDE 0839, Teil 2-4 [4.24] rechnet man in der EMV-Umgebungsklasse mit Spannungseinbrüchen bis zu einer Dauer von einer Halbschwingung, wobei in dieser Zeit die Spannung bis auf den Nullpunkt einbrechen kann. In **Tafel 6.7** sind Pegel aufgelistet, mit denen man in der Praxis rechnen muss. Derartige Einbrüche lassen sich durch steuerungsstechnische Maßnahmen minimieren. Kommutierungseinbrüche in der Netzspannung lassen sich durch den Einsatz eines Tiefpasses kompensieren.

Tafel 6.7 Verträglichkeitspegel bzw. Orientierung für übrige Netzrückwirkungen [4.24] – Spannungsänderungen, Spannungseinbrüche, Kurzzeitunterbrechungen, Spannungsunsymmetrie, Frequenzabweichungen

Störgröße	Klasse 1	Klasse 2	Klasse 3
Spannungsänderungen, Abweichungen bezogen auf die Nennspannung U_N $\Delta U/U_N$	±8 %	±10 %	±10 % bis –15 %
Spannungseinbrüche (s. Anmerkung 1) $\Delta U/U_N$ Δt (Halbschwingung)	10 bis 100 % 1	10 bis 100 % 1 bis 300	10 bis 100 % 1 bis 300
Kurzzeitunterbrechungen (s) (s. Anmerkung 1 und 2)	Keine	–	≤ 60
Spannungsunsymmetrie U_{neg}/U_{pos}	2 %	2 %	3 %
Abweichungen von der Netzfrequenz $\Delta f/f_N$	±1 %	±1 %	±2 %

Anmerkung 1: Diese Werte sind keine Verträglichkeitspegel; sie sind nur zur Orientierung gegeben.
Anmerkung 2: Für Klasse 2 nicht anwendbar.

6.7 Spannungsunsymmetrie

Frage 6.7.1 Was versteht man unter Spannungsunsymmetrie?

Spannungsunsymmetrie, oder auch die Unsymmetrie in der Netzspannung, ist ein Zustand im Drehstromnetz, bei dem

– die Effektivwerte der drei Spannungen U_{LN} oder
– die Winkel zwischen zwei aufeinanderfolgenden Phasen

nicht gleich groß sind [4.29].

Die Spannungsunsymmetrie in Prozent wird üblicherweise aus dem Verhältnis der Spannungen der Gegenkomponente $U_{(g)}$ zur Mitkomponente $U_{(m)}$ berechnet. In der Praxis kann sie aber auch, wie Formel (6.13) zeigt, näherungsweise aus dem Verhältnis der Verbraucherleistung S_A zur Drehstromkurzschlussleistung S_K bestimmt werden [5.1].

$$u_g = \frac{U_{(g)}}{U_{(m)}} = \frac{S_A}{S_K} \qquad (6.13)$$

(u_g Spannungsunsymmetrie)

In Niederspannungsnetzen führen einphasige Lasten nur zu schwachen Unsymmetrien, weil hier das Verhältnis zwischen einer einphasigen Last zur Kurzschlussleitung im Drehstromnetz nur sehr kleine Werte ergibt.

Spannungsunsymmetrien in der Netzspannung beeinflussen drehende elektrische Maschinen. Hier spielt das Gegensystem in der Spannung eine Rolle, das ein zum Mitsystem entgegenlaufendes Feld erzeugt. Die Maschinen werden dadurch erwärmt und der Lauf unruhig. Die Erwärmung der Maschinen vermindert die Lebensdauer.

Schädliche Einflüsse auf die Funktion von Steuer- und Regeleinrichtungen können nicht ausgeschlossen werden.

Frage 6.7.2 Wie groß darf die Unsymmetrie in der Netzspannung sein und wie kann abgeholfen werden?

In den Netzen der *EMV-Umgebungsklassen 1* und *2* darf die Unsymmetrie in der Netzspannung maximal 2 % betragen. In Netzen der *EMV-Umgebungsklasse 3* liegt der *EM-Verträglichkeitspegel* bei 3 %. In einem Betrachtungsintervall von 10 Minuten darf hier die Unsymmetrie jedoch 4 % nicht übersteigen.

Diese Werte gelten aber nur für Niederspannungsnetze. Für Mittel- und Hochspannungsnetze gelten kleinere Werte (0,7 %) [5.1].

Spannungsunsymmetrien werden durch gleichmäßige Verteilung der Verbraucherlast auf alle drei Außenleiter des Drehstromsystems unterbunden. Wenn aus technologischen Gründen ein- bzw. zweiphasige Lasten benötigt werden, können bei größeren Verbrauchern Maßnahmen zur Herabsetzung der Unsymmetrie erforderlich werden. Solche Maßnahmen sind z.B.:

– Erzeugung der ein- oder zweiphasigen Verbraucherspannung über einen Umformersatz, bestehend aus Drehstrommotor und einphasigem Generator,
– Auskoppelung der Lasten über Stromrichterbrücken und Zwischenkreis,
– Symmetrierung der Last durch Kondensatoren und Drosselschaltungen,
– Erhöhung der Kurzschlussleitung am *Anschlusspunkt*.

6.8 Netzsignalübertragung

Frage 6.8.1 Was versteht man unter Netzsignalübertragungen?

Die *EVU*s nutzen ihre öffentlichen Netze auch für die Übertragung von Signalen und Informationen. Dabei wird der Netzspannung eine Signalspannung überlagert, mit der die Energieversorger verschiedenartige Informationen übertragen.
Folgende Systeme werden praktisch genutzt [4.23]:

- **Rundsteueranlagen** mit Frequenzen zwischen 110 und 3000 Hz, die überlagerte Signalspannung beträgt je nach Frequenz 2 bis 9 % von U_N
- **Netz-Signalübertragung** mit Frequenzen zwischen 3 und 148,5 kHz, die überlagerte Signalspannung beträgt je nach Frequenz $\leq$ 5 % von U_N und
- **Netz-Markierungssysteme**.

Unter den Netz-Markierungssystemen gibt es verschiedene Systeme. Die Hersteller dieser Systeme sind dafür verantwortlich, dass die Verträglichkeitspegel für *Oberschwingungen* nicht überschritten werden.
Die Rundsteueranlagen werden von den Energieversorgern speziell zur Übertragung von Signalen aus dem Netz der öffentlichen Energieversorgung in die Kundenanlagen verwendet. Dabei werden in den Rundsteuersignalen Befehle codiert, die Schalthandlungen an Einrichtungen in den Kundenanlagen bewirken.
Die Signalfrequenz für die Rundsteuerung legt das jeweilige *EVU* selbst fest. Dabei werden Signalfrequenzen mit ganzzahligen Vielfachen der Netzfrequenz, also *Oberschwingungen* oder auch Signalfrequenzen eingesetzt, die kein Vielfaches der Netzfrequenz sind. Im letzten Fall handelt es sich um *Zwischenharmonische*. Die Rundsteuersignale haben damit das gleiche Störpotential wie *Oberschwingungen* und Interharmonische. Sie dürfen die dafür in EMV-Bestimmungen festgelegten Verträglichkeitspegel nicht überschreiten.

6.9 Netzfrequente Überspannungen

Frage 6.9.1 Mit welchen Arten von Überspannung muss in der Gebäudeinstallation gerechnet werden?

In der Gebäudeinstallation werden vier grundlegende Arten von Überspannungen unterschieden. Es sind dies

1. Netzfrequente Überspannungen in Insel- und Ersatzstromnetzen durch Probleme in der Spannungsregelung,
2. Netzfrequente Überspannungen durch Fehler im Netz,
3. Transiente Überspannungen durch atmosphärische Einflüsse oder durch Schaltvorgänge im Netz und
4. Transiente Überspannungen durch elektrostatische Entladungen.

Netzfrequente Überspannungen sind Rückwirkungen aus Fehlern im Netz, z.B. bei Erdeinflüssen oder Neutralleiterunterbrechungen und zählen zu den leitungsgeführten EM-Störgrößen.

Transiente Überspannungen werden hier nicht als Netzrückwirkungen, sondern als eine eigenständige Kategorie von EMV-Einflüssen eingestuft. Sie werden im Abschnitt 9 näher behandelt.

Frage 6.9.2 Wie entstehen netzfrequente Überspannungen?

In Ersatzstromnetzen entstehen betriebsmäßig Überspannungen durch

- Einsatz von ungeeigneten Spannungsreglern oder auch durch
- fehlerhafte Einstellungen oder Funktionsmängel an Spannungsreglern.

Eine andere Kategorie sind die netzfrequenten Überspannungen, die durch Fehler im Netz entstehen. Sie entstehen insbesondere bei

- Erdschlüssen im Netz oder
- bei einer Neutralleiterunterbrechung.

Die Auswirkungen von **Erdschlüssen auf die Netzspannung** an den Verbrauchern ist davon abhängig, auf welcher Spannungsebene der Erdschluss eintritt und wie die Sternpunkterdung im übergeordneten Netz ausgeführt ist. Bei Erdschlüssen wird vorübergehend ein Außenleiter geerdet und damit das Spannungssystem im Drehstromnetz verschoben. Damit ergeben sich veränderte Leiter-Erde-Spannungen.

Nach den Bestimmungen der DIN VDE 0100-442 [4.4] darf die Betriebsspannung an den Verbrauchern bei Erdschlüssen in der übergeordneten Spannungsebene, z.B. Mittelspannungsnetz, im Extremfall vorübergehend (länger als 5 s) um 250 V ansteigen (maximal U_0 = +250 V). Wenn der Erdschluss im übergeordneten Netz innerhalb kurzer Zeit ($t_{ab} \leq 5$ s) abgeschaltet wird, darf die Überspannung sogar 1200 V (maximal U_0 = +1200 V) betragen. Aus EMV-Sicht sind derartige Pegel unverträglich.

Bei einer Neutralleiterunterbrechung wird die Netzspannung am Verbraucher völlig verändert. Das kann an einzelnen Verbrauchern zu Unterspannungs- oder zu Überspannungssituationen führen. Bei Ausfall des geerdeten Sternpunktes bilden die angeschlossenen Verbraucher einen unbestimmten Ersatzsternpunkt, bei dem sich die Sternpunktspannung aus dem

Verhältnis der Verbraucherwiderstände ergibt. Im Extremfall werden die Verbraucher mit der Außenleiterspannung ($U = \sqrt{3}\, U_0$) beansprucht.
Neutralleiterunterbrechungen entstehen in der Praxis durch fehlerhaft ausgeführte oder durch Oberschwingungen überlastete Klemmstellen. Wie unter Ziffer 3 der Frage 6.1.4 beschrieben, können Oberschwingungen den Neutralleiterstrom erheblich vergrößern und entsprechende Schäden verursachen.
Im Fall eines Kurzschlusses zwischen Außenleiter und Neutralleiter im Niederspannungsnetz muss in den nicht vom Kurzschluss betroffenen Außenleitern mit einer Spannungsbeanspruchung von 1,45 U_0 gerechnet werden. Überspannungen durch Fehler im Netz sind energiereiche Überspannungen, die über eine längere Zeit einwirken können. Sie führen deshalb meistens zu Schäden an elektrischen Betriebsmitteln.
Aus EMV-Sicht sind alle Betriebsspannungen über dem zulässigen Pegel von U_0 = +10 %, wie im Abschnitt 6.4 zu Spannungsänderungen und -schwankungen dargestellt, generell **unverträglich**. Deshalb sind *PEN-Leiter* in Gebäuden, in denen eine bedeutende Anzahl von Betriebsmitteln der Informationstechnik errichtet werden sollen, nicht mehr zugelassen [4.19].

Frage 6.9.3 Wie können netzfrequente Überspannungen verhindert werden?

Netzfrequenten Überspannungen wird vorgebeugt, durch

– Betriebserdung des Neutralleiters in *TN-Systemen*,
– ausreichende Dimensionierung und gewissenhafte Ausführung der PEN- und N-Klemmstellen,
– ausreichende Dimensionierung der Neutralleiter unter Beachtung der Oberschwingungssituation im Laststrom (s.a. Abschnitt 7).

Netzfrequente Überspannungen können am Verbraucher verhindert werden, indem empfindliche Verbraucher über USV-Anlagen versorgt werden. Dabei muss beachtet werden, dass die verwendeten USV-Anlagen den Schutz gegen Überspannung auch tatsächlich realisieren. Vereinfachte USV-Geräte schützen mitunter nur gegen Unterspannung. Moderne USV-Anlagen schützen auch vor Überspannung, indem sie sich bei Überspannungssituationen vom Netz trennen und die Verbraucher intern aus der Batterie versorgen.

7 Ausgleichsströme

Der Ausgleichsstrom ist eine leitungsgebundene sehr komplexe Störgröße und hat eine **große Bedeutung** für die *EMV*. Er ist bei gegebenen Bedingungen in allen Installationen des Gebäudes anzutreffen und wird von Energien aus dem elektrischen Netz, aus Blitzeinflüssen und durch Störstrahlung angetrieben.

Frage 7.1 Was ist das Störpotential bei Ausgleichströmen?

Die Ausgleichsströme haben aufgrund ihres breiten Frequenzspektrums verschiedenartige Störwirkungen. Sie verschieben Potentiale im Bezugssystem, verfälschen elektrische Signale, sind Träger von elektrischen Störgrößen und verursachen Störfelder. Aus der Sicht der elektrischen Sicherheit können Ausgleichsströme gefährliche Berührungsspannungen hervorbringen, elektrisch leitende Verbindungen thermisch zerstören und elektrische Schutzeinrichtungen blockieren bzw. zur Fehlauslösung veranlassen. Durch vagabundierende Ausgleichsströme werden elektronische Betriebsmittel unterschiedlicher Anwendungen, einschließlich elektronischer Steuerungen sowie Einrichtungen der Informationstechnik empfindlich gestört. Die Störungen entstehen durch in die elektronischen Systeme eindringende Potentialausgleichsströme, durch Potentialverschiebungen im Massesystem und durch Potentialunterschiede, die von den Strömen auf Schutzleitern und auf Potentialausgleichsleitungen als Spannungsfall erzeugt werden. Auf geerdeten Schirmen von Datenleitungen können bereits einige Zehn Milliampere die Datenübertragung beeinflussen und Fehler verursachen.

Es können aber auch klassische Systeme ohne elektronische Funktionseinheiten gestört werden. So erzeugen z.B. vagabundierende Ausgleichsströme in verdrahteten Relaissteuerungen (in klassischer Bauweise) Fehlfunktionen, wenn sie die Chance erhalten, in die Steuerungen einzudringen.

Ein qualitativ anderes Störpotential ist das Magnetfeld, das beim Stromfluss um Leitungen entsteht. Magnetfelder produzieren über die induktive Kopplung Störspannungen in benachbarten Systemen. So können in ausgedehnten Gebäudeinstallationen, über die Potentialausgleichsströme Störungen stark verbreitet werden. Weitere Einzelheiten zu den Magnetfeldern sind mit den Fragen im Abschnitt 10 behandelt.

Frage 7.2 Wie entstehen Ausgleichsströme?

Ausgleichsströme entstehen durch ungünstige Netzgestaltung, durch Mängel im Potentialausgleich und durch Kopplungen.

Ein Ausgleichsstrom fließt immer dann, wenn eine Potentialdifferenz ΔU oder eine Spannungsquelle vorhanden sind und der elektrische Kreis durch ein leitendes Medium, in der Regel ein metallischer Leiter, geschlossen wird. Eine Potentialdifferenz ΔU entsteht bekanntlich als Spannungsfall an einer vom Strom durchflossenen Impedanz. Eine Spannungsquelle in einem Stromkreis bekommen wir z.B. dadurch, dass eine Leiterschleife im Gebäude von einem magnetischen Wechselfeld (Störfeld) durchsetzt wird und dadurch nach dem Induktionsgesetz Spannungen induziert werden. Weitere Möglichkeiten für Einkopplungen sind mit den Fragen im Abschnitt 3 behandelt. In der Gebäudeinstallation haben wir für Potentialausgleichsströme hauptsächlich die drei nachstehenden Aufkommensgebiete

1. Vagabundierende Ausgleichs- und Neutralleiterströme im Gebäude,
2. Ströme aus bestehenden Kopplungen und
3. Ströme aus Blitzeinflüssen sowie aus Erd- und Kurzschlussvorgängen im Netz

Zu 1.) Vagabundierende Ausgleichs- und Neutralleiterströme im Gebäude
Ausgleichsströme sind vagabundierende Ströme, die einerseits zwischen unterschiedlichen Potentialen im Gebäude fließen und andererseits Neutralleiterströme, die bei Mehrfacherdungen des PEN-Leiters über die Erdverbindungen und über Potentialausgleichsleitungen sowie fremde leitfähige Teile der Gebäude zum Speisepunkt zurückfließen.
Am stärksten betroffen sind Drehstromnetze mit dem klassischen *TN-C-System*. Früher sagte man „klassische Nullung", wenn das TN-C-System gemeint war. Bei dem TN-C-System handelt es sich um ein geerdetes Wechselstromnetz, in dem der Neutralleiter „N" (Rückleiter) gleichzeitig als *Schutzleiter* „PE" verwendet wird. Der gemeinsame Neutral- und *Schutzleiter* ist bekanntlich der „PEN". Dieses System hat, wie sich in Praxis gezeigt hat, selbst aus der Sicht des Schutzes gegen elektrischen Schlag erhebliche Schwächen. So führt z.B. eine PEN-Leiterunterbrechung in einem TN-C-System zu einer tödlichen Gefahr. Bei der Unterbrechung wird bei Betriebsmitteln der Schutzklasse I, d.h. mit Schutzleiteranschluss, die volle Betriebsspannung auf das Gehäuse geführt und die könnte im Falle von **Bild 7.1a** in der Größenordnung von 230 V liegen. Die Normen für den Schutz gegen elektrischen Schlag [4.9] wurden bereits vor Jahren dahingehend geän-

dert, dass der Mindestquerschnitt für den *PEN-Leiter* auf 10 mm² Cu oder 16 mm² Alu hochgesetzt worden ist. Damit ist die Wahrscheinlichkeit für eine Neutralleiterunterbrechung geringer geworden.

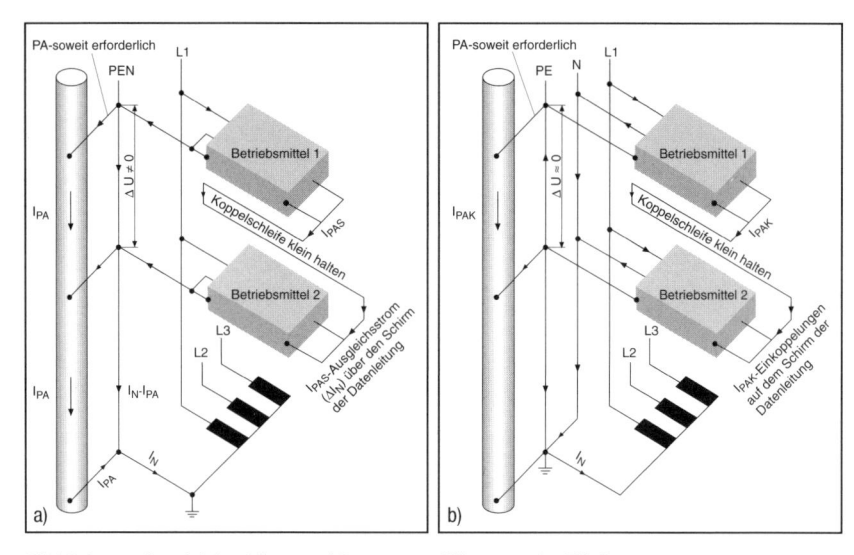

Bild 7.1 *Ausgleichsströme und Spannungsdifferenzen im TN-System*
a) TN-C-System, sehr EMV-unfreundlich, N-Ströme fließen über Schirme und Gebäudeteile
b) TN-S-System, EMV-freundlich, kleine vagabundierende Ausgleichsströme

Aus der Sicht der EMV ist das TN-C-System generell auch mit größeren Querschnitten nicht akzeptabel. Wie im Bild 7.1a dargestellt, findet der aus den Betriebsmitteln kommende Neutralleiterstrom auf seinem Rückweg zum Transformator (Energiequelle) immer Parallelschaltungen aus *PEN-Leitern* und Potentialausgleichsleitungen im Gebäude vor. Hier gelten die von *Kirchhoff* formulierten physikalischen Gesetzmäßigkeiten, wonach sich der Strom in einer Parallelschaltung entsprechend den Leitwerten aufteilt. In der Praxis gibt es viele derartige Parallelschaltungen. Wir finden sie an den Starkstromanlagen über leitende Verbindungen der Betriebsmittelgehäuse zu leitfähigen Gebäudeteilen, an örtlichen Potentialausgleichsmaßnahmen, im System der geschirmten Datenleitungen, der äußeren Blitzschutzanlage mit den parallelen Ableitungen, den metallenen Leitungen der Wasser-, Heizungs-, Gasinstallationen, den fremden leitfähigen Teilen und metallenen Gebäudekonstruktionen. Je kleiner der Parallelwiderstand der Gebäudeausrüstungen im Verhältnis zum Widerstand des *PEN-Leiter*s ist, um so mehr Neutralleiterströme werden vom *PEN-Leiter* abgenommen und als vagabundierende Ströme im Gebäude verbreitet. Dabei verrichten die Ausgleichsströme in Gebäuden ihre störenden Wirkungen. Es entstehen wie zuvor beschrieben störende Spannungsdifferenzen zwischen geerdeten Punkten sowie niederfrequente Magnetfelder im gesamten Verlauf der Leitungstrasse einschließlich Potentialausgleichsleitungen.

Die vagabundierenden Ausgleichsströme in Gebäuden sind erfahrungsgemäß stark nichtlinear (verzerrt) und führen sehr viele *Oberschwingungen*. Wir finden hier, wie in der Frage 6.1.4, Pkt. 3 näher beschrieben, alle Oberschwingen des Nullsystems (*Oberschwingungen* mit durch drei teilbaren Ordnungszahlen). Meistens beträgt die Grundfrequenz der Ausgleichsströme nicht 50 Hz sondern 150 Hz. Das typische Aussehen eines Potentialausgleichsstromes zeigt das Oszillogramm im **Bild 7.2**. Die starke Verzerrung der Ausgleichsströme erhöht ihre Störfähigkeit. In den Ausgleichströmen finden wir aber auch höherfrequente Anteile aus Einkopplungen.

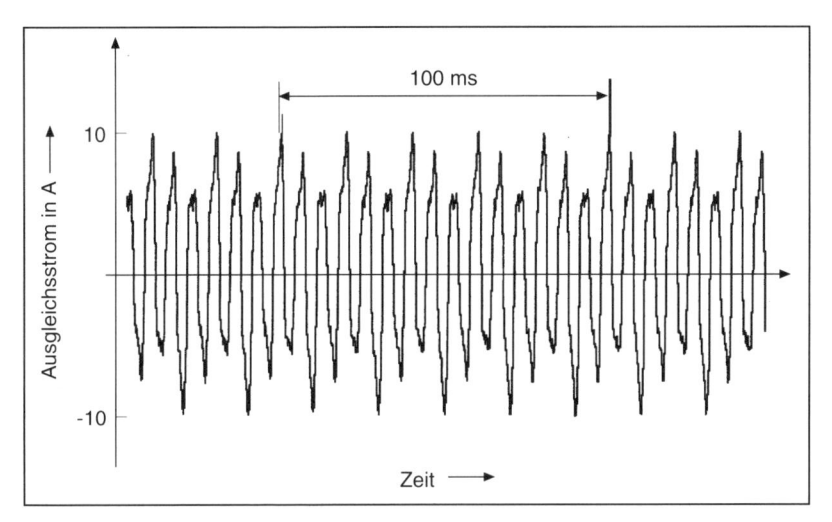

Bild 7.2   *Oszillogramm eines Potentialausgleichsstromes, wie er in der Gebäudeinstallation häufig angetroffen wird*

Die Ausgleichsströme sind in ihrer Höhe und Dynamik lastabhängig und in den Netzen mit TN-C-Systemen immer vorhanden. Sie entstehen mit dem Einschalten des ersten Verbrauchers. Sie führen bei Vorhandensein von Anlagen der Informationstechnik in den meisten Fällen zu EMV-Problemen. Sehr häufig werden vorhandene EM-Störungen als unangenehm empfunden, aber schließlich als ein gegebenes Phänomen stillschweigend akzeptiert. In Fällen, in denen es zu empfindlichen Störungen kommt, beginnt dann der Streit zwischen Verursacher und Geschädigtem über Ursache und Wirkung.

Das TN-C-System ist aber auch wegen der Spannungsfälle am *PEN-Leiter* ein Störer. Im Bild 7.1a wird gezeigt, dass der Rückstrom im *PEN-Leiter* einen Spannungsfall ΔU (Störpotential) erzeugt und dieses Potential zwischen den Gehäusen und den massebezogenen Punkten der Betriebsmittel 1 und 2 besteht. Das Störpotential ΔU treibt wiederum Ausgleichsströme in den Kreisen zwischen den Betriebsmitteln, die sich als I_{PA} über parallele Strompfade über metallene Leitungen oder als Ausgleichstrom I_{PAS} über Datenschirme ausbreiten. Eine solche Verbindungsleitung ist z.B. die Datenleitung zwischen PC und Bildschirm. Eine EM-verträgliche Lösung gibt es nur im *TN-S-System*, wie sie beispielhaft im Bild 7.1b dargestellt ist. Hier werden die Rückströme ausschließlich im *N-Leiter* geführt und die Potentialdifferenz ΔU zwischen den Körpern der Betriebsmittel ist annähernd Null.

Vagabundierende Neutralleiterströme lassen sich vollständig unterdrücken und die Ausgleichsströme minimieren, wenn der Neutralleiter der Versorgungslage im Gebäude nur ein einziges mal von der Hauptpotentialschiene aus geerdet wird. Jede weitere *Erdung* des Neutralleiters schafft Quellen für vagabundierende Neutralleiterströme. Dazu muss entweder ein lupenreines *TN-S-System*, wie in den **Bildern 7.3a und b** dargestellt, oder das noch bereichsweise in Deutschland genutzte *TT-System* errichtet werden. Aber auch die lokal angewendeten *IT-Systeme*, z.B. in Krankenhäusern, bieten Sicherheit gegen vagabundierende Neutralleiterströme.

Die Ausführung des *TN-S-Systems* wird in der Norm VDE 0100, Teil 540 [4.9] aus der Sicht „Schutz gegen elektrischen Schlag" beschrieben. Diese Norm wurde 1999 durch DIN V VDE V 0800-2-548 [4.19] ergänzt. Die Ergänzungen

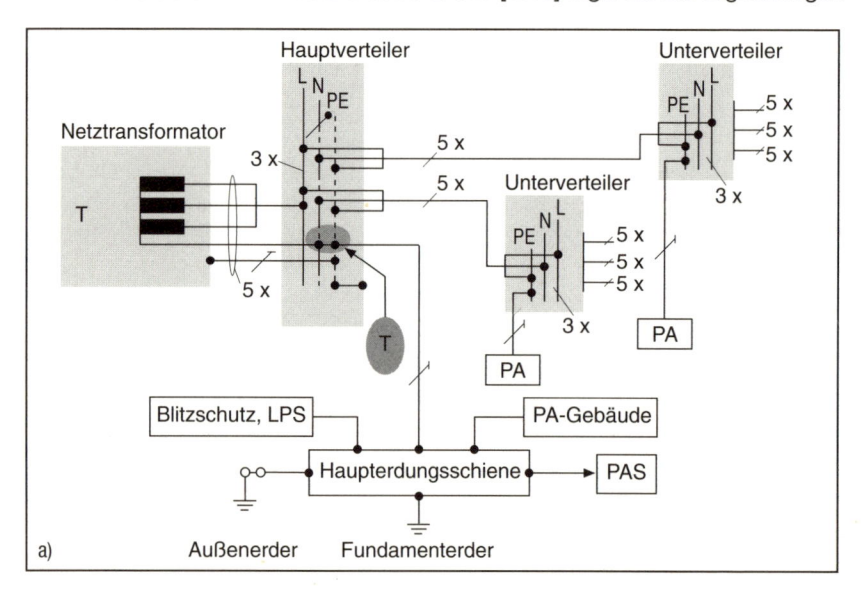

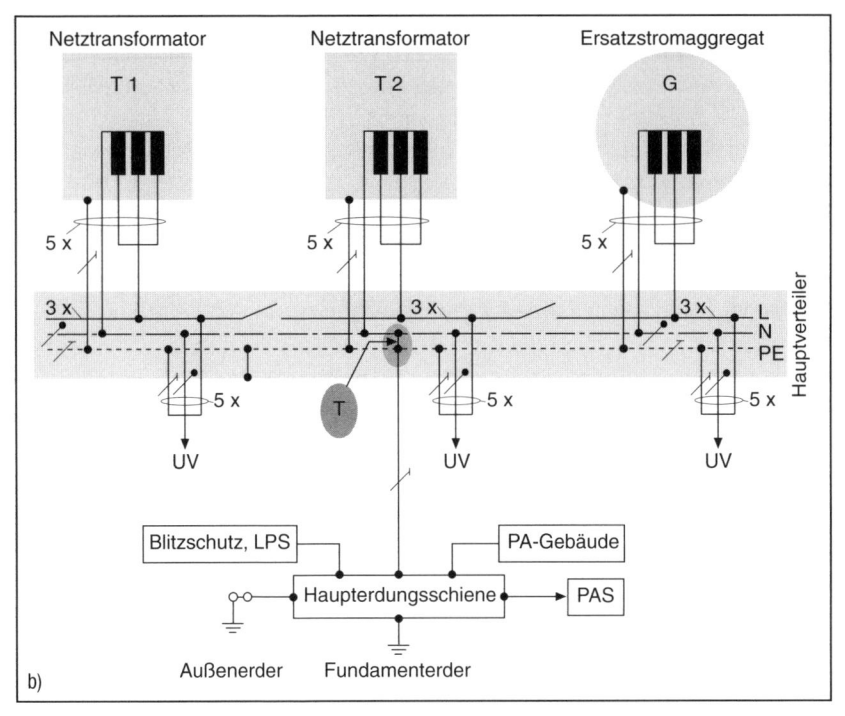

Bild 7.3 TN-S-System nach EMV-Gesichtspunkten, fremdspannungsarmer Potentialausgleich, Fünfleiter vom Transformator bis zu den Verbrauchern
a) Schaltung mit 1 Transformator;
b) Schaltung mit 2 Transformatoren und Ersatzstromaggregat

betreffen die Erfordernisse der EMV. Aber auch hier werden nur Hinweise gegeben, so auf das Erfordernis für einen fremdspannungsarmen Potentialausgleich und für ein *TN-S-System*, wenn in einem Gebäude Datenverarbeitungsanlagen betrieben werden sollen. Dagegen macht das *EMVG* zwingende Vorgaben für die Sicherstellung der *EMV-Schutzanforderungen* an den Anlagen.
Ein *TN-S-System* nach [4.9] und [4.19] ist kein lupenreines *TN-S-System*, weil nach diesen Bestimmungen mindestens zweimal geerdet wird. So verlangen diese Normen die Betriebserdung (T) direkt am Sternpunkt des Transformators und lassen eine Vierleiterverbindung (3 x L und PEN) zwischen Transformator und Hauptverteiler zu. Ebenso soll nach [4.9] der vom Transformator kommende PEN im Hauptverteiler an der PE-Schiene und nicht an der N-Schiene angeschlossen werden. Er soll dann von hier über den PEN-Bolzen auf die N-Schiene geführt werden. Hier wird das besondere Augenmerk voll auf die Verfügbarkeit des *Schutzleiter*s und damit auf ma-

ximale elektrische Sicherheit gerichtet. Aus EMV-Sicht werden damit jedoch Bedingungen für das Entstehen von Ausgleichströmen zugelassen, indem der *Schutzleiter* bzw. die Schutzleiterschiene im Hauptverteiler vom PEN-Anschluss der Transformatorenzuleitung an der PE-Schiene bis zum PEN-Bolzen den vollen Neutralleiterstrom führen muss. Bei der Parallelschaltung mehrerer Transformatoren wird die PE-Schiene im Hauptverteiler erheblich belastet. Dabei entstehen bereits am Ausgangspunkt des elektrischen Versorgungssystems eines Gebäudes schädliche Spannungsdifferenzen an der PE-Schiene und Quellen für vagabundierende Neutralleiterströme. Das steht im Widerspruch zu den Zielstellungen der EMV.

> EMV-freundliche Netzsysteme müssen in der Gebäudeinstallation bei Niederspannungseinspeisung ab Hausanschluss und bei Mittelspannungseinspeisung ab Transformatorenstation errichtet werden. Anders ausgedrückt, im Gebäude sollte an keiner Stelle ein kombinierter Neutral-/Schutzleiter (PEN) zugelassen werden. Nur mit dieser Konsequenz kann die aus vagabundierenden Neutralleiterströmen entstehende Komponente der Störgröße Ausgleichsstrom sicher unterdrückt werden.

*TN-C-S-System*e sind aus EMV-Sicht ein Kompromiss, der nur auf begrenztem Raum verträgliche Lösungen schaffen kann. Es ist aber gleichzeitig der erste Kompromiss in Richtung Unverträglichkeit. Spätestens mit dem Ausbau von Datennetzen im Gebäude wird dieser Kompromiss zum Problem.

Zu 2.) **Ausgleichsströme durch Einkopplungen**
Über die im Abschnitt 3 beschriebenen Wege werden Störgrößen eingekoppelt, die in Leiterschleifen Ströme antreiben. Die Ströme finden im Leitungssystem eines Gebäudes entsprechende Ausbreitung.
Ausgleichsströme aus Einkopplungen haben dann eine hohe Störwirkung, wenn die Störquellen hinreichend energiereich sind oder aber höhere Frequenzen besitzen. Beachtenswerte Ausgleichströme finden wir in Energieanlagen mit starken Magnetfeldern, wie z.B. in Hochstromanlagen, bei Anlagen mit Einleiterkabeln und Sammelschienensystemen, im Bereich von Spulen ohne Eisenkern, in Hochspannungsanlagen sowie in der Nähe von elektrischen Bahnanlagen. Die durch Felder erzeugten Ausgleichsströme haben eine andere Ausbreitungsebene als die aus vagabundierenden Neutralleiterströmen. Sie werden lokal erzeugt und fließen hauptsächlich in der Induktionsschleife. Sie können sich aber auch transformatorisch über benachbarte Koppelschleifen im Gebäude ausbreiten.

Zur Begrenzung der induktiven Einkopplung kommt es darauf an, entweder die Schleifenbildung zu vermeiden oder die wirksame Fläche klein zu halten. Störquellen für eingekoppelte Ausgleichsströme sind aber auch elektromagnetische Einflüsse aus der Atmosphäre, z.B. durch Störstrahlung bei Blitzeinwirkungen, aus Schaltüberspannungen und aus elektrostatischen Entladungen. Die Einkopplungen sind im Gegensatz zu den betriebsmäßigen Einflüssen aus Energieanlagen weniger energiereich, treten nur zeitweise und dann nur kurz auf. Es entstehen aber gefährliche Spannungen mit hohen Potentialen (ΔU). Näheres dazu enthält Abschnitt 8.

Zu 3.) **Ausgleichsströme durch Blitzeinwirkungen**
Bei einem Blitzeinschlag in ein Gebäude fließt ein Teil des Blitzstromes in die elektrische Anlage. In der Praxis wird davon ausgegangen, dass 50 % des Blitzstromes den Weg in die elektrische Anlage finden. Näheres dazu wird im Abschnitt 8 diskutiert.

Frage 7.3 Welchen Einfluss hat das Netzsystem der elektrischen Versorgungsanlage auf die Ausbildung von Ausgleichsströmen?

Das Netzsystem der elektrischen Versorgungsanlage hat, wie bereits in Frage 7.2 beschrieben, einen sehr starken Einfluss auf die Entstehung von Ausgleichsströmen. Mit ungünstigen Netzsystemen werden Bedingungen geschaffen, bei denen sich Neutralleiterströme als vagabundierende Ströme im gesamten Gebäude und auch auf den Schirmen von Informationsleitungen ausbreiten können. Das Netzsystem ragt, ohne alle anderen Einflüssen zu verniedlichen, unter den Störquellen in der Gebäudeinstallation deutlich heraus. Hinzu kommt der Fakt, dass der Einfluss aus dem Netz während der gesamten Betriebszeit **ständig** vorhanden ist. Das Netz ist allgegenwärtig. Die Einflüsse aus Blitzeinwirkungen sind dagegen nur zeitweise, bei Gewitter, vorhanden.
Prädestiniert für Ausgleichsströme sind die geerdeten Netze und unter den geerdeten Netzen diejenigen, bei denen der *PEN-Leiter* mehrfach geerdet ist und die Schutzleiterstrom führen. Je mehr Strom auf dem *Schutzleiter* fließt, je größer ist das EMV-Störpotential.
Die Sortierung der elektrischen Netzsysteme nach ihrer Störfähigkeit ist in Tafel 7.1 dargestellt. Es gibt drei Netzsysteme, bei deren ordnungsgemäßen Ausführung in einem Gebäude keine netzbedingten Ausgleichsströme zu erwarten sind. Das sind das *TN-S-System*, das *TT-System* (innerhalb eines Gebäudes) und das *IT-System*.

Tafel 7.1 Übersicht über die Störfähigkeit elektrischer Netzsysteme

lfd. Nr.	Netzsystem Verteilungsnetz außerhalb des Gebäudes	Verbraucheranlage im Gebäude	EMV-Bewertung
1	**Geerdete Netze**		
1.1	TN-C-System	TN-C-System	sehr *EMV*-unfreundlich, N-Ströme breiten sich aus, hohe ΔU zwischen den *BM*
1.2	TN-C-System	TN-C-S-System	EMV-unfreundlich, N-Ströme teilweise im PA, ΔU zwischen den *BM* möglich
1.3	TN-C-System	TN-S-System	empfohlen als Standardlösung
1.4	TN-S-System	TN-S-System	*EMV*-freundlich, ohne Probleme
1.5	TT-System	TT-System	*EMV*-verträglich innerhalb eines Gebäudes; EMV-unverträglich, wenn Datenleitungen zwischen Gebäuden
1.5	TT-System	TN-S-System mit Trenntrafo	*EMV*-freundlich ohne Probleme
2	**Isolierte Netze**		
2.1	TN-C-System	IT-System mit Trenntrafo	*EMV*-freundlich ohne Probleme
2.2	IT-System	IT-System	kein üblicher Fall

Frage 7.4 Wo findet man in den Gebäuden die Ausgleichsströme?

Potentialausgleichsströme in Gebäuden finden wir auf

- Potentialausgleichsleitungen,
- *Schutzleitern,*
- Schirmen von Kabeln und Leitungen,
- Erdungsleitungen,
- fremden leitfähigen Teilen,
- technologischen Leitungen, wie Gas, Wasser, Heizung, Medien,
- Blitzschutzanlagen,
- metallenen Gebäudeteilen,
- Armierungen im Stahlbeton.

Betriebsmäßige Ausgleichsströme können im Potentialausgleichssystem gemessen werden. Der erste Anlaufpunkt ist der Hauptpotentialausgleich des Gebäudes und hier die Verbindung zwischen Hauptpotentialausgleich und Erdungsanlage.

Fließt in der Verbindung zwischen Hauptpotentialausgleich und Erdungsanlage ein Strom größer 10 A, so gibt es in der Gebäudeinstallation mit hoher Wahrscheinlichkeit EMV-Probleme. Es besteht unaufschiebbarer Handlungsbedarf. Liegt dieser Strom in den Grenzen zwischen 5 A und 10 A, muss man in Abhängigkeit vom Umfang der Installation entscheiden, ob sofort eingegriffen werden muss, oder ob es dafür eine Erklärung gibt.

Ist die Verbindung zwischen Hauptpotentialausgleich und Erdungsanlage stromlos, so ist das kein gutes Zeichen, sondern meistens Ausdruck für einen schwerwiegenden Mangel. In praktischen Anlagen heißt das, dass die Verbindung zur Erdungsanlage unterbrochen ist.

Zur Erdungsanlage fließt immer ein Strom, der seinen Ursprung in induktiven und kapazitiven Einkopplungen hat. Normalerweise wird an der zentralen Stelle ein Strom von 1 bis 2 A gemessen. In großen Anlagen ausgedehnter Gebäude können es auch mal Werte bis 5 A sein. Bei größeren Ausgleichsströmen müssen die Ursachen ermittelt und die Pegel gesenkt werden. Bei deutlich größeren Werten ist Gefahr im Verzug.

Beobachtet werden müssen auch die Ströme in den Potentialausgleichsleitungen, die an der Hauptpotentialschiene angeschlossen sind. Das sind die Betriebserdung der Niederspannung, die Schutzerdung der Mittelspannung, die Einbeziehung des Blitzschutzes und der metallenen Gebäudeinstallationen. Die Größe und Verteilung der Ausgleichsströme gibt Auskunft über Vorgänge in der Gebäudeinstallation.

Im Zusammenhang mit den Ausgleichsströmen an der Hauptpotentialausgleichsschiene stehen die Ströme in den *Schutzleitern* im Gebäudehauptverteiler und in den Unterverteilern. Hier offenbaren sich EMV-Sünden im elektrischen Verteilungsnetz. Ströme über 1 A geben Anlass zur Skepsis, Ströme über 5 A Anlass zur Sorge (je nach Größe der angeschlossenen Anlage). Abhängig von den Messergebnissen muss ein Plan für weitere Untersuchungen aufgestellt werden.

Frage 7.5 Wie muss ein Potentialausgleich aus EMV-Sicht gestaltet werden?

Der Potentialausgleich hat eine interdisziplinäre Aufgabe und muss die Belange der drei Disziplinen der Anlagenplanung [5.2] vereinen. Das betrifft

- die elektrische Sicherheit mit Schwerpunkt Schutz gegen elektrischen Schlag,
- den Blitzschutz mit Schwerpunkt Schutz gegen Blitzströme und Überspannung,

- die EMV mit Schwerpunkt Schutz gegen Überspannung und Ausgleichsströmen.

Potentialausgleichsmaßnahmen erfüllen aber nur dann und wirklich nur dann ihre Aufgaben, wenn sie koordiniert unter Berücksichtigung
- der örtlichen Bedingungen und
- der spezifischen Schutzanforderungen aller Disziplinen

durchgeführt werden. Die normativen Anforderungen an den Potentialausgleich von Gebäuden ist in der jüngsten Zeit mit der Herausgabe neuer Normen aufeinander abgestimmt worden (VDE 0185-103 [4.16], VDE 0100-444 [4.6], VDE V 0800-2-548 [4.19]).

Fehler bei der Ausführung des Potentialausgleiches mindern nicht nur die EMV-Schutzfunktion, sondern produzieren aktiv EM-Störeinflüsse. In Gebäuden mit fehlerhaften Potentialausgleichsmaßnahmen fließen störende Ausgleichsströme auf Potentialausgleichsleitungen, metallenen Rohrleitungen und Gebäudeteilen und auf Schirmen von Datenleitungen. Es entsteht ein gewaltiges Störpotential, das sich auf allen Wirkungswegen galvanisch, induktiv, kapazitiv und elektromagnetisch im Gebäude ausbreitet.

Der Potentialausgleich in einem Gebäude hat die Aufgabe, das elektrische Potential zwischen Betriebsmitteln, Einrichtungen und Ausrüstungen gezielt zu steuern. Dabei soll das Potential untereinander und gegenüber Erde bei allen Einflüssen so klein wie möglich gehalten und die Ausgleichsströme sollen auf ein verträgliches Maß begrenzt werden. Dazu ist ein strukturierter Potentialausgleich erforderlich. Über den Potentialausgleich werden elektrische *Systeme* funktionsmäßig geerdet und damit auch der Ausbildung von Überspannungen entgegen gewirkt. Ein Reihe von *Schirmungen* gegen elektromagnetische Beeinflussungen erfüllen nur dann ihre Funktion, wenn sie in den Potentialausgleich einbezogen sind.

Die Spezifika aller drei Disziplinen – elektrische Sicherheit, Blitzschutz und EMV – sind so miteinander zu verknüpfen, dass ein Optimum für alle erreicht wird.

Der Potentialausgleich für Schutz gegen elektrischen Schlag muss möglichst großflächig und niederohmig angelegt werden. Ziel ist es, elektrische Fehler schnell und selektiv abzuschalten. Dabei dürfen Fehlerströme im Aufenthaltsbereich von Menschen und Nutztieren keine gefährlichen Berührungsspannungen verursachen.

Der Potentialausgleich für den Blitzschutz soll einerseits einlaufende Blitzströme auf kurzem Wege gefahrlos zur Erde ableiten und andererseits die durch Induktion und Einstrahlung entstehenden Spannungsspitzen in der Gebäudeinstallation auf ein verträgliches Maß begrenzen.

Der **Potentialausgleich für die EMV** muss fremdspannungsarm aufgebaut werden und gleichzeitig müssen die Zielstellungen für den elektrischen

Schutz und den Blitzschutz erfüllt werden, weil elektrische Fehler oder Einflüsse bei Blitzeinwirkungen wiederum EM-Störungen verursachen. Weniger tolerant ist der EMV-Potentialausgleich in Bezug auf die Höhe von Potentialausgleichströmen und von Spannungsdifferenzen im Erde/Masse-System. Diese müssen im Interesse der EMV so klein wie möglich gehalten werden. Besonders wichtig ist das bei elektronischen Einrichtungen für die Datenverarbeitung und für Anlagen der Sicherheitssteuerungen.
Verbindungsstellen zwischen der elektrischen Sicherheit, dem Blitzschutz und der EMV sind

1. der Hauptpotentialausgleich für das Gebäude,
2. die Erdungssammelleitung,
3. die *Erdung* und der Potentialausgleich für Informationsanlagen,
4. die Blitzschutzmaßnahmen in einem Gebäude.

Zu 1) **Hauptpotentialausgleich für das Gebäude**
Für den Hauptpotentialausgleich in einem Gebäude gelten die Bestimmungen der VDE 0100, der VDE 0185 und der VDE 0800. Dabei sind die Normen der VDE 0100 ausschließlich auf den Schutz gegen elektrischen Schlag und nur schwach auf EMV-Bedingungen ausgerichtet. Um auch den Problemen der EMV Rechnung zu tragen, wurden die Bestimmungen der VDE 0100, Teil 540 [4.9] und der VDE 0800, Teil 2 [4.18] etwas zusammengerückt. Das Ergebnis ist 1999 als Vornorm zur VDE V 0800-2-548 [4.19] erschienen. In der Norm werden weitere Handlungsdirektiven aufgezeigt, die den gemeinsamen Bedingungen des Schutzes gegen elektrischen Schlag und der EMV etwas besser entsprechen.
Wenn in einem Gebäude EM-empfindliche Geräte betrieben werden sollen, und das ist nach den heutigen modernen Ausrüstungsstandards immer der Fall, müssen der Hauptpotentialausgleich fremdspannungsarm ausgeführt [4.6], [4.9] und die für die Informationsanlagen notwendigen Erdungs- und Potentialausgleichsmaßnahmen [4.19] bei der Errichtung des Hauptpotentialausgleiches berücksichtigt werden.
Zur Unterdrückung der EM-Störgröße „Ausgleichsstrom" ist es notwendig, von Anfang an der Ausbildung dieser Störgröße vorzubeugen. Die erste und entscheidende Maßnahme gegen Ausgleichsströme ist ein „lupenreines *TN-S-System*", wie es die Bilder 7.3a und b zeigen. Das wird erreicht, wenn beginnend am Transformator bis zu den Verbrauchern durchgängig ein Fünfleiter- bzw. Dreileitersystem aufgebaut wird. Das *TN-S-System* darf aus EMV-Sicht **nur einmal geerdet** werden und das muss, wie in den Bildern 7.3a und b gezeigt, **an der PE-Schiene des Hauptverteilers** erfolgen. Die Betriebserdung soll vom Hauptpotentialausgleich des Gebäudes aus erfolgen. Jede weitere *Erdung* produziert vagabundierende Ausgleichsströme und Störspannungen und sollte deshalb unterbleiben.

Bei der EMV-freundlichen Lösung des *TN-S-Systems* wird die Betriebserdung T des Drehstromsystems vom Transformatorsternpunkt auf die PE-Schiene verlegt. Der PEN-Bolzen wird nun der zentrale Erdungspunkt im Energieversorgungsnetz des Gebäudes und die Stelle der Betriebserdung T des Systems. Der Bolzen wird so nicht betriebsmäßig vom N-Strom durchflossen. Er bleibt frei von Betriebsströmen und damit auch die PE-Schiene. Der PEN-Bolzen, die Sammelschienenkurzverbindung zwischen N- und PE-Schiene, muss natürlich für den größtmöglichen Kurzschluss-Strom bemessen sein, so dass der Fehlerfall „Kurzschluss" zwischen Außenleiter und PE sicher abgeschaltet werden kann. Die in den Bildern 7.3a und b dargestellten Lösungen verhindern damit bei gleicher elektrischer Sicherheit die Ausbildung von Potentialausgleichströmen am Energieeinspeisepunkt. Eine derartige Lösung ist also wirklich EMV-freundlich.

Ein Neutralleiter darf nach Auftrennung in N und PE **nicht** ein zweites Mal geerdet werden [4.9], [4.19].

Der Hauptpotentialausgleich ist der gemeinsame Erdungs- und Ausgleichspunkt für alle Systeme des Gebäudes. Er soll möglichst in unmittelbarer Nähe des NS-Hauptverteilers errichtet werden. Am Hauptpotentialausgleich wird der Erdungspunkt des elektrischen Systems mit allen fremden leitfähigen Teilen des Gebäudes und dem Blitzschutz zusammengeschlossen und mit der Erde verbunden. Hier erfolgt also auch der Potentialausgleich mit den Gebäudeausrüstungen, wie

- metallene Rohrleitungen des Gebäudes, z.B. Gas, Wasser, Heizung
- Metallteile von Tragkonstruktion
- Zentralheizungs- und Klimaanlagen,
- wesentliche Gebäudekonstruktionen aus Stahl und bewehrtem Beton.

Die Ausführung des Hauptpotentialausgleiches ist die Basis für die EMV im Gebäude und muss deshalb gewissenhaft ausgeführt werden.

Zu 2) *Erdung* **und Potentialausgleich für Informationsanlagen**

a) klassische Ausführung

Wie bereits zum Hauptpotentialausgleich für das Gebäude oben dargestellt, gelten für die *Erdung* und den Potentialausgleich an Informationsanlagen die Bestimmungen der DIN VDE 0800, Teil 2 [4.18] und VDE 0800-2-548 [4.19].

In der Praxis entstehen sehr häufig dadurch Fehler, dass der Errichter der Starkstromanlage seine Anlagen ausschließlich nach den Gesichtspunkten der elektrischen Sicherheit und der Errichter der Informationsanlagen seinen Teil ausschließlich nach den Gesichtspunkten der Funktionssicherheit er-

richtet. Bei fehlender Koordinierung kommt es an der Schnittstelle zu EM-Störungen. Störquelle ist das elektrische Netz, Störgröße der Potentialausgleichsstrom.
Informationsanlagen benötigen eine „saubere" Erdungsanlage und einen fremdspannungsarmen (EM-verträglichen) Potentialausgleich. Beide müssen auf die örtliche Versorgung aus dem Starkstromnetz und auf die Verknüpfung der miteinander kommunizierenden Betriebsmittel der Informationstechnik im Datennetz abgestimmt sein. EMV-Probleme entstehen bei Fehlern auf der Starkstromseite genauso wie bei Fehlern auf der Schwachstromseite.
Vernetzte Informationsanlagen mit geschirmten Drahtverbindungen sind in Gebäuden mit EMV-unfreundlichen Starkstromnetzen erheblichen Störungen ausgesetzt. Es fließen störende Potentialausgleichsströme über die Schirme. In der Praxis können diese Ausgleichsströme mit einer entsprechenden Dynamik einige Hundert Milliampere, in besonders krassen Fällen, auch einige Ampere stark werden. Die ersten *EM-Störungen* treten erfahrungsgemäß bereits bei einigen zehn Milliampere auf.
Die *Erdung* für Einrichtungen der Informationsverarbeitung erfordert gegenüber der Starkstromtechnik eine andere Betrachtungsweise. Hier muss der **Frequenzbereich** beachtet werden. Der Potentialausgleich funktioniert nur, wenn die Verbindungen **elektrisch kurz** gehalten werden, d.h. ihre Länge darf nicht größer als $\lambda/10$ sein. Die Impedanzen müssen auch für höhere Frequenzen klein sein. Das erfordert Leitungen mit großen Oberflächen. Deshalb sind hochflexible Bänder oder verseilte Leitungen besser als ein massiver Runddraht. Der in VDE 0100, Teil 540 [4.9] für den Schutz gegen elektrischen Schlag geforderte Mindestquerschnitte für Potentialausgleichsleitungen, der am Hauptpotentialausgleich nur höchsten 25 mm^2 stark zu sein braucht, reicht für Informationsanlagen bei weitem nicht aus. Für den Potentialausgleich an Informationsanlagen müssen deutlich höhere Querschnitte gewählt werden. Der Querschnitt wird nicht nach der Größe eines möglichen netzfrequenten Ausgleichsstromes, sondern aus der Sicht niedriger Impedanzen (Induktivitäten) bemessen. In der Praxis werden Querschnitte ab 50 mm^2 und größer verwendet.
Das Prinzip des Funktionspotentialausgleiches nach VDE 0800, Teil 2 [4.18] zwischen Betriebsmitteln von Informationsanlagen zeigen die **Bilder 7.4** und **7.5** (Seite 110). Unter den Betriebsmitteln der Zentraleinheit wird ein Maschennetz von Potentialausgleichsleitungen errichtet und daran mit kurzen Verbindungen der Potentialausgleich mit den Einrichtungen der Informationsanlagen hergestellt. Zwischen dem *Schutzleiter PE* aus dem Netz und dem Potentialausgleich PA dürfen keine Spannungsdifferenzen zugelassen werden. Soll eine *Funktionserde* des Bezugsleiters erfolgen, so muss sichergestellt werden, dass der Bezugsleiterstromkreis störungsfrei bleibt [4.18].

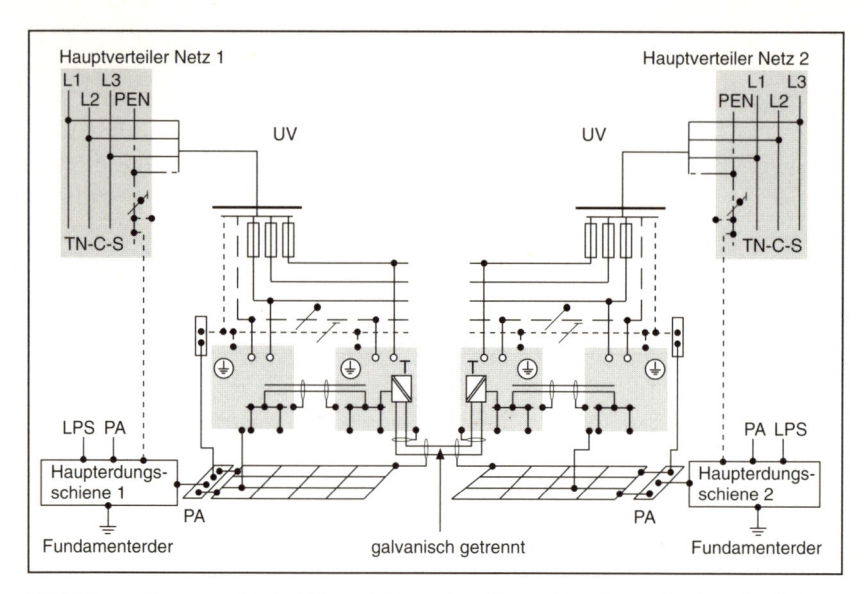

Bild 7.4 Erdung und Potentialausgleich an einer Fernmeldeanlage mit getrennten Netzeinspeisungen

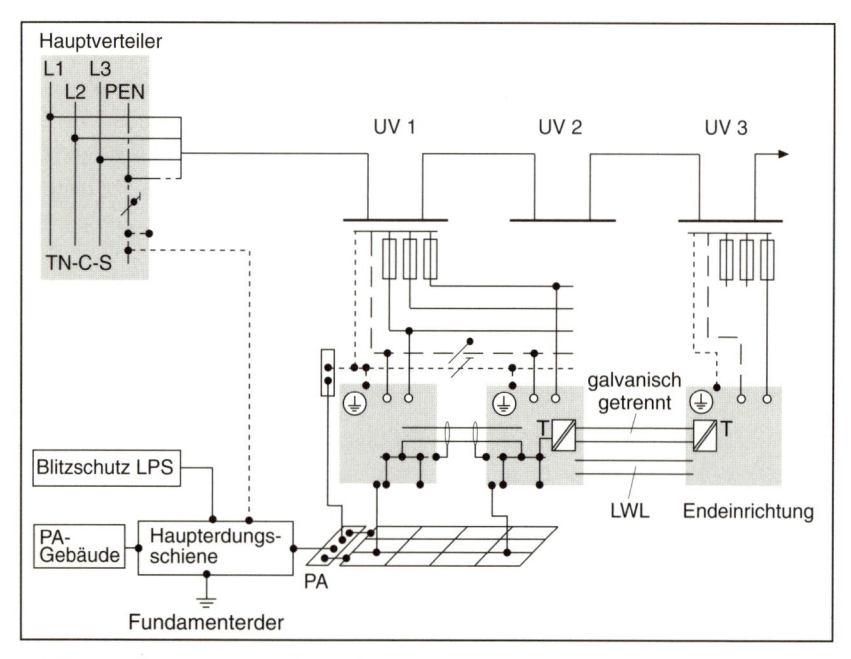

Bild 7.5 Erdung und Potentialausgleich an einer Fernmeldeanlage mit einer abgesetzten Endeinrichtung in alten TN-C-S-Systemen bis zum UV

Wenn Betriebsmittel der Informationstechnik, die mit Datenleitungen untereinander verbunden sind, aus dem gleichen Unterverteiler mit Energie versorgt werden, so können die Betriebsmittel auf der Datenseite galvanisch miteinander verbunden werden. Im Bild 7.5 geschieht das zwischen den beiden mittleren Betriebsmitteln. Die Datenleitungen sind geschirmt und beidseitig jeweils am Ausgang des Gerätes geerdet. Anders sieht es mit der Endeinrichtung im Bild 7.4 aus. Das Endgerät wird von einem anderen Unterverteiler eines TN-C-S-Systems versorgt. Ausgleichsströme können hier nur sicher verhindert werden, wenn die Datenverbindung zum fremdversorgten Betriebsmittel galvanisch getrennt, z.b. durch galvanische Entkopplung oder *LWL,* aufgebaut wird. Noch prekärer ist der Datenverbund zwischen Betriebsmitteln, die aus verschiedenen Starkstromnetzen, z.B. zwischen zwei Gebäuden mit jeweils eigener Transformatorenstation oder zwei Hausanschlüssen versorgt werden. In diesen Fall muss, wie im Bild 7.4 dargestellt, auf beiden Seite der Potentialausgleich ausgeführt werden und die Datenverbindung galvanisch getrennt erfolgen. Die *Schirmung* der Leitungen kann bei Drahtverbindungen dann nur abschnittsweise erfolgen. Eine durchgehende Verbindung wäre ein typischer Weg für Ausgleichsströme und würde Störungen verursachen. Aber auch hier wäre eine *LWL*-Verbindung hilfreich.

Potentialausgleichsmaßnahmen können aber auch selber Störquelle werden, wenn sie Koppelschleifen enthalten. Koppelschleifen bieten äußeren Einflüssen die Möglichkeit, unter bestimmten Umständen EM-Störungen in das PA-System einzutragen, z.B. aus magnetischen Feldern oder elektromagnetischer Störstrahlung. Hier sei auf das Störpotential von Blitzeinflüssen, aus Schaltüberspannungen und aus elektrostatischen Entladungen hingewiesen.

Für die Betriebsmittel eines Informationssystems werden bereichsweise Potentialausgleichsnetzwerke erstellt, die zwangsläufig Verbindung mit Erde haben. Solche Bereiche sind z.B. Zonen für den Überspannungs- oder Blitzschutz.

Bei den Potentialausgleichsnetzwerken werden 2 Typen unterschieden:

– Typ S, sternförmige oder baumförmige Konfigurationen, und
– Typ M, maschenförmige Konfigurationen.

Koppelschleifen werden wirksam verhindert, wenn die räumliche Ausbildung örtlicher und zusätzlicher Potentialausgleichsmaßnahmen in einem Gebäude **stern- oder baumförmig** erfolgt. Wie im **Bild 7.6a** dargestellt, ist darauf zu achten, dass auch mit den Datenleitungen keine Koppelschleifen errichtet werden. Zwischen den Armen des sternförmigen Potentialausgleichs geschaltete Datenleitungen bedürfen einer galvanischen Trennung. Der **stern- oder baumförmige Potentialausgleich** darf nur an einem Erdungspunkt, dem Erdungsbezugspunkt ERP, angeschlossen werden. Der Potentialausgleich muss auch die höheren Frequenzanteile von eingekoppelten Störgrößen bewältigen. So wird z.B. aus der Sicht des Blitzschutzes, bei dem Frequenzanteile bis in den Megahertzbereich zu berücksichtigen sind, die Ausdehnung des stern- bzw. baumförmigen Potentialausgleiches auf wenige Meter begrenzt bleiben. Das ist dann in der Regel ein Raum oder der Bereich kleinerer Blitzschutzzonen. In diesen kleinen Bereichen hat der stern- bzw. baumförmige Potentialausgleich klare Vorteile [6.3].

Bei größerer Anlagenausdehnung hat der **maschenförmige Potentialausgleich** klare Vorteile. Der maschenförmige Potentialausgleich funktioniert dort gut, wo bereits viele natürliche Potentialausgleichsleiter vorhanden sind, z.B. die fremden leitfähigen Teile mit großen Querschnitten, wie Kabelwannen und -pritschen, Rohrleitungen, metallene Konstruktionen von Doppelböden, Tragkonstruktionen, Klimageräte. Der maschenförmige Potentialausgleich soll, wie im **Bild 7.6b** gezeigt, ein niederohmiges dichtes Netz sein, in dem entstehende Ausgleichsströme in kleine Größen aufgeteilt werden und ihren Weg überwiegend nicht über die Schirme der Informationsleitungen, sondern hauptsächlich über Potentialausgleichsleitungen nehmen.

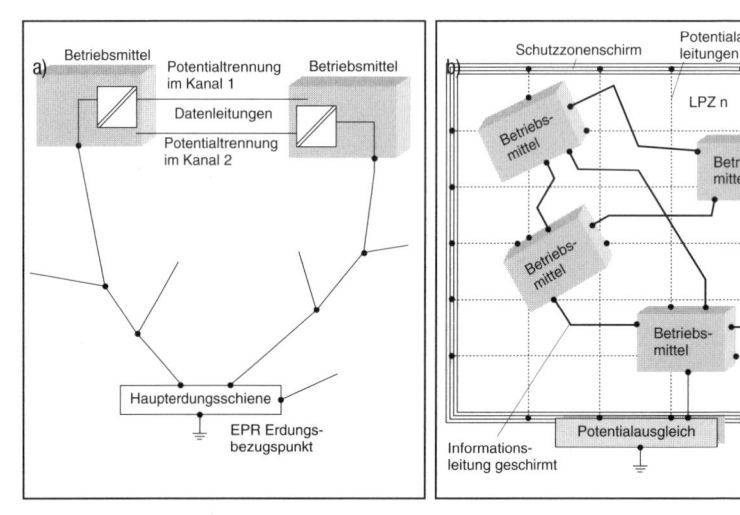

Bild 7.6 *Potentialausgleich in Informationssystemen*
  a) stern- bzw. baumförmiger Potentialausgleich (Typ S), mit Potentialtrennung in der Datenleitung
  b) maschenförmiger Potentialausgleich (Typ M), Datenleitungen geschirmt

Der maschenförmige Potentialausgleich muss an möglichst vielen Punkten an die gemeinsame Erdungsanlage angeschlossen werden.

In größeren Gebäuden werden Kombinationen zwischen den Typen S und M angewendet. Ein Beispiel für einen kombinierten Potentialausgleich zeigt das **Bild 7.7**. Dabei wird in günstigen bzw. speziellen Teilbereichen der Potentialausgleich vom Typ S und ansonsten der Typ M angewendet.

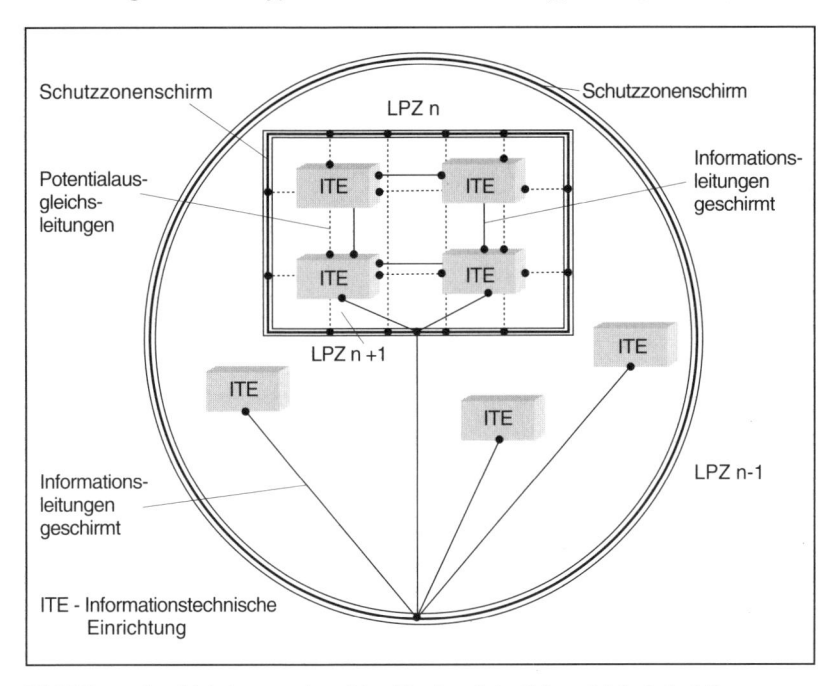

Bild 7.7 *kombinierter maschen-/sternförmiger Potentialausgleich, Datenleitungen geschirmt*

Potentialverbindungen zwischen zwei Betriebsmitteln müssen elektrisch so kurz wie möglich sein. Umwege müssen unterlassen und die Impedanzen durch die Wahl eines geeigneten Leitungsmaterials im Interesse der EMV klein gehalten werden. Bilden leitende Verbindungen zwischen Betriebsmitteln, wie im Bild **7.8a** gezeigt, Koppelschleifen und wird der Schirm der Informationsleitung dadurch belastet, so ist es zweckmäßig, den Schirm durch eine zusätzliche niederohmige Potentialausgleichsleitung zwischen den Betriebsmitteln zu entlasten. Das kann mit einer zusätzlichen Leitung oder durch andere leitfähige Teile, wie z.B. durch die Tragkonstruktion einer Kabelbahn oder auch durch eine Rohrleitung geschehen. Die Ausführung mit einer Leitung zeigt das Bild **7.8b**. Ist die beschriebene Entlastung des Schirmes der Informationsleitung durch eine Potentialausgleichsleitung nicht möglich, so kann die Datenleitung auch galvanisch getrennt werden, z.B. durch *Lichtwellenleiter*.

a) Geschirmte Informationsleitung in der Koppelschleife belastet

b) Geschirmte Informationsleitung in der Koppelschleife durch PA entlastet

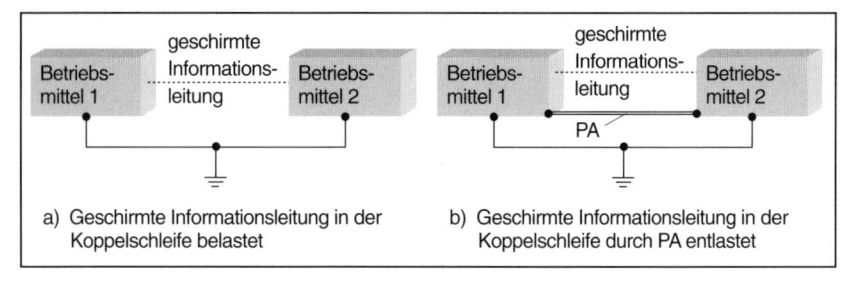

Bild 7.8   *Potentialausgleich zwischen Betriebsmitteln (ITE)*
a) Geschirmte Datenleitung, in der Koppelschleife belastet
b) Geschirmte Datenleitung, in der Koppelschleife durch PA-Leitung entlastet

Neuere Betrachtungen in der DIN VDE 0160 [4.14] orientieren sich nicht auf den totalen Potentialausgleich an jeder möglichen Stelle, wie er mit der VDE 0800 verfolgt wird, sondern auf Bezugsleiter, die nur am zentralen Potentialausgleich miteinander verbunden sind. Bei der Planung der Anlagen muss man sich entscheiden, welches *System* für den speziellen Anwendungsfall die größte Sicherheit bietet. Beide Systeme haben ihre Vorteile und Grenzen. Systemfremde Ausgleichsströme können nur ferngehalten werden, wenn ein Potentialausgleich vom Typ S verwendet wird. In diesem Fall müssen Informationsleitungen zwischen Betriebsmitteln unterschiedlicher Zweige, wie im Bild 7.6a dargestellt, in den Ein- und Ausgangsbaugruppen durch Potentialtrennung entkoppelt werden.

b) kombinierter Funktionserdungs- und *Schutzleiter*

Im Gegensatz zu den in den Bildern 7.4 und 7.5 dargestellten klassischen Formen des Potentialausgleichs kann auch der *Schutzleiter* aus dem Energieversorgungssystem, der gemeinsam mit den Außenleitern im Energiekabel liegt, für den Potentialausgleich verwendet werden. Als Bedingung für die Verwendung eines kombinierten Funktionserdungs- und *Schutzleiter* gilt:

– der *Schutzleiter* ist nicht durch Ausgleichsströme belastet,
– der kombinierte Leiter erfüllt voll die Funktion des *Schutzleiter*s,
– rückstromführende Leiter (Gleichstrom-Rückleiter) dürfen bei einer Unterbrechung nicht zu einer unzulässigen Berührungsspannung gegenüber leitfähigen Teilen führen und
– Versorgungsgleichströme und Signalströme dürfen auf dem kombinierten Leiter einen Spannungsfall von höchstens 1 V verursachen.

Der kombinierte Funktionserdungs- und *Schutzleiter* muss nach EMV-Gesichtspunkten dimensioniert werden. Das heißt, die Impedanz des Leiters muss auch für höhere Frequenzen hinreichend klein sein. Wenn der *Schutzleiter* in der Energiezuleitung einen zu kleinen Querschnitt hat (< 50 mm^2), muss ein zusätzlicher isolierter Leiter gelegt werden.

Werden leitfähige Konstruktionsteile für den kombinierten Leiter mit genutzt, muss sichergestellt werden, dass dieser zu keiner Zeit unterbrochen wird.

Gestelle und Schrankteile mit mehreren Metern Länge sollten mehrfach mit dem *Schutzleiter* oder dem Maschensystem des Potentialausgleiches verbunden werden.

Die Störbeeinflussung des kombinierten Leiters kann deutlich verringert werden, wenn für die zu versorgende Informationsanlage in der elektrischen Energieversorgung ein eigener Zweig (Unterverteiler) errichtet wird.

Nach DIN V VDE V 0800-2-548 [4.19] kann der Potentialausgleich für den Anschluss von Betriebsmitteln der Informationstechnik (ITE), das sind z.B. PC, Server, Brandmeldezentralen, in drei verschiedenen Varianten ausgeführt werden:

1. Variante – sternförmig (radial) angeschlossener *Schutzleiter*

Der in der Energiezuleitung zu den Betriebsmitteln der Informationstechnik mitgeführte *Schutzleiter* wird als kombinierter Leiter für die *Funktionserde* und den Schutz gegen elektrischen Schlag verwendet. Der *Schutzleiter* wird sternförmig zu den Betriebsmitteln geführt. Die Ausführung der Variante 1 zeigt das **Bild 7.9a**.

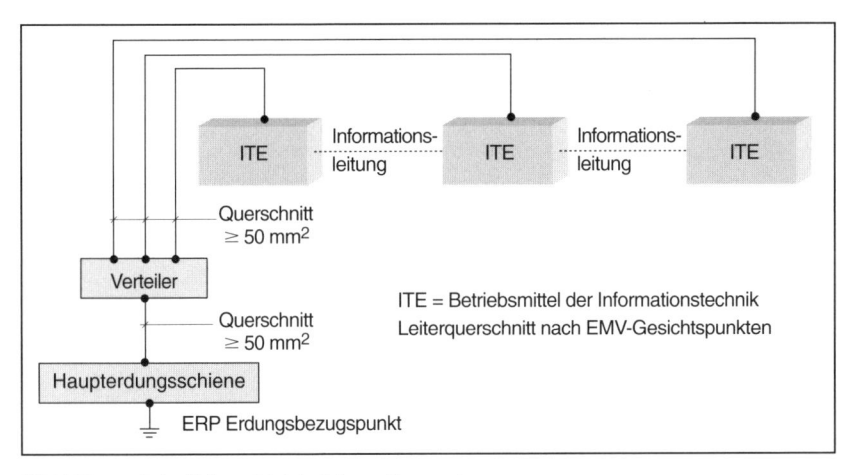

Bild 7.9a   *Potentialausgleich in Informationssystemen sternförmig (radial) angeschlossener Schutzleiter*

Der *Schutzleiter* stellt für die Störgrößen, insbesondere für transiente Störgrößen, eine große Impedanz dar. Deshalb geht diese Lösung nur für ITE mit höherer Störfestigkeit.

2. Variante – sternförmig angeschlossener *Schutzleiter* mit horizontaler Masche

Der *Schutzleiter* wird, wie in der Variante 1, bis zum Verteiler und von dort zu jedem ITE geführt. Zur Verminderung der Impedanz auf der jeweiligen Ebene wird der örtliche Potentialausgleich in horizontaler Richtung durch ein maschenförmiges System (Matte oder Netz) ergänzt und mit metallenen Elementen der Ebene verstärkt. Durch eine Trennung dieses Systems von anderen Versorgungsstromkreisen und von anderen Erdungsanlagen wird die Wirksamkeit verbessert. Den Aufbau des Potentialausgleichs zeigt das **Bild 7.9b**. Mit der verminderten Impedanz am örtlichen Potentialausgleich wird ein niedriges Bezugspotential zwischen den ITE erreicht.

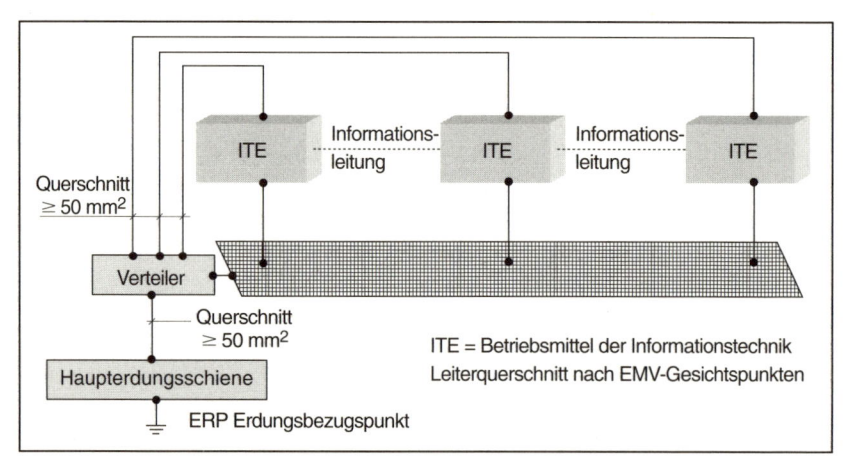

Bild 7.9b Potentialausgleich in Informationssystemen – maschenförmig angeschlossener Schutzleiter, örtliche Potentialausgleichsmatte oder -Netz (horizontal)

3. Variante – sternförmig angeschlossener *Schutzleiter* mit horizontaler Masche und vertikaler Verstärkung

Die Variante 3 ist eine weitere Verstärkung der Variante 2. Die horizontal angelegte Masche wird durch vertikale Verbindungen zu Maschensystemen in darüber und darunter liegenden Stockwerken erweitert. Dieses System darf auch einen *Erdungssammelleiter* vorsehen, der bekanntlich die Verlängerung der Haupterdungsschiene (Hauptpotentialausgleich) der Gebäudes darstellt. Den Aufbau der Variante 3 zeigt das **Bild 7.9c**.

Zu 3) **Erdungssammelleitung**

In einem Gebäude mit hoher technischer Ausstattung und verteilt angeordneten Betriebsmitteln kann die Haupterdungsschiene verlängert und durch das Gebäude geführt werden. Die Verlängerung wird als „Erdungssammelleitung" bezeichnet.

```
                                    Informations-           Informations-
                            ITE     leitung      ITE        leitung      ITE
    Querschnitt
    ≥ 50 mm²

    Verteiler

    Querschnitt
    ≥ 50 mm²
                                        ITE = Betriebsmittel der Informationstechnik
    Haupterdungsschiene                 Leiterquerschnitt nach EMV-Gesichtspunkten
              ERP Erdungs-              ↕ Verbindungen zur Gebäudekonstruktion
              bezugspunkt                 und Maschensystem
```

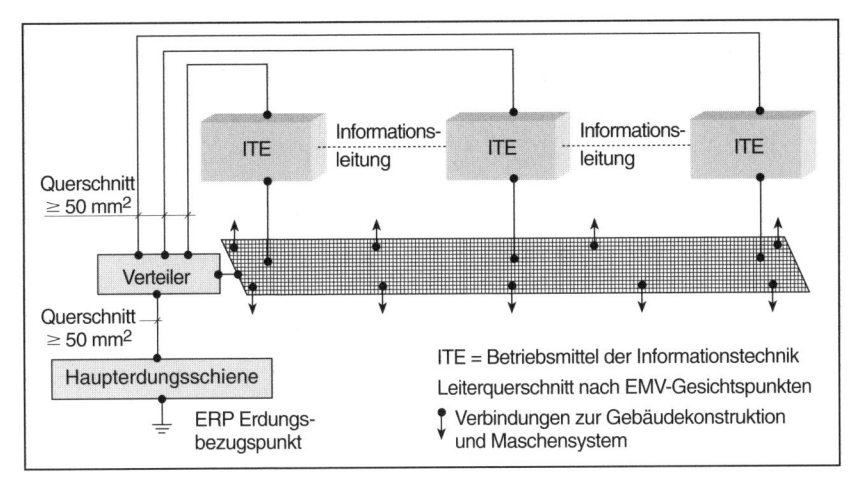

Bild 7.9c   Potentialausgleich in Informationssystemen
maschenförmig angeschlossener Schutzleiter, örtliche Potentialausgleichsmatte
oder -Netz (horizontal und vertikal)

Die Erdungssammelleitung muss wie die Hauptpotentialschiene und zusätzlich nach den Gesichtspunkten der EMV bemessen sein. Da die Wirksamkeit des Potentialausgleichs auch für höhere Frequenzen, z.B. bei Blitzeinwirkungen oder Schaltüberspannungen, bemessen sein muss, sollte hier nicht am Querschnitt gespart werden. Er sollte auch eine möglichst große Oberfläche haben. Der Kupferquerschnitt sollte unbedingt > 50 mm² sein. In der Praxis wird als *Erdungssammelleiter* ein verzinktes Bandeisen gelegt, das eine Abmessung von mindestens 40x4 mm haben sollte.
Nach den Empfehlungen der DIN V VDE V 088-2-548 [4.19] sollte die Erdungssammelleitung möglichst als Potentialausgleichs-Ringleiter auf der Innenseite der Außenwand eines Gebäudes installiert sein. Aus der Sicht des Schutzes vor transienten Spannungen bei Blitzeinwirkungen sollten aber, wie in Frage 8.4, Pkt. 6 beschrieben, die Außenwände nicht als Aufstellort für empfindliche Betriebsmittel gewählt werden. Andererseits sollen die Potentialausgleichsverbindungen zwischen Erdungssammelleitung und Betriebsmittel möglichst kurz gehalten werden. Unter Beachtung dieser Grundsätze ist die Außenwand nicht immer der geeignete Ort für die Erdungssammelleitung. Es kann notwendig sein, den Ring der Erdungssammelleitung geöffnet zu betreiben, z.B. wenn mit Induktionen in geschlossenen Schleifen gerechnet werden muss.
Die Erdungssammelleitung soll so angeordnet werden, dass sie an allen Stellen für den Anschluss zugänglich ist. Daran angeschlossen werden dürfen [4.19]:

- Betriebs- und Schutzerde für die elektrische Sicherheit,
- Potentialausgleich mit den leitenden Gebäudeteilen und Gebäudeausrüstungen,
- Potentialausgleich zum Blitzschutz,
- *Schirmung* von Gebäudeteilen,
- *Erdung* von *Überspannungsschutzeinrichtungen*,
- *Schirmungen* der Kabel und Betriebsmittel für die Informationstechnik,
- Erdungsleiter der Gleichstromversorgungsanlagen für die Informationstechnik,
- Funktionserdung für Betriebsmittel der Informationstechnik,
- Antennenerdung,
- zusätzlicher Potentialausgleich,
- Bahnerdung.

Zu 4) Erdungs- und Blitzschutzmaßnahmen in einem Gebäude

Der Potentialausgleich für den Blitzschutz wird mit der Frage 8.4, Pkt. 3 behandelt. Einen Gesamtüberblick über die Erdungs- und Potentialausgleichsmaßnahmen in einem Gebäude zeigt das **Bild 7.10**.

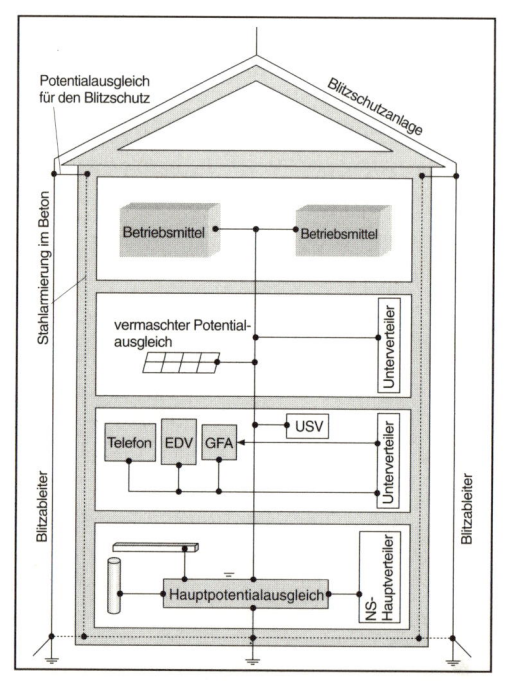

Bild 7.10 *Überblick über die Erdungsanlage eines Gebäudes unter Berücksichtigung der Starkstrom- und Informationsanlagen sowie des Blitzschutzes*

Frage 7.6   Welche Abhilfemaßnahmen gibt es bei Ausgleichströmen?

Ausgleichsströme lassen sich durch folgende Maßnahmen verhindern bzw. begrenzen:

1. Wahl eines störungsarmen Netzsystems
In der Regel wird man aus der Tafel 7.1 ein *TN-S-System* auswählen.
Das *TN-S-System* wird aber nur dann alle Anforderungen erfüllen, wenn es konsequent vom Transformator bis zum Verbraucher, wie in den Bildern 7.3a und b dargestellt, realisiert wird. Es muss sehr konsequent darauf geachtet werden, dass der Rückstrom aus den Verbrauchern bis zum Transformator **ausnahmslos** im *N-Leiter* geführt wird.
Steht ein Hausanschluss und keine Transformatorenstation zur Verfügung, so ist dieser in den meisten Fällen nur als TN-C-System ausgeführt. In diesem Fall muss als optimaler Kompromiss unmittelbar im Gebäudehauptverteiler der Übergang zum *TN-S-System* vollzogen und nur der PE in den Hauptpotentialausgleich des Gebäudes einbezogen werden.
Alle anderen Mischvarianten, die in der Praxis noch massenweise betrieben werden, und bei denen das TN-C-System bis zu den Unterverteilern geführt wird, sind nur so lange nutzbar, bis Informationsnetze, ausgedehnte automatische Steuerungsanlagen, Gebäudeleittechnik, Bussysteme, verzweigte Gefahrenmeldeanlagen und andere elektronischen *Systeme* im Gebäude entstehen. Doch dann dauert es nicht lange, bis die EM-Störungen massenweise einsetzen. Ab diesem Zeitpunkt sind Umrüstmaßnahmen auf EMV-freundliche Netzsysteme unvermeidbar. Andernfalls müssen alle Leitungen der Informationsanlagen galvanisch getrennt, z.B. als LWL ausgeführt werden.
In sensiblen Bereichen (z.B. AG 2-Bereiche von Krankenhäusern) sind als Netzform IT-Systeme vorgeschrieben.

2. Galvanisch getrennte Inselnetze
Bei örtlich begrenzt auftretenden Störungen kann in einem Netz mit EMV-Problemen ein Trenntransformator helfen. In diesem Fall wird ein kleines Inselnetz geschaffen und damit eine Sperre für Ausgleichströme aufgebaut.

3. Strukturbereinigung im Potentialausgleichssystem
Der Potentialausgleich ist nach einem klaren Konzept zu gestalten bzw. umzugestalten. Es muss sichergestellt werden, dass das Potential des *Schutzleiters* und der *Funktionserde* im Gebäude auf gleichem Niveau und das möglichst nahe am Erdpotential gehalten wird.
Mit Sorgfalt müssen vagabundierende Lastströme, die in der Regel als Neutralleiterströme auftreten, aus dem Potentialausgleichssystem ferngehalten werden.

Potentialausgleichsmaßnahmen beginnen, wie im Bild 7.3 dargestellt, immer mit dem Hauptpotentialausgleich in der Transformatorenstation oder nahe der Gebäudeeinspeisung. Alle planerischen Aktivitäten beginnen hier und sind auf diesen Punkt abzustimmen.

Die örtlichen Potentialausgleichsmaßnahmen sind unter Beachtung erforderlicher Funktionserder für IT-Systeme und benötigter Überspannungs- und Blitzschutzzonen festzulegen. Sie sollten auf das erforderliche Maß begrenzt bleiben. Es ist besser, auf eine örtliche Potentialausgleichsmaßnahme mit fremden leitfähigen Teilen des Gebäudes zu verzichten, als zusätzliche Fehler in den Potentialausgleich einzubauen.

4. Beseitigung von Koppelschleifen

In der Gebäudeinstallation muss darauf geachtet werden, dass möglichst keine Koppelschleifen entstehen bzw. belassen werden. Wenn das aus bestimmten Gründen nicht möglich ist, so muss die durch die Installation umspannte Fläche möglichst klein gehalten werden. Die Flächen von Koppelschleifen in der Gebäudeinstallation können klein gehalten werden, indem die Trassen für elektrische und technologische Leitungen sowie für die Informationsübertragung möglichst nahe zusammenlegt werden. Es ist eine Unart bzw. eine EMV-Sünde, wenn die vier Ecken eines Gebäude für je eine Steigleitung der Installation (Elektro, Info, Wasser, Heizung) genutzt werden. Eine Steigerung in dieser Unart gibt es bei redundanten elektrischen Systemen, wenn die beiden Steigleitungen der Installation auf entgegengesetzten Gebäudeseiten angeordnet werden.

Koppelschleifen entstehen häufig durch Übertreibung. Aus der Sicht des Schutzes gegen elektrischen Schlag folgt mancher dem Grundsatz, zwei PE- oder mehrere PA-Anschlüsse sind besser als einer zu wenig. Aus der Sicht der EMV ist meistens ein Anschluss wichtig, aber ein zweiter Anschluss ist einer zu viel. Durch Mehrfachanschluss von Bauteilen oder Gehäusen entstehen für die EMV schädliche Koppelschleifen.

Eine andere Methode ist der Potentialausgleich als M-Typ (Maschenform). Hier werden viele kleine Schleifen geschaffen, in denen Ausgleichsströme in kleine Größen aufgeteilt werden.

Koppelschleifen über Datenleitungen lassen sich durch den Austausch bestehender Drahtverbindungen gegen *LWL* bzw. anderer elektrisch nichtleitender Verbindungen beseitigen. Dabei kann es auch notwendig sein, Betriebsmittel der Schutzklasse I gegen Betriebsmittel der Klasse II auszutauschen.

8 Blitzeinflüsse

Blitzeinflüsse verursachen an und in Gebäuden leitungsgebundene und nicht leitungsgebundene EM-Störungen und Störstrahlung. Der Blitz ist ein sehr starker Störer. Er selbst kann nicht beeinflusst werden, sondern nur seine Auswirkungen. Auch der Zeitpunkt, zu dem er eintritt, ist nicht bestimmbar. Blitzströme sind wegen ihrer großen Steilheit und den damit verbundenen Spannungsfällen nicht nur ein Problem für die EMV, sondern auch für die elektrische Sicherheit von Anlagen und Betriebsmitteln. Störsenke sind die elektrischen Anlagen und elektronischen Betriebsmittel.

Frage 8.1   Wie wirken sich Blitzentladungen auf die Gebäudeinstallation aus?

Einfluss auf die Gebäudeinstallation haben **nicht nur** die Blitzentladungen, die direkt am Gebäude entstehen, sondern auch die an benachbarten Gebäuden und in der Umgebung. Störeinflüsse resultieren auch aus Einschlägen in Energieleitungen.
Blitzentladungen treffen am Gebäude die Fangeinrichtungen und werden über die Ableitungen zur Erde geleitet. Das ist ein energetischer Vorgang, bei dem in schweren Fällen der Gebäudeblitzschutz mehr als 100 kA aufnimmt. Die Energiemenge ist jedoch wegen der geringen Einwirkdauer (Zehn- bis einige Hundertmikrosekunden) nicht sehr groß. Der Blitzstrom verursacht einen Spannungsfall am Stoßwiderstand der Erdungsanlage und induziert Stoßspannungen und Stoßströme in Koppelschleifen der Gebäudeinstallation. Dabei fließen auch Teilblitzströme über den Potentialausgleich in die elektrische Gebäudeinstallation. Wegen ihres stoßartigen Charakters ist die Ausbreitung der Blitzströme in der Installation begrenzt.
Blitzeinschläge in der Umgebung greifen insbesondere mit ihrer magnetischen Störstrahlung in die Schleifen der äußeren Blitzschutzanlage und in Schleifen der Installation ein und erzeugen hier, wie beim Direkteinschlag, Stoßspannungen und Stoßströme. Die Wirkungen nehmen mit der Entfernung der Einschläge ab. Einschläge in Energieleitungen erzeugen stoßartige leitungsgebundene Störungen und werden über die Leitungen in die Gebäudeinstallation eingeführt.

Blitzstromeinflüsse haben hohes Gefährdungs- und Störpotential. Die induzierten Spannungen haben den Charakter transienter Überspannungen, können Werte im Kilovoltbereich annehmen und die elektrische Isolationen zerstören. Dabei entstehende Funken können Brände und Explosionen verursachen. Die induzierten Spannungen haben durch ihr breites Frequenzspektrum eine starke EM-Störwirkung.

Frage 8.2   Welche Gebäude benötigen einen Blitzschutz und was versteht man unter einer Blitzschutzklasse „P"?

Blitzschutz ist erforderlich, wenn die Anzahl der zu erwartenden Blitzeinschläge Nd größer als die akzeptierte Einschlagshäufigkeit Nc ist (Nd > Nc). Ein Verfahren für die Berechnung des Blitzschutzerfordernisses ist in der DIN V EN V 61024-1, VDE 0185, Teil 100 [4.15] ausführlich beschrieben. Dabei wird die Anzahl der zu erwartenden Blitzeinschläge Nd aus der Dichte der Erdblitze Ng, der äquivalenten Gebäudefläche Ae und des Umgebungsfaktors Ce ermittelt.

$$Nd = Ng \cdot Ae \cdot Ce \cdot 10^{-6} \tag{8.1}$$

Für die Dichte der Erdblitze gibt es Kartenmaterial [4.15], in denen aus Blitzbeobachtungen die durchschnittliche Anzahl der Erdblitze eingetragen ist. Die akzeptierte Einschlagshäufigkeit Nc wird bestimmt aus dem Produkt von Koeffizienten, in das die Gebäudekonstruktion A, Gebäudenutzung B und die Folgeschäden C eingehen. Es gibt auch andere Verfahren, wie die englische Blitzschutzformel oder das Verfahren über die Ermittlung von Gefährdungskennzahlen für Liegenschaften der Bundeswehr.

$$Nc = A \cdot B \cdot C \tag{8.2}$$

Blitzschutzmaßnahmen kosten wie jede andere Sicherheitsmaßnahme Geld. Bevor man für eine Sicherheitsmaßnahme Geld ausgibt, muss man fragen, wie groß das Risiko ist, vor dem man sich schützen will. So wird auch im Fall des Blitzschutzes nach dem bestehenden Schadensrisiko einer baulichen Anlage gefragt. Daraus ergibt sich für die Blitzschutzanlage eine gewisse Anforderung, die nach den bestehenden Bestimmungen als **Wirksamkeit E der Blitzschutzanlage** bezeichnet wird.

Die Wirksamkeit E einer Blitzschutzanlage drückt das Verhältnis zwischen der durchschnittlichen Anzahl jährlicher Einschläge, die in der durch ein *Blitzschutzsystem* geschützten baulichen Anlage keinen Schaden verursachen, zur Gesamtzahl der Direkteinschläge in die bauliche Anlage aus.

$$E = 1 - Nc/Nd \tag{8.3}$$

Blitzschutzanlagen werden in der Praxis nach Schutzklassen unterschieden, wobei die **Blitzschutzklasse P** ein Maß für deren **Wirksamkeit E** ist (4.15]. Die Schutzklasse hängt vom zu schützenden Objekt, von der Gefahr für darin sich aufhaltende Personen (Vermeidung einer Panikgefahr), dem Gebäudeinhalt und den Folgeschäden ab. Sie muss gemeinsam mit dem künftigen Betreiber einer baulichen Anlage bestimmt werden. Den Zusammenhang zwischen Schutzklasse P und der Wirksamkeit E einer Blitzschutzmaßnahme zeigt die **Tafel 8.1**.

Tafel 8.1 Blitzschutzklasse P und Wirksamkeit E einer Blitzschutzmaßnahme

Blitzschutzmaßnahme	
Schutzklasse P	**Wirksamkeit E**
I*)	$> 0{,}98$
I	$0{,}95 < E < 0{,}98$
II	$0{,}95 < E < 0{,}98$
III	$0{,}80 < E < 0{,}95$
IV	$0 < E < 0{,}80$

*) mit Zusatzmaßnahmen

Aus der Blitzschutzklasse P ergeben sich Vorgaben für die Planung der Blitzschutzmaßnahmen.

Frage 8.3 *Wozu wird in einem Gebäude die Blitzschutzzone „LPZ" benötigt?*

Beim Blitzschutz besteht primär die Aufgabe, den Blitz einzufangen und in die Erde zu leiten. Das geschieht mit der äußeren Blitzschutzanlage. In der Praxis wird dieser Teil des Blitzschutzes **„äußerer Blitzschutz"** oder auch „primärer Blitzschutz" genannt.
Ein Teil des Blitzstromes, man rechnet mit etwa 50 %, fließt in die Gebäudeinstallation.
Eine zweite sehr wesentliche Aufgabe des Blitzschutzes besteht darin, die in das Gebäude eindringenden Einflüsse auf ein für die EMV verträgliches Maß zu reduzieren. Dieser Teil des Blitzschutzes wird als **„innerer Blitzschutz"** oder auch „sekundärer Blitzschutz" bezeichnet.
Grundbausteine für den inneren Blitzschutz sind:
– der Potentialausgleich,
– die Raumschirmung und
– die Schutzeinrichtungen (SPD) zur Blitzstromableitung und gegen Überspannungen.

Um die Störpegel auch für empfindliche elektronische Betriebsmittel verträglich zu machen, müssen die genannten Bausteine mehrfach hintereinander angewendet werden. Dazu wird zunächst das Gebäude in *Blitzschutzzone*n (LPZ) eingeteilt. Dabei können in eine geschlossene Schutzzone weitere Schutzzonen einfügt werden. So entsteht eine gestaffelte Schutzkette, mit der Störpegel stufenweise abgebaut werden. Die Anzahl der Stufen ist nicht festgelegt. Ein Beispiel für ein Gebäude mit vier *Blitzschutzzone*n (LPT 0 bis LPZ 3) zeigt das **Bild 8.1**.

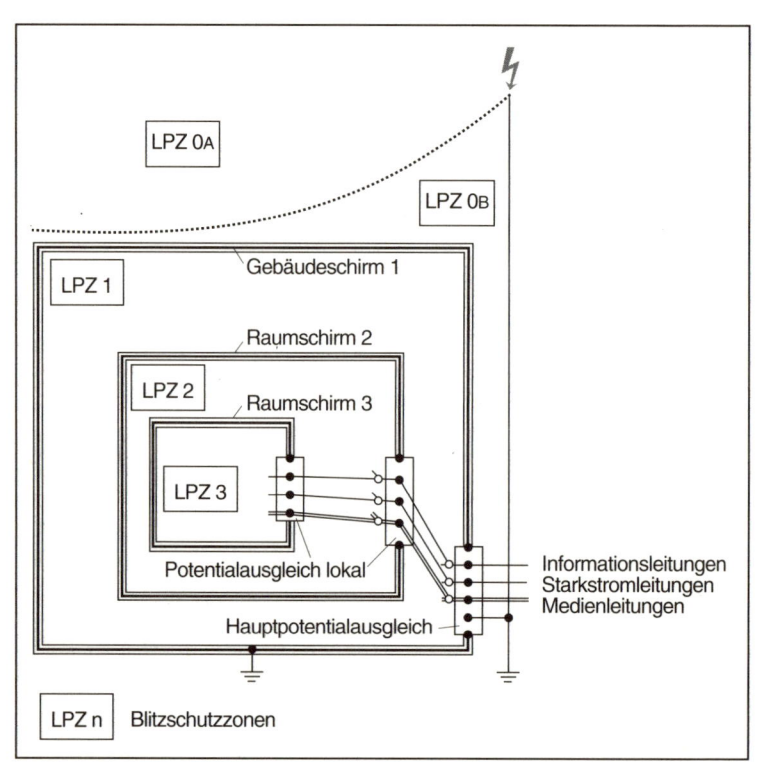

Bild 8.1   *Blitzschutzzonenkonzept, Einteilung eines Gebäudes in Blitzschutzzonen*

Nach DIN VDE 0185-103 [4.16] werden die in der Tafel 8.2 angegebenen *Blitz*schutzzonen definiert.
Blitzschutzzonen LPZ 4 und höher werden nur in sehr großen Gebäuden mit umfangreicher und empfindlicher Technik eingerichtet.
Die Festlegung der *Blitzschutzzone*n obliegt dem Planer. Er erstellt das Planungskonzept für die Beherrschung aller Bedrohungsgrößen aus atmosphärischen Entladungen, Schaltüberspannungen, Stoßströmen und ande-

ren spezifischen Energien. Dazu teilt er in Abhängigkeit von den zu planenden Anlagen und den Bedrohungsgrößen die zu schützenden Räume und Bereiche eines Gebäudes in *Blitzschutzzonen* ein. An den Zonengrenzen wird ein Potentialausgleich zwischen *Erdung*, Raumschirmung und allen einführenden Leitungen durchgeführt und bei Erfordernis werden Überspannungs-Schutzeinrichtungen zur Blitzstromableitung und zum Abbau der transienten Blitzüberspannungen eingesetzt.

Tafel 8.2 Definierte Blitzschutzzonen in einem Gebäude

Blitzschutzzonen	
Kurzzeichen	Bedeutung der Zone
LPZ 0_A	Gegenstände sind direkt dem Blitzschlag ausgesetzt
LPZ 0_B	Gegenstände sind keinem direkten Blitzschlag, jedoch ungedämpft dem E-H-Feld ausgesetzt
LPZ 1	Gegenstände sind keinem direkten Blitzschlag, aber Teilströmen ausgesetzt, das E-H-Feld kann abhängig von der Gebäudeschirmung gedämpft sein
LPZ 2	Blitzströme sind weitgehend reduziert, E-H-Feld ist abhängig von der Schirmung stark gedämpft
LPZ 3	kaum noch Blitzeinflüsse
LPZ 4	nicht mehr Blitzeinflüsse zu erwarten

Das Blitzschutzzonenkonzept nach [4.16] muss mit den vorgesehenen Schutzzonen für den Überspannungsschutz nach [4.8] abgestimmt werden. Ausführungen zu den Schutzzonen für den Überspannungsschutz sind in der Frage 9.4 behandelt.

Frage 8.4   Wie können durch Blitzeinwirkungen entstehende Störungen begrenzt bzw. verhindert werden?

Eine Störbegrenzung wird erreicht durch:

1. Aufteilung der Blitzströme in kleinere Teilströme,
2. Schirmungsmaßnahmen am Gebäude, Raum oder Betriebsmittel,
3. Blitzschutzpotentialausgleich im Gebäude und an den Übergängen der Blitzschutzzonen,
4. koordinierten Einsatz von Blitzstrom- und Überspannungsableitern,
5. Unterbringung der empfindlichen Geräte in Schutzzonen höherer Ordnung, ab LPZ 2 (besonders geschützte Bereiche),

6. Optimierung der Installationswege und Einbauorte für Betriebsmittel (Abstand von blitzstromführenden Leitungen).

Zu 1) Aufteilung der Blitzströme in kleinere Teilströme
Spannungsfälle und induzierte Spannungen sind abhängig von der Blitzstromstärke.
Die Störwirkung wird verringert, indem die Blitzströme kleiner gemacht werden. Das geschieht in der äußeren Blitzschutzanlage des Gebäudes. Der Strom aus dem Blitzkanal wird in der Fanganlage und an den daran angeschlossenen parallelen Ableitungen in Teilströme aufgeteilt. Je mehr Ableitungen gesetzt werden, je stärker wird der Blitzstrom aufgeteilt und damit der örtlich wirksame Anteil kleiner gemacht.
Die in Abhängigkeit von der Schutzklasse P vorgeschriebenen Maschenweiten für Fanganlagen und Abstände für Ableitungen sind in **Tafel 8.3** dargestellt [4.15]. Die angegebenen Werte sind Mindestmaße.

Tafel 8.3 Mindestmaße für die Maschenweite der Fanganlage und der Abstände der Blitzableitungen

Schutzklasse	Maschenweite der Fanganlage	Abstand der Ableitungen
I	5 x 5 m	10 m
II	10 x 10 m	15 m
III	15 x 15 m	20 m
IV	20 x 20 m	25 m

In die Fang- und Ableitungsanlagen werden metallene Dachaufbauten und Metallfassadenelemente, Stahlskelette und Armierungen im Stahlbeton der Gebäude mit einbezogen. Dabei ersetzen z.B. metallene Fassadenelemente in hervorragender Weise Ableitungen, wenn sie oben an die Fanganlage und unten an die Erdungsanlage angeschlossen werden. Die Anzahl und Abstände der Anschlüsse ist abhängig von der Schutzklasse (s. Tafel 8.3). Zugängliche Armierungen im Beton der Gebäudewände werden oben angeschlossen. Damit wird eine weitere Aufteilung der Blitzströme bewirkt.

Zu 2) Schirmungsmaßnahmen am Gebäude, Raum oder Betriebsmittel
Die *Schirmung* ist eine grundlegende Maßnahme zur Verringerung der angreifenden elektromagnetischen Störstrahlungen. Mit Schirmmaßnahmen werden *Blitzschutzzone*n höherer Ordnung erzeugt.
Eine erste *Schirmung* entsteht durch die rund um das Gebäude angeordneten Ableitungen. Diese stellen mit der Fangeinrichtung auf dem Dach und dem Fundament zusammen einen Art Reusenschirm dar. Die Schirmwir-

kung ist bei einem Ableiterabstand von 10 m jedoch äußerst gering. Eine bessere Schirmwirkung hat die Stahlarmierung in den Wänden und Decken einer baulichen Anlage, wie sie im **Bild 8.2a** gezeigt wird. In Verbindung mit metallenen Tür- und Fensterrahmen wirken diese wie ein elektromagnetischer Käfig, ein sogenannter Löcherschirm [6.3]. Bei einem Abstand der Armierstähle von 20 bis 40 cm werden damit im Idealfall Schirmdämpfungen von 40 bis 50 dB erreicht. Da jedoch nicht alle Armierstähle miteinander verschweißt sind, ist der Schirm nicht gleichmäßig wirksam.

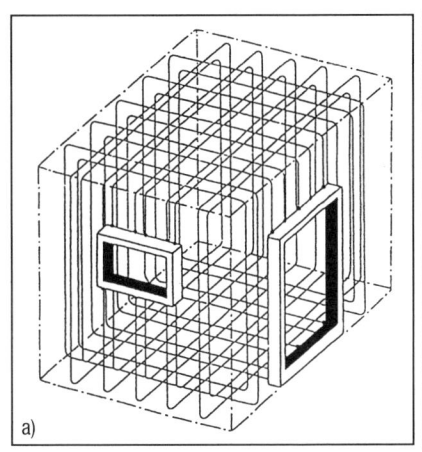

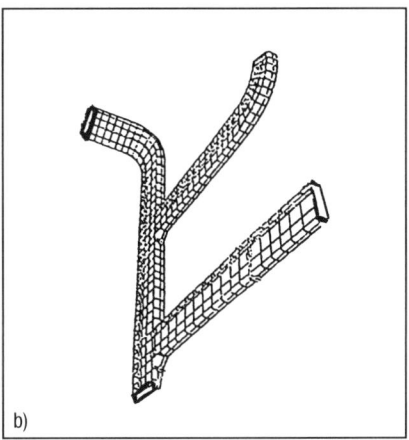

Bild 8.2   Schirmung – a) Prinzip der Raumschirmung; b) geschirmter Leitungskanal

In sensiblen elektrischen Betriebsräumen findet man in der Praxis verschweißte metallene Gitter aus verzinktem Bandstahl an Wänden und Decken, mit denen man bessere *Schirmungen* erreicht.
Kabelkanäle können Räume mit höherwertigen *Blitzschutzzonen* ohne Aufgabe der Schutzwirkung verbinden, wenn die Kanäle geschirmt werden. Es wird ein Kanal mit entsprechender *Blitzschutzzone* gebildet. Eine gebräuchliche Lösung zeigt das **Bild 8.2b**, indem der Leitungskanal durch Armierungen im Beton geschirmt wird. Dieser benötigt an den Ein- und Ausgängen einen Potentialausgleich mit den hindurch geführten Leitungen.
Leitungstrassen lassen sich aber auch durch metallene Rohre oder Kanäle erzeugen. Eine gewisse Schirmwirkung bringen auch Kabelwannen aus Metall. Für Einzelleitungen werden geschirmte Leitungen verwendet.
Schirmmaßnahmen sind alle miteinander kombinierbar.
Wichtig bei allen Schirmmaßnahmen ist der kurze niederohmige Zusammenschluss aller der Teile, die Schirmfunktion haben, wie Armierungen im Beton, Gebäudekonstruktionen, Metallrahmen in Türen und Fenstern, Metallfassaden, Dachhäute, Kabelwannen. Am Übergang von einer *Blitz-*

schutzzone in die andere muss zwischen allen eingeführten Leitungen, fremden leitfähigen Teilen, der Schirmung und der Erdungsanlage ein Potentialausgleich hergestellt werden. Weitere Ausführungen zur *Schirmung* sind in der Frage 10.3.3 behandelt.

Zu 3) Blitzschutzpotentialausgleich im Gebäude und an den Übergängen der Blitzschutzzonen

Der Blitzschutzpotentialausgleich muss im Kellergeschoss oder höchstens auf Erdniveau installiert werden. Dabei sind Verbindungen zur Erdungsanlage kurz zu halten. Bei großflächigen Anlagen kann es sinnvoll sein, für den Blitzschutzpotentialausgleich mehrere Ausgleichsschienen zu installieren. Bedingung dabei ist, dass sie miteinander verbunden werden.

Für hohe Gebäude muss im Abstand ≤ 20 m der Ableiter der Blitzschutzanlage mit der inneren Stahlkonstruktion verbunden werden (Bild 7.10). Ist keine Armierung vorhanden, so muss eine Querverbindung errichtet werden, mit der die Ableitungen untereinander verbunden werden.

Auch für äußere leitfähige Teile am Gebäude ist ein Potentialausgleich erforderlich. Dieser muss möglichst nahe der Eintrittsstelle der baulichen Einrichtung erfolgen. Der Potentialausgleich erfolgt mit der Erdungsanlage des Gebäudes.

Soweit Außenerdungsanlagen oder natürliche Erder im Außenbereich des Gebäudes vorhanden sind, müssen diese am Potentialausgleich für die äußeren leitfähigen Teile mit angeschlossen werden. Wenn am Gebäude keine äußeren leitfähigen Teile vorhanden sind, muss entschieden werden, ob für die äußeren Erder ein Potentialausgleich außerhalb des Gebäudes errichtet wird. Bei Einzelerdern müssen Erder und Potentialausgleichsschienen mit einer horizontalen Ringleitung verbunden werden. In der Regel werden die äußeren Erder zusammengefasst und wie im Bild 7.3 dargestellt, an den Hauptpotentialausgleich des Gebäudes angeschlossen.

Einen sehr wesentlichen Einfluss auf die Funktion des Blitzschutzpotentialausgleiches hat die Art und Weise der Einführung der Versorgungsleitungen in das Gebäude oder in eine tiefere *Blitzschutzzone*. Sehr günstigen Einfluss hat die im **Bild 8.3a** gezeigte gemeinsame Einführung aller elektrischen und technologischen Leitungen an nur einer Stelle des Gebäudes. Damit werden die bei Blitzeinwirkung gefürchteten Spannungsdifferenzen klein gehalten. Die im **Bild 8.3b** gezeigte schlechtere Lösung produziert bei aktiver Blitzeinwirkung an den Stoßwiderständen der Anlage Spannungsfälle und damit Spannungsdifferenzen ΔU.

Der Blitzschutzpotentialausgleich muss am Gebäudeeingang bzw. an jeder Übergangsstelle von einer *Blitzschutzzone* in die andere der hergestellt werden. Am Übergang von der LPZ 0 auf LPZ 1 liegt der Hauptpotentialausgleich.

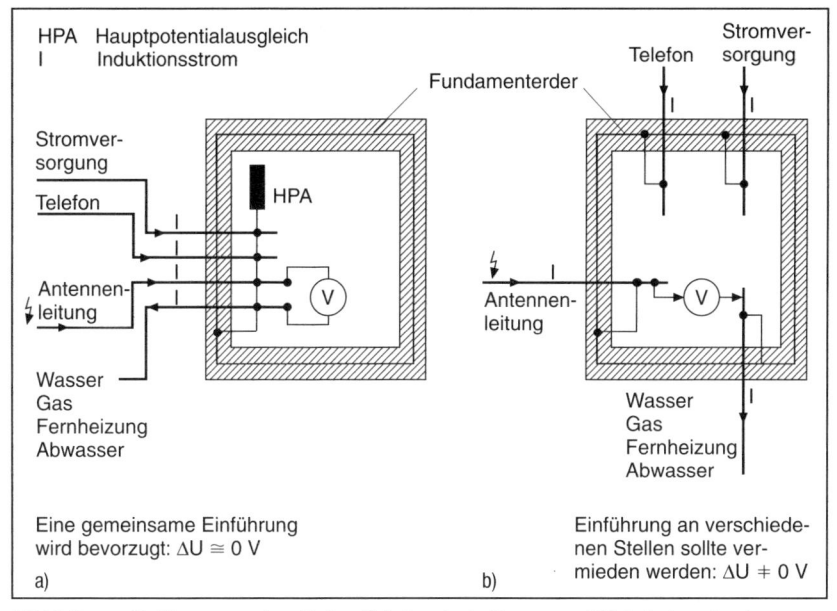

Bild 8.3 Einführung von bewährten Kabeln oder Leitungen und Metallrohren in ein Gebäude oder in eine andere Schutzzone
a) Eine gemeinsame Einführung wird bevorzugt, $\Delta U \approx 0$
b) Einführung an verschiedenen Stellen ist ungünstig für die EMV, $\Delta U \neq 0$

Wenn der Eintritt leitender Teile an verschiedenen Stellen erfolgt, müssen mehrere Potentialausgleichsschienen errichtet und diese so kurz wie möglich mit den Erdern verbunden werden. In den Potentialausgleich einer *Blitzschutzzone* sind innenliegende leitende Teile, wie Kräne, Versorgungsleitungen, Rahmen und Kabelpritschen einzubeziehen. Aber Vorsicht vor Koppelschleifen! Mehrfachverbindungen untereinander sind nur zulässig und dann vorteilhaft, wenn ein maschenförmiger Potentialausgleich gewählt worden ist.

Bei Erdungsanlagen aus Einzelerdern müssen Erder und Potentialausgleichsschienen mit einer horizontalen Ringleitung verbunden werden. Ringerder und Gebäudeschirm müssen in dichten Abständen eine Potentialausgleichsverbindung erhalten.

Die Dimensionierung der Potentialausgleichsleitungen, Schirme und Schutzeinrichtungen muss die zu erwartenden Blitzströme und Stoßspannungen berücksichtigen. Ein Mindestquerschnitt 50 mm^2 Fe ist nötig.

Der Potentialausgleich mit Informationsanlagen sollte vorzugsweise als Metallplatten oder -matten ausgeführt werden. Wichtig ist eine niedrige Induktivität. Sie wird durch das Erdungssystem der baulichen Anlage und die Verbindung mit allen Metallinstallationen begünstigt (Potentialausgleich für Informationsanlagen siehe Frage 7.5).

Zu 4) Koordinierter Einsatz von Blitzstrom- und Überspannungsableitern

Blitzströme und Spannungen werden durch Blitzstrom- und Überspannungsableiter abgeleitet und begrenzt. Die Ableiter werden an den Übergängen zwischen den *Blitzschutzzone*n im Zusammenhang mit den Potentialausgleichsmaßnahmen errichtet.

Überspannungsableiter sind Schutz gegen transiente Überspannungen aus Blitzeinflüssen und aus Starkstromanlagen. Die gesamte Thematik wird unter den Fragen zum Abschnitt 9 behandelt.

Zu 5) Unterbringung der empfindlichen Geräte in Schutzzonen höher Ordnung, ab LPZ 2

Empfindliche elektronische Geräte können sehr schnell durch Blitzspannungen gestört und zerstört werden. Trotz äußerer und innerer Blitzschutzmaßnahmen findet man im Bereich der *Blitzschutzzone* 1 kaum Orte, an denen die Sicherheit empfindlicher Geräte gegen zu hohe elektromagnetische Störimpulse (LEMP) gewährleistet ist. Für den sicheren Betrieb dieser Betriebsmittel müssen *Blitzschutzzone*n höherer Ordnung (besonders geschützte Bereiche) geschaffen werden. Zu den Betriebsmitteln gehören insbesondere elektronische Betriebsmittel sowie deren Kabel und Leitungen. Beispiele für eine erforderliche geschützte Aufstellung sind zentrale Einrichtungen wie Rechenzentren, Gefahrenmeldezentralen, Einrichtungen der Gebäudeleittechnik, Steuerzentralen mit MSR-Schutzeinrichtungen, elektrische Betriebsräume mit empfindlichen Geräten. Die genannten Einrichtungen benötigen Aufstellorte, die mindestens einen Schutz der Blitzschutzklasse LPZ 2 gewährleisten. Räume der LPZ 2 und höher sind innenliegende Räume. Sie sollten möglichst weit von den Außenwänden entfernt sein.

Die *Schirmung* der Räume für höhere Blitzschutzklassen beginnt mit der Bauplanung. Deshalb müssen in einem sehr zeitigen Stadium

- das *Blitzschutzzone*nkonzept und die
- Maßnahmen zur Herstellung der *Blitzschutzzone*n

mit den am Bau beteiligten Partnern abgestimmt werden. Nachträglich durchgeführte Maßnahmen sind meistens Kompromisse, sind teuer und bieten keine befriedigenden Lösungen.

Nicht für alle Geräte können bauliche Schutzräume geschaffen werden. So liegen oft Einzelgeräte, technologisch bedingt, auch in Zonen LPZ 1und vereinzelt sogar in LPZ 0. In diesen Fällen müssen differenziert Schutzmaßnahmen angewendet werden, wie geschützte Verlegung der Leitungen, z.B. in geschirmten Rohren oder Kanälen, galvanische Entkopplung, schutzisolierte Gehäuse, Potentialausgleichsmaßnahmen.

Zu 6) **Optimierung der Installationswege und Einbauorte für Betriebsmittel**

Installationswege sollten stets mit größtmöglichem Abstand zu blitzstromführenden Anlagenteilen und kleinem Abstand untereinander gewählt werden. Für die elektrischen Leitungen aus Starkstrom- und Informationsanlagen sind möglichst gemeinsame Leitungstrassen zu wählen. Damit werden die Flächen möglicher Koppelschleifen zwischen den Kreisen klein gehalten. Informationsleitungen sollten möglichst verdrillt, zumindestens aber geschirmt sein.

Kabel- und Leitungsanlagen mit einadrigen Leitungen sind in metallenen Rohren oder anderen schirmenden Vorrichtungen zu führen.

Empfindliche Geräte gehören grundsätzlich in Gebäudebereiche mit höherer Schutzzone (LPZ ≥ 2). Sehr ungünstige Orte sind von vornherein die Außenwände von Gebäuden wegen der dort möglichen Einflüsse aus atmosphärischen Entladungen.

9 Transiente Überspannungen

Transiente Überspannungen unterscheiden sich qualitativ von den in den Abschnitten 6.4 und 6.9 beschriebenen Spannungsänderungen und netzfrequenten Überspannungen. Sie sind bedeutend schneller und treten nur kurzzeitig auf. In DIN EN 50160 [4.29] wird die transiente Überspannung als „eine kurzzeitige, schwingende oder nicht schwingende Überspannung" bezeichnet, „die in der Regel stark gedämpft ist und eine Dauer von einigen Mikrosekunden oder weniger aufweist".
Transiente Überspannungen stören empfindliche Geräte. Bei unbegrenzter Einwirkung haben transiente Überspannungen ein zerstörend wirkendes Potential und müssen deshalb auch aus der Sicht der elektrischen Sicherheit beachtet werden.

Frage 9.1 Aus welchen Quellen muss in der Gebäudeinstallation mit transienten Überspannungen gerechnet werden?

Transiente Überspannungen entstehen durch

a) atmosphärische Einflüsse,
b) Schaltvorgänge in Energienetzen,
c) elektrostatische Entladungen und durch
d) nukleare Einflüsse (nuklearer elektromagnetischer Impuls).

Kennwerte für die transienten Vorgänge sind der Scheitelwert, die Stirnzeit und Rückenhalbwertzeit, die Wirkdauer und der Energieinhalt.
Transiente Überspannungen haben sehr steile Flanken, d.h. einen starken Spannungsanstieg. Sie haben ein breites Frequenzspektrum mit Frequenzanteilen im Megahertzbereich und erreichen in wenigen Mikrosekunden sehr hohe Überspannungswerte. Die Überspannungswerte betragen ein mehrfaches der Netzspannung und können in seltenen Einzelfällen über 10 kV hinaus wachsen. Die Wirkungsdauer liegt im Bereich von Mikrosekunden bis zu einigen Hundert Mkrosekunden. Der Energieinhalt ist gering.

Zu a) **Atmosphärische Überspannungen (LEMP)**
Atmosphärische Überspannungen entstehen bei Blitzentladungen. Ihre

Auswirkung auf das Gebäudes hängt davon ab, wo die Blitzentladung stattfindet und wie der Ort der Entladung mit dem Gebäude verbunden ist. Dabei sind zu unterscheiden:

- Blitzeinschläge in die Fanganlagen des Gebäudeblitzschutzes,
- Blitzeinschläge in die Freileitung,
- benachbarte Blitzentladungen und
- Einschläge und Entladungen in der Umgebung.

Bei Blitzeinschlägen und Entladungen entstehen, wie in Frage 8.4 beschrieben, transiente Überspannungen (Stoßspannungen) als leitungsgebundene EM-Störung und elektromagnetische Störstrahlung.

Zu b) **Schaltüberspannungen**
Sogenannte **Schaltüberspannungen** entstehen in Energienetzen bei jeder Schalthandlung, z.B. bei Abschaltung leerlaufender Hochspannungsleitungen oder von Transformatoren. Sie entstehen aber auch bei der Schaltung von Kondensatoren. Die Energie auf der Leitungskapazität, dem Kondensator oder die magnetische Restenergie eines Transformators erzeugen in Schwingkreisen mit den Kapazitäten und Induktivitäten von Geräten und Anlagenteilen hohe Spannungen. Durch Rückzündungen an Kontakten von Schaltern und Wiederverlöschen können Schwingungen mehrfach angeregt werden.
Ähnlich Vorgänge spielen sich bei Erdschlüssen in ungeerdeten Mittelspannungsnetzen ab. Auch hier entstehen beim Verlöschen der Lichtbögen transiente Überspannungen in Form von gedämpften Schwingungen. Die Schaltüberspannungen werden hauptsächlich durch kapazitive Einkopplungen auf die Niederspannungsanlagen übertragen.
Überspannungen transienter Art können auch durch induktive Kopplungen bei der Schaltung von starken Lastströmen oder bei der Abschaltung von Kurzschlüssen in Netzen der höheren Spannungsebene entstehen. Die Höhe der Überspannung wird entscheidend von der Größe der Stromänderungsgeschwindigkeit und dem elektrischen Zeitpunkt der Schaltung bestimmt. So können z.B. Leistungsschalter mit hohen Schaltgeschwindigkeiten in schwingungsfähiger Anlagenumgebung hohe Überspannungen anregen.
Transiente Überspannungen entstehen aber auch im Niederspannungsnetz, z.B. beim Schalten von Induktivitäten in Leuchtstofflampen mit induktiven Vorschaltgeräten, von Transformatoren in gewerblichen Anwendungen, durch Bürstenfeuer in handgeführten Elektrowerkzeugen.

Zu c) **Elektrostatische Entladungen (ESD)**
Transiente Überspannungen aus **elektrostatischen Entladungen** können Werte bis zu einigen 10 kV aufweisen. Die Spannungen erzeugen bekannt-

lich bei Annäherungen Funkenüberschläge. Dabei erzeugen die Entladungsstoßströme mit ihren sehr kurzen Rückenhalbwertzeiten (einige 10 ns) elektromagnetische Störstrahlung.

Zu d) **Nukleare Einflüsse (HNEMP)**
Weniger von Bedeutung sind die Einflüsse aus der Störstrahlung einer **nuklearen Detonation**. Eine nuklearen Detonation generiert mit ihrer Störstrahlung transiente Überspannungen in Ausrüstungen der Gebäudeinstallation. Auf weitere Einzelheiten zu dieser Problematik wird an dieser Stelle verzichtet.

Frage 9.2 Wie häufig und in welcher Größenordnung treten transiente Überspannungen auf?

Nach Einschätzungen in DIN EN 50160 [4.29] überschreiten transiente Überspannungen im Versorgungsnetz nur sehr selten einen Spitzenwert von 6 kV. Die Anstiegszeiten sind sehr unterschiedlich und liegen im Bereich zwischen Nanosekunden und Millisekunden. Auch der Energieinhalt einer transienten Überspannung variiert sehr stark. Es muss mit Energieinhalten von einigen mWs bis zu einigen Ws gerechnet werden. Blitzüberspannungen haben gegenüber Schaltüberspannungen in der Regel höhere Scheitelwerte, aber geringere Energieinhalte.

Bei einem „Rundversuch der DKE" [6.5] in den Jahren 1989 bis 1991 in verschiedenen Anlagen und an 40 Messorten wurden mehr als 5000 Überspannungsereignisse registriert. An den Messorten waren netzseitig Überspannungs-Schutzeinrichtungen installiert. 22 % der beobachteten elektrischen Anlagen waren über Freileitungen versorgt.

Der größere Anteil der erfassten Überspannungen resultierte aus Schaltüberspannungen. Sie traten in gewerblichen und industriellen Bereichen gehäuft zu Werksarbeitszeiten und nicht an Wochenenden auf. An einigen Orten kam es wiederkehrend zu Überspannungen aus dem Aufkommensbereich Schaltvorgänge.

Nur wenige der transienten Überspannungen hatte Amplitudenwerte über 1 kV. Die Wirkdauer der Überspannungen lag meistens unter einer Mikrosekunde. Es wurden aber auch Wirkdauern über 200 µs gemessen. Dabei handelte es sich um energiearme Einzelimpulse.

Beachtenswerte Überspannungen sind in den Verbraucheranlagen beim Schalten von Induktivitäten oder ortsveränderlichen Betriebsmitteln registriert worden. An einer 280-W-Bohrmaschine sind beim Einschalten Spannungsspitzen bis 580 V und ein Energieinhalt von 55 mWs gemessen worden. An Universalmotoren wurden sogar Überspannungen mit Amplituden bis 1,9 kV und Energieinhalte bis 100 mWs festgestellt [6.5].

Frage 9.3 Was muss beim Einsatz elektrischer Betriebsmittel aus der Sicht der Störgröße „transiente Überspannungen" beachtet werden?

Durch transiente Überspannungen können elektrische Betriebsmittel gestört oder auch zerstört werden. Die Störempfindlichkeit hängt von der Art der Betriebsmittel und von den darin enthaltenen Bauteilen ab. So ist z.B. eine Gefahrenmeldeanlage mit mikroelektronischer Verarbeitungseinheit bedeutend empfindlicher als ein Elektroverteiler für die Baustelle. Allerdings kann man die Zentrale einer Gefahrenmeldeanlage an einem geschützten Ort unterbringen, der Baustromverteiler dagegen steht in der Regel im Freien und ist dort den atmosphärischen Einflüssen ausgesetzt.

Die *Verträglichkeit* der Installation und der eingesetzten Betriebsmittel gegenüber transienten Überspannungen wird durch koordinierten Einsatz (Isolationskoordination) der Betriebsmittel und unter Beachtung der Einflüsse aus den Störquellen und der *Verträglichkeit* der Störsenke erreicht. Dafür bieten die Hersteller elektrische Betriebsmittel mit unterschiedlich starker Isolation und Prüfschärfe an. Grundlage dafür sind die Bestimmungen der DIN VDE 0110-1 [4.13] und der E DIN VDE 0100, Teil 443/A3 [4.5]. Für die Ausführung der Isolation werden Überspannungskategorien (Überspannungsfestigkeitskategorien) angegeben.

Betriebsmittel, die direkt vom Netz gespeist werden, müssen unter Beachtung des Einsatzortes einer der nachfolgenden Überspannungskategorien entsprechen:

- **Überspannungskategorie I, CAT I**
  Betriebsmittel, die in geschützten Stromkreisen von elektronischen Geräten eingesetzt werden. Für die Betriebsmittel ist innerhalb der Geräte ein spezieller Schutz gegen transiente Überspannungen vorhanden.

- **Überspannungskategorie II, CAT II**
  Betriebsmittel, die in den Verbraucherstromkreisen einer normalen elektrischen Installation des Gebäudes an Steckdosen betrieben werden sollen, z.B. Haushaltsgeräte, tragbare Werkzeuge.

- **Überspannungskategorie III, CAT III**
  Betriebsmittel in der festen Installation zwischen Hauptsicherung und den Verbraucherstromkreisen, z.B. Schaltanlagen, Stromschienen, Leistungsschalter, Motoren. Die Anlagen in diesem Bereich müssen eine höhere Verfügbarkeit aufweisen.

- **Überspannungskategorie IV, CAT IV**
  Betriebsmittel am Verknüpfungspunkt oder in dessen Nähe sowie im Freien, z.B. Zähler, Hauptsicherungen und Steuer- und Regelgeräte der Energieanlage.

Eine Übersicht über die in Abhängigkeit von der Überspannungskategorie zu erwartende Stoßspannungsbeanspruchung zeigt die **Tafel 9.1**

Tafel 9.1   *Übersicht über die Zuordnung der Stoßspannungsbeanspruchung der Betriebsmittel zu Überspannungskategorien*

Nennspannung gegen Erde V	Überspannungskategorien			
	CAT I	CAT II	CAT III	CAT IV
	Zu erwartende Stoßspannungsbeanspruchung in V			
50	330	500	800	1500
100	500	800	1500	2500
150	800	1500	2500	4000
300	1500	2500	4000	6000
600	2500	4000	6000	8000
1000	4000	6000	8000	12000

Wie bereits in Frage 8.3 erläutert, ist der Abbau transienter Überspannungen nur stufenweise möglich. Das gilt für alle transienten Überspannungen, unabhängig von ihrem Ursprung. Der Abbau wird durch Schirmungen, Potentialausgleich und durch Schutzeinrichtungen bewirkt. Die Anwendung der Maßnahmen beginnt mit der Aufteilung des Gebäudes in Schutzzonen. Den Schutzzonen werden *Überspannungsschutzeinrichtungen* zugeordnet. Nähere Einzelheiten werden mit den Fragen 9.4 und 9.5 behandelt.

Frage 9.4   Welche Schutzzonen sollten aus der Sicht einer Überspannungsgefährdung in einem Gebäude vorgesehen werden?

Das Konzept der Schutzzonen für den Überspannungsschutz in der Gebäudeinstallation orientiert sich am Planungskonzept der *Blitzschutzzonen* nach DIN VDE 0185-103 [4.16].
Schutzzonen für den Schutz der Gebäudeinstallation vor Störungen und Schäden aus transienten Überspannungen werden nach DIN V VDE V 0100-534 [4.8] errichtet. Dazu wird das Gebäude, wie in **Bild 9.1** gezeigt, in Schutzzonen eingeteilt. An den Übergängen der Schutzzonen werden Überspannungsableiter (ÜSE) eingesetzt, deren Leistungsparameter an die Bedrohungsgröße am Einbauort angepasst sein müssen. Die Ableiter der Anforderungsklassen B, C und D sind so zu dimensionieren, dass vor dem Erreichen der Belastungsgrenze der schwächeren Ableiter die vorgeordneten stärkeren Ableiter die Belastung übernehmen. Die Koordination der Ableiter

muss sicherstellen, dass die ungünstigsten Bedrohungsgrößen (Wellenform und Energie) beherrscht werden. Die ungünstigen Bedrohungsgrößen treten bei direkten und indirekten Blitzeinwirkung auf.

ÜSE:	Überspannungs-Schutzeinrichtung (SPD),
	Entkopplungselement, Induktivität oder Leitungslänge
ÜSE B:	Überspannungs-Schutzeinrichtung (SPD), Anforderungsklasse B
ÜSE C:	Überspannungs-Schutzeinrichtung (SPD), Anforderungsklasse C
ÜSE D:	Überspannungs-Schutzeinrichtung (SPD), Anforderungsklasse D

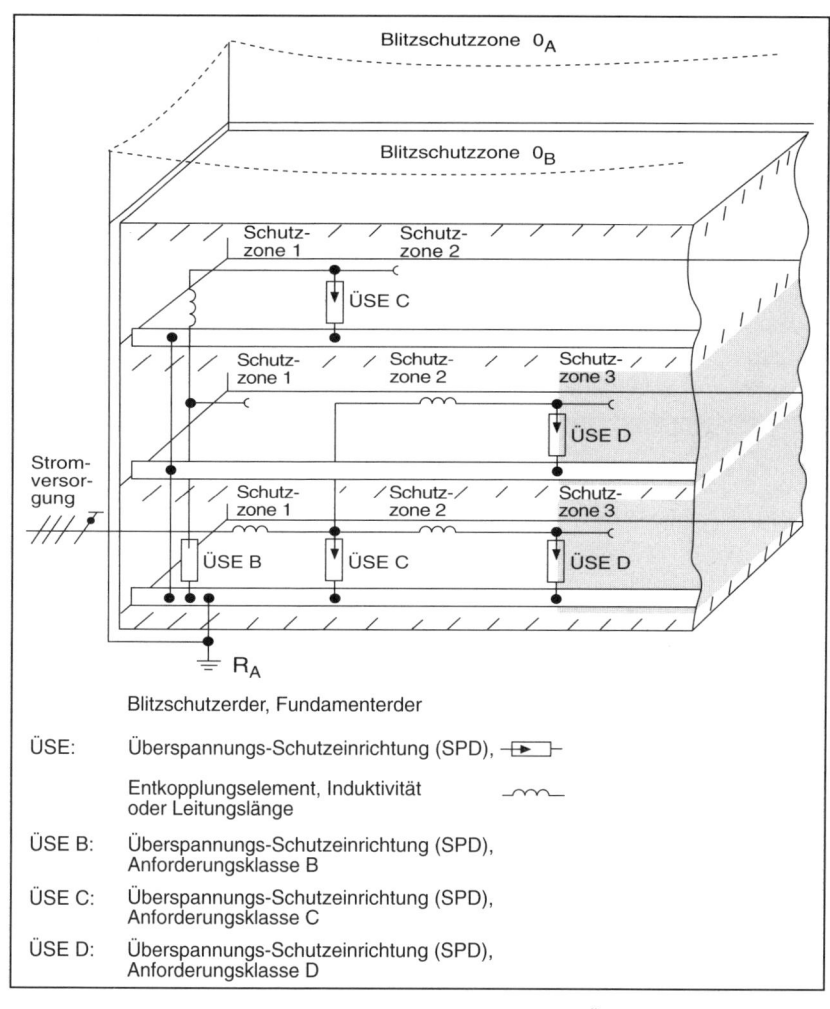

Bild 9.1 *Schutzzonen in einem Gebäude zur Koordination von Überspannungs-Schutzeinrichtungen gegen transiente Überspannungen*

Mit dem Konzept der Schutzzonen wird das Ziel verfolgt, in den jeweiligen Gebäuden einen gestaffelten Schutz gegen alle Arten von transienten Überspannungen aufzubauen. Wieviel Schutzzonen realisiert werden, hängt von der Bedrohungsgröße und dem Planungskonzept ab.

Die Staffelung im Schutz ist notwendig, weil die Maßnahmen zum Abbau transienter Überspannungen nicht nur von der Art und Größe der Spannungen der Störquelle, sondern auch von der Art der zu schützenden Anlage und der Betriebsmittel abhängig sind. So unterscheiden sich z.B. die Schutzmaßnahmen in Energieanlagen von denen an elektronischen Betriebsmitteln. In Energieanlagen muss bei der Ableitung von transienten Überspannungen dafür Sorge getragen werden, dass sich über die bei einer Überspannungssituation aktivierte Ableitungsstrecke einer ÜSE nicht die Kurzschlussenergie des Netzes entlädt. Bei der Ableitung fließen Ströme in der Größenordnung von einigen Kiloampere. Zum Schutz gegen Kurzschluss müssen entsprechende Hochleistungssicherungen in den Ableitungskreis geschaltet werden (s. a. Bild 9.3).

Die Überspannungs-Schutzeinrichtungen an elektronischen Betriebsmitteln sind für kleinere Überspannungen und kleinere Ableitungsströme ausgelegt. Deshalb muss die transiente Überspannung in elektronischen Betriebsmitteln auf einen bedeutend kleineren Pegel als in Energieanlagen gesenkt werden. Die Schutzeinrichtungen müssen also an die jeweilige Schutzaufgabe angepasst werden. Gefährliche Überspannungen am Gebäudehauptverteiler werden mit *Überspannungsschutzeinrichtungen* der Anforderungsklasse B und Überspannungen in der tieferen elektrischen Anlage mit ÜSE der Anforderungsklasse C und an Einzelverbrauchern mit ÜSE der Anforderungsklasse D geschützt.

Die Schutzzonen für den Überspannungsschutz und die *Blitzschutzzonen* haben die gleiche Zielstellung. Das zeigt der Vergleich der beiden Bilder 8.1 und 9.1. Die Blitzzonen werden zu Schutzzonen für den Überspannungsschutz, in dem an den Übergängen der Schutzzonen auf einander abgestimmte Überspannungsschutzeinrichtungen eingesetzt werden.

Die Anzahl der Schutzzonen und die darin anzuwendenden Maßnahmen hängen davon ab, welche Art von Geräten und Anlagen zum Einsatz kommen und wie hoch die Verträglichkeitspegel der Betriebsmittel sind. In der Regel sind zwei bis drei Schutzzonen erforderlich.

Frage 9.5 Was muss beim Einsatz von Überspannungsschutzeinrichtungen gegen transiente Überspannungen beachtet werden?

Überspannungsschutzeinrichtungen (ÜSE) gegen transiente Überspannungen, international kurz „SPD" genannt, werden nach Anforderungsklassen unterschieden [4.8]. Von Interesse sind folgende Klassen:

- **Anforderungsklasse B**

    Ableiter der Anforderungsklasse B werden für den Blitzschutzpotentialausgleich nach DIN VDE 0185-103 im Bereich der Überspannungskategorie IV eingesetzt. Das sind elektrische Anlagen in der Umgebung der

Verknüpfungspunkte mit dem öffentlichen Netz oder auch Anlagen im Freien, z.B. Zähler, Hauptsicherungen, Regel- und Steuergeräte der Energieanlage.

- **Anforderungsklasse C**
  Ableiter der Anforderungsklasse C sind bestimmt für elektrische Anlagen, die der Überspannungskategorie III zuzuordnen sind. Das sind die elektrischen Installationen zwischen Hauptsicherung und den Verbraucherstromkreisen, z.B. Schaltanlagen, Stromschienen, Leistungsschalter, Motoren. Hier werden Überspannungen aus indirekten atmosphärischen Entladungen und aus Schaltüberspannungen erwartet.

- **Anforderungsklasse D**
  Ableiter der Anforderungsklasse D sind bestimmt für elektrische Betriebsmittel, die der Überspannungskategorie II zuzuordnen sind. Das sind Betriebsmittel, die in den Verbraucherstromkreisen einer normalen elektrischen Installation eines Gebäudes an Steckdosen betrieben werden sollen, z.B. Haushaltsgeräte, tragbare Werkzeuge. Es werden ähnliche Überspannungen wie bei der Anforderungsklasse C erwartet. Der Ableitstrom ist hier aber durch die Leitungsimpedanzen begrenzt.

Neben den Anforderungsklassen sind die elektrischen Kennwerte der Ableiter zu beachten. Es sind dies

- die Ableiterbemessungsspannung U_c,
- die Leerlaufstoßspannung U_{0C} und
- die Ableitstromtragfähigkeit I_{imp} bzw. i_n.

Die Kennwerte sind auf das Netzsystem und die Betriebsmittel der jeweiligen Anwendungen bezogen auszuwählen. Festlegungen dazu enthält DIN V VDE V 0100-534, VDE V 0100, Teil 534 [4.8].
Achtung, sehr entscheidend für die Funktion der Ableiter ist deren richtiger Anschluss. Wie im **Bild 9.2a** dargestellt, müssen die Ableiter am Einsatzort impedanzarm angeschlossen werden. Die Anschlussleitungen vor und hinter dem Ableiter sollen möglichst gerade und kurz (möglichst kürzer als 0,5 m) ausgeführt werden. Mit zunehmender Länge wird die Wirksamkeit der Ableiter reduziert. Kann die empfohlene Leitungslänge von 0,5 m nicht eingehalten werden, so muss, wie im **Bild 9.2b** gezeigt, anstelle eines Anschlusses mit Stichleitung ein V-förmiger Anschluss gewählt werden. Sehr häufig sieht man in Anlagen zwischen Ableiter und Potentialausgleich lange über viele Ecken und durch Kabelkanäle geführte Potentialausgleichsleitungen. Solche groben Fehler machen die Ableiter unwirksam. Der Betreiber hofft vergeblich auf die Wirkung seines körperlich installierten Überspannungsschutzes, der leider unwirksam ist.

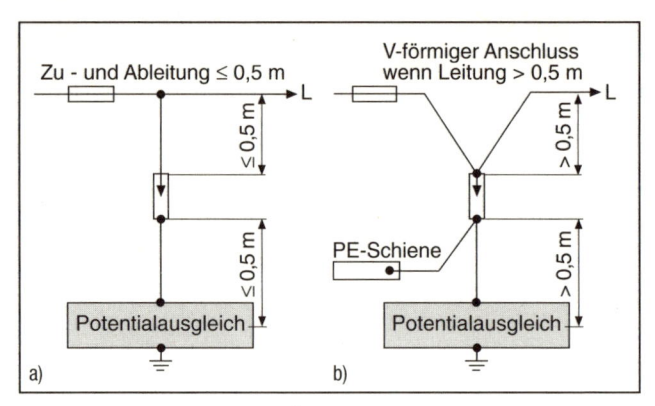

Bild 9.2 *Impedanzarmer Anschluss von Überspannungsableitern (SPD), richtig ausgeführt*
a) Leitung < 0,5 m ; b) Leitung > 0,5 m

Der Querschnitt für die Potentialausgleichsleitung zwischen Ableiter der Klassen B und C und Potentialausgleich muss nach DIN V EN V 61024-1, VDE 0185, Teil 100 [4.15] mindestens 16 mm^2 Cu oder 50 mm^2 Fe betragen. Die Wirksamkeit der Ableiter gegenüber höherfrequenten Anteilen in den Stoßströmen kann durch größere Querschnitte und insbesondere durch Leiter mit größeren Oberflächen, wie feinflexible Flachleitungen erhöht werden. Ableiter der Klassen B und C müssen gegen Kurzschluss-Ströme geschützt werden. Durch Hochleistungssicherungen wird sichergestellt, dass nach der Ableitung von Überspannungen bzw. Stoßströmen nicht Energie aus dem Netz in den leitenden Kanal nachgespeist wird. Die erforderliche Größe der Kurzschluss-Schutzsicherung wird vom Hersteller der Ableitet angegeben. Sie werden, wie im Bild 9.3 gezeigt, mit den Ableitern in Reihe geschaltet.
Auf eine gesonderte Kurzschluss-Schutzsicherung vor Ableitern kann verzichtet werden, wenn die im elektrischen Netz vorgeordnete Sicherung bereits kleineren Nennwert als die vom Hersteller geforderte Sicherung ausweist. Auf den Überlastschutz kann in Ableiterkreisen generell verzichtet werden, weil hier betriebsmäßig kein Strom fließt.

Frage 9.6 **Wie muss ein abgestufter Überspannungsschutz in einem TN-System aufgebaut werden?**

Im **Bild 9.3** wird ein abgestufter Schutz gegen transiente Überspannungen mit *Überspannungsschutzeinrichtungen* (ÜSE) für ein *TN-S-System* und ein *TT-System* gezeigt.
Für ein *TN-S-System* sind am Hauptverteiler Überspannungs-Schutzeinrichtungen der Anforderungsklasse B erforderlich. Hier werden insgesamt 4 Ableiter für die aktiven Leiter eingesetzt, drei für die Außenleiter und einer für den *N-Leiter*. Für ein *TN-C-S-System* werden an dieser Stelle nur drei Ab-

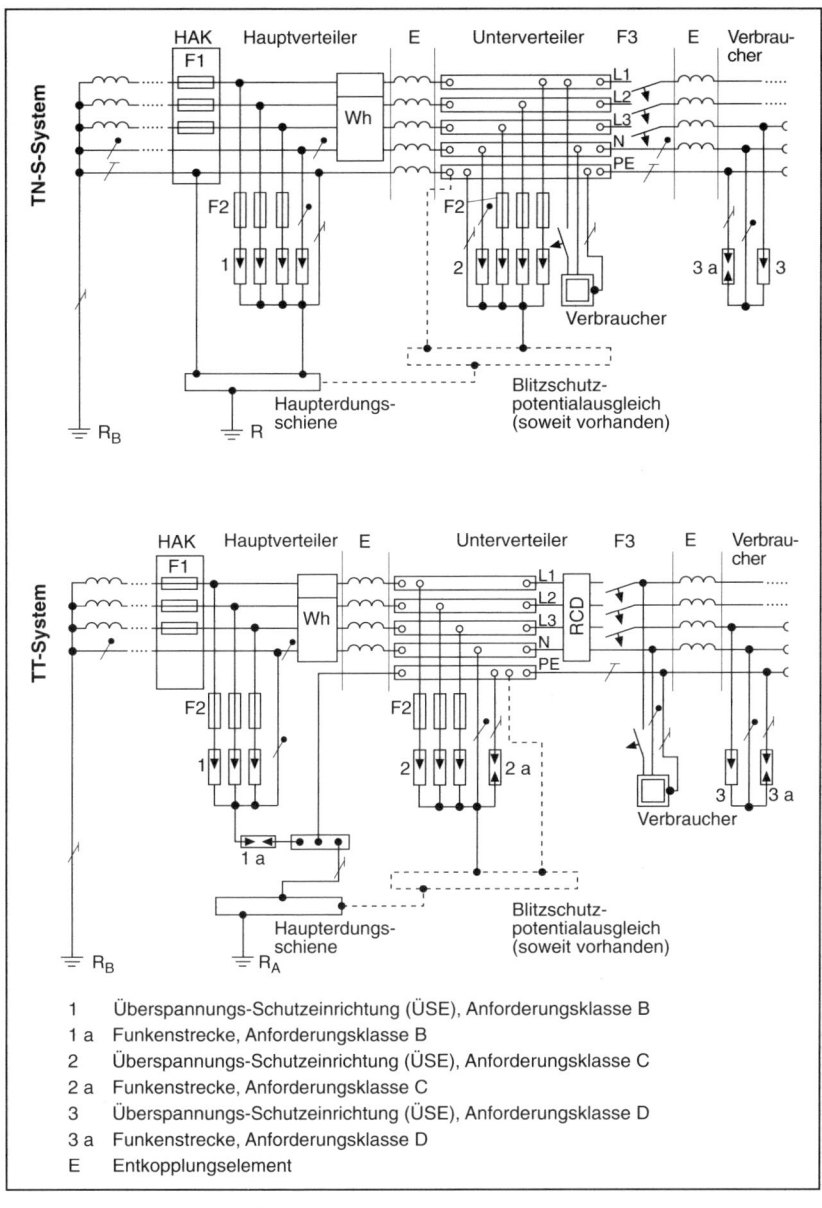

Bild 9.3 Errichtung von Überspannungs-Schutzeinrichtungen

1 Überspannungs-Schutzeinrichtung (ÜSE), Anforderungsklasse B
1 a Funkenstrecke, Anforderungsklasse B
2 Überspannungs-Schutzeinrichtung (ÜSE), Anforderungsklasse C
2 a Funkenstrecke, Anforderungsklasse C
3 Überspannungs-Schutzeinrichtung (ÜSE), Anforderungsklasse D
3 a Funkenstrecke, Anforderungsklasse D
E Entkopplungselement

leiter für die Außenleiter eingesetzt. Die Ableiter benötigen als Kurzschluss-Schutz eine Vorsicherung (F2), deren Größe den Herstellerunterlagen zu entnehmen ist. Hier wird sehr häufig eine 100-A-Sicherung gefordert. Wenn die Hauptsicherung F1 kleiner als die geforderte Sicherung F2 ist, übernimmt die Sicherung F1 den Kurzschluss-Schutz für die ÜSE und F2 kann entfallen. Die Ableitung zum Hauptpotentialausgleich ist meist ein langer Weg, länger als 0,5 m und damit sind an der ÜSE zwei Potentialausgleichsleitungen zum PE und zum Hauptpotentialausgleich erforderlich. Die Zuleitung zu den Ableitern ist kurz zu halten.

In einem *TN-C-S-System* reduziert sich die Anzahl der Ableiter am Hauptverteiler auf drei. Der *PEN-Leiter* ist bereits geerdet und braucht demzufolge keinen Ableiter. Die Potentialausgleichsleitung wird analog, wie im *TN-S-System,* auf den PEN und auf die Schiene des Hauptpotentialausgleiches geschaltet.

Am Unterverteiler werden Ableiter der Anforderungsklasse C eingesetzt. Auch hier werden vier Ableiter für alle vier aktiven Leiter benötigt. Für die Potentialausgleichsleitung gilt das Gleiche wie am Hauptverteiler. Wenn jedoch am Unterverteiler keine Potentialausgleichsschiene vorhanden ist, wird der Ableitstrom nur über den *Schutzleiter* PE geführt. Lange Extraleitungen bis zum nächsten Potentialausgleich bringen keinen Vorteil. Es entstehen unnötige Koppelschleifen, in die Störungen eingekoppelt werden.

In Verbrauchern werden nur dann Schutzeinrichtungen eingesetzt, wenn das zum funktionssicheren Betrieb erforderlich ist. In diesen Fällen werden Ableiter der Anforderungsklasse D eingesetzt. Ableiter in Geräten werden zwischen dem Außenleiter und dem *N-Leiter* sowie zwischen N- und PE-Leiter geschaltet. Für den Schutz zwischen N- und PE-Leiter werden Funkenstrecken verwendet. Ableiter der Anforderungsklasse D benötigen keinen Kurzschluss-Schutz. Für empfindliche *Apparate* und Geräte in Anlagen können in der Endstufe zusätzlich spezielle auf deren Funktion abgestimmte Filter erforderlich sein.

Die Ableiter zwischen den Schutzzonen 1 und 2 sowie den Zonen 2 und 3 arbeiten nur dann bestimmungsgemäß, wenn sie hinreichend entkoppelt sind. Dazu werden in der Regel mindestens Leitungslängen von 10 m benötigt. Bei Abständen kleiner als 10 m müssen zwischen den Ableitern der Schutzzonen zusätzliche Entkopplungselemente (z.B. Induktivitäten) eingesetzt werden. Die Hersteller der Ableiter geben in ihren Unterlagen entsprechende Angaben zur notwendigen Entkopplung und bieten Entkopplungselemente an.

Nun einige Hinweise zur Bemessung der Ableiter [4.8].

Die Ableiterbemessungsspannung U_c darf selbstverständlich nicht niedriger als die maximal zu erwartende Betriebsspannung im Netz sein. Die Netzspannung kann bekanntlich 230/400 V ± 10 % betragen. Die Ableiterbemessungsspannung U_c muss $\geq 1{,}1 \times U_0$ (Leiter-Erde-Spannung) betragen.

Die Stromtragfähigkeit ist abhängig von der Anforderungsklasse der Ableiter.

Ableiter der Anforderungsklasse B müssen Blitzstrom tragen, denn 50 % des Blitzstromes fließt über die elektrische Anlage ab. Die Blitzstromtragfähigkeit I_{imp} ist abhängig von der Wirksamkeit der Blitzschutzanlage und damit von der Blitzschutzklasse. Eine Übersicht gibt **Tafel 9.2**.

Tafel 9.2   Übersicht über die Blitzstoßstromtragfähigkeit von Ableitern der Anforderungsklasse B im TN-S-System

Blitzschutzklasse	Blitzstoßstromtragfähigkeit I_{imp} der Ableiter
I	≥ 100 kA/m
II	≥ 75 kA/m
III/IV	≥ 50 kA/m
Anzahl der Leiter (L1, L2, L3, N, PE) m = 5	

In Netzen mit einem *TN-C-S-System* haben wir im TN-C-Bereich statt 4 Ableiter nur 3 und damit einen Leiter weniger. Hier gilt m = 4. Die Einzelbelastung der Leiter ist also größer als im *TN-S-System*.
Für die Stromtragfähigkeit der **Ableiter der Anforderungsklasse C** wird von den Herstellern ein Nennableitstoßstrom i_n angegeben. Wenn Herstellerangaben fehlen, gilt für den Nennableitstoßstrom i_n ≥ 20 kA/m. Die Anzahl der blitzstromführenden Leiter ist im TN-S-System m = 5 (3 x L, N und PE).
Ableiter der Anforderungsklasse D werden nicht nach Ableitstoßstrom, sondern nach Leerlaufstoßspannung U_{oc} bemessen. Wenn hierfür die Herstellerangaben fehlen, gilt für die Leerlaufstoßspannung eine Größenordnung von U_{oc} ≥ 2,5 kV.

Frage 9.7   Wie muss ein abgestufter Überspannungsschutz in einem TT-System aufgebaut werden?

Im Bild 9.3 ist ein abgestufter Schutz gegen transiente Überspannungen mit *ÜSE* für ein *TN-S-System* und ein *TT-System* dargestellt.
Im *TT-System* erhalten die ungeerdeten Außenleiter, analog der Verfahrensweise im TN-System, Ableiter der Anforderungsklassen B, C und D. Der Neutralleiter wird anders als im TN-System behandelt. Er erhält eine Funkenstrecke, die gegen den *Schutzleiter* geschaltet wird. Damit bleibt der Neutralleiter im ungestörten Fall galvanisch vom PE-Leiter getrennt.
Werden FI-Schutzschalter (RCDs) verwendet, so müssen sie aus Gründen der Funktionssicherheit der Anlage hinter den Ableitern angeordnet werden.
Für die Bemessung der *Überspannungsschutzeinrichtungen* gelten analoge Regeln wie beim TN-System. Es muss jedoch die geänderte Stromvertei-

lung in den Ableitern, die sich aus der Schaltung der Funkenstrecke zwischen N und PE ergibt, beachtet werden. Die Stoßstromtragfähigkeit der **Ableiter der Anforderungsklasse B** in Abhängigkeit von der Blitzschutzklasse ist in der **Tafel 9.3** dargestellt. Sie enthält die Werte für die Blitzstromtragfähigkeit der Ableiter in den Außenleitern und für die Funkenstrecke zwischen N und PE. Im *TT-System* beträgt die Anzahl der blitzstromführenden Leiter m = 4 (L1, L2, L3 und N). Die Ströme aus den aktiven Leitern addieren sich in der Funkenstrecke. Deshalb muss hier der gesamte Strom berücksichtigt werden. Die Funkenstrecke muss in der Lage sein, bei Überspannungen funktionsbedingt einen netzfrequenten Folgestrom in der Größenordnung von $I_f \geq 100$ A sicher auszuschalten. Die Funkenstrecke muss für eine betriebsfrequente Spannungsbeanspruchung von $U_{TOV} = 1200$ V AC geprüft sein.

Tafel 9.3 Übersicht über die Blitzstoßstromtragfähigkeit von Ableitern der Anforderungsklasse B im TT-System

Blitzschutzklasse	Blitzstoßstromtragfähigkeit I_{imp}	
	Ableiter zwischen L und N	Funkenstrecke zwischen N und PE
I	≥ 100 kA/m	≥ 100 kA
II	≥ 75 kA/m	≥ 75 kA
III/IV	≥ 50 kA/m	≥ 50 kA
Anzahl der Leiter (L1, L2, L3, N) m = 4		

Für die Stoßstromfestigkeit der **Ableiter der Anforderungsklasse C** gelten die Angaben des Herstellers. Sie müssen mindestens jedoch den Nennableitstoßstrom in **Tafel 9.4** beherrschen.
Die Funkenstrecke muss nach der Begrenzung von Überspannungen funktionsbedingt einen netzfrequenten Folgestrom in der Größenordnung von $I_f \geq 100$ A sicher ausschalten. Sie muss außerdem für eine betriebsfrequente Spannung von $U_{TOV} = 1200$ V AC geprüft sein.

Tafel 9.4 Nennableitstoßströme für Ableiter der Anforderungsklasse C im TT-System

Nennableitstoßstrom, in Wellenform 8/20 µs	
Ableiter zwischen L und N	Funkenstrecke zwischen N und PE
$i_n \geq 20$ kA/m	$i_n \geq 20$ kA
Anzahl der Leiter (L1, L2, L3, N) m = 4	

Ableiter der Anforderungsklasse D müssen, wenn keine anderen Herstellerangaben vorliegen, für Leerlaufstoßspannung $U_{oc} \geq 2,5$ kV bemessen sein. Das gilt für beide Schutzpfade.

10 Elektromagnetische Felder

Die Erzeugung, Fortleitung, Verteilung und Anwendung der elektrischen Energie sowie die elektrische Signalübertragung in der Kommunikation ist immer mit elektromagnetischen Feldern verknüpft. Bei den verschiedenartigen Phänomenen wie Wärme, Licht, Radio- und Mikrowellen, Ultraviolett- und Röntgenstrahlung handelt es sich um denselben grundlegenden Vorgang, nämlich um die Ausbreitung von Energie in Form von elektrischen und magnetischen Wechselfeldern, die sich allerdings in ihrer Frequenz um viele Zehnerpotenzen voneinander unterscheiden. Die bestehenden physikalischen Zusammenhänge werden mit den Maxwellschen Gleichungen mathematisch beschrieben.

Bei elektromagnetischen Feldern unterscheiden wir nach ihrer Art elektrische und magnetische Felder und nach ihrer Frequenz nieder- und hochfrequente Felder. Jedes Feld hat in seiner Art spezifische Wirkungen und Nebenwirkungen. Aus sicherheitstechnischer Sicht sind die Nebenwirkungen auf die Gesundheit der Menschen und auf die *Elektromagnetische Verträglichkeit* von Geräten und Anlagen in Gebäuden von Bedeutung.

Was die gesundheitlichen Auswirkungen betrifft, wird hier auf die 26. Bundes-Immissionsschutzverordnung, Verordnung über elektromagnetische Felder – 26. BImSchV – [2.3], die Sicherheitsregeln der Berufsgenossenschaften für Arbeitsplätze mit Gefährdung durch elektromagnetische Felder und auf DIN V VDE V 0848-4/A3 [4.28] zum Schutz von Personen vor Feldern verwiesen. Unter dem Begriff „Elektrosmog" sind in der Öffentlichkeit mehrfach Szenarien diskutiert worden, die zum Teil nicht realistisch waren. Insbesondere die Wirkung niederfrequenter Felder auf die Gesundheit der Menschen ist immer noch nicht vollständig erforscht. Bisher vorliegende Ergebnisse lassen jedoch keine Gefährdung für den Menschen erkennen.

10.1 Niederfrequente elektrische und magnetische Felder

Zu den niederfrequenten Feldern gehören die Felder mit den Frequenzen bis 10 kHz.
Die Einheit der elektrischen Feldstärke ist V/m.
Das elektrische Feld bewirkt die kapazitive Kopplung elektrischer Stör-

größen. Die Funktion der kapazitiven Kopplung ist mit der Frage 3.5 beschrieben. Jeder spannungsführende Leiter hat in seiner Umgebung ein elektrisches Feld und damit grundsätzlich ein Störpotential.

Das magnetische Feld wird durch die magnetische Feldstärke H und deren Flussdichte B beschrieben und vereinfacht nach den Formeln 10.1 und 10.2 berechnet. Die Einheit der magnetischen Feldstärke ist A/m und die der magnetischen Flussdichte Vs/m^2 oder Tesla (T).

$$H_{(r)} = \frac{I}{2\pi r} \tag{10.1}$$

$H_{(r)}$ magnetische Feldstärke

$B_{(r)} = \mu \cdot H_{(r)}$

$10^{-6} Vs/m^2 = 1\ \mu T$ \hfill (10.2)

$\mu = \mu_0 \cdot \mu_r$ \hspace{2em} $\mu_r = 1$, für Luft

$\mu_0 = 1{,}256 \cdot 10^{-6} Vs/Am$

Das magnetische Feld betreibt den mit der Frage 3.4 beschrieben induktiven Koppelmechanismus.

Frage 10.1.1 Wo muss mit niederfrequenten elektrischen und magnetischen Feldern gerechnet werden?

1. Elektrische Felder

Niederfrequente elektrische Felder in beachtenswerter Größenordnung findet man in der Nähe von Hochspannungsanlagen, wie Hochspannungsfreileitungen oder in Umspannwerken mit luftisolierten Schaltanlagen. Unter 380-kV-Freileitungen muss mit Feldstärken bis 6 kV/m und in der Nähe von 380-kV-Schaltanlagen in Umspannwerken bis 15 kV/m gerechnet werden. Nach [2.3] sind an öffentlich zugänglichen Flächen maximal 5 kV/m ständig zulässig. Schaltanlagen der Umspannwerke müssen deshalb mit entsprechenden Abstand eingezäunt sein. Innerhalb der Umspannwerke stellen die elektrischen Felder eine erhebliche Störquelle dar. Für die sichere Funktion der Mess-, Steuer- und Regeleinrichtungen sowie anderer Sekundäreinrichtungen sind entsprechende Entkopplungsmaßnahmen notwendig, z.B. durch LWL.

In der normalen elektrischen Installation eines Gebäudes finden wir auf der Mittelspannungsebene Kabel, Schaltanlagen und Transformatoren. Die Kabel sind geschirmt, die Schaltanlagen meistens gekapselt und geerdet und die Transformatoren in eigenen Räumen oder blechgekapselten Boxen aufgestellt. Damit sind die elektrischen Felder in der begehbaren Umgebung vernachlässigbar klein und spielen weder für die Gefährdung des Menschen noch für die EMV eine Rolle. Mess- und Steuereinrichtungen, die direkt in Mittelspannungsanlagen eingesetzt werden, müssen eine hinreichende Festigkeit gegen Störungen aus Feldern aufweisen.

In der Umgebung der Niederspannungsinstallation eines Gebäudes spielen die aus der normalen Betriebsspannung (400/230 V) resultierenden elektrischen Felder keine Rolle. Anders ist die Situation zwischen parallelen elektrischen Leitungen, wenn diese nahe beieinander verlegt, nicht geschirmt und nicht verdrillt sind. In diesen Fällen gibt es eine Störbeeinflussung durch Kopplungen.

Starke Störwirkung haben elektrische Kabel und Leitungen hinter Frequenzumrichtern. Die Betriebsspannung ist eine getaktete Spannung mit höherfrequenten Anteilen. Die Störwirkung elektrischer Felder steigt mit dessen Frequenz. Mit einem geerdeten Schirm wird die Ausbreitung elektrischer Störfelder verhindert.

Die elektrischen Störfelder aus Blitzentladungen und elektrostatischen Entladungen haben höhere Frequenzanteile und eine höhere Dynamik. Sie treten nur ereignisbedingt und dann nur kurzzeitig auf. Sie haben aber im Gegensatz zu den betriebsbedingten niederfrequenten elektrischen Felder ein höheres Störpotential.

2. Magnetische Felder

Die niederfrequenten magnetischen Störfelder in Gebäuden liegen in der Größenordnung von 0,1 bis zu einigen Hundert µT (1 µT = 10^{-6} T), in exponierten Bereichen bis zu einigen zehn mT (1 mT = 10^{-3} T).

Bevor die Fundstellen für magnetische Felder in der Gebäudeinstallation aufgezählt werden, soll zunächst das Phänomen der magnetischen Felder grundsätzlich betrachtet werden.

Wie im **Bild 10.1a** gezeigt, ist jeder stromdurchflossene Leiter von einem Magnetfeld umgeben und besitzt damit ein Störpotential. Wechselströme erzeugen magnetische Wechselfelder, *Oberschwingungen* im Strom auch *Oberschwingungen* im Wechselfeld. So kann man z.B. im Abstand bis 0,5 m neben einem Leiter, durch den 10 A fließen, eine magnetische Flussdichte von etwa 4 µT messen. Wird der Leiter in Schleifen oder in einer Spule geführt, so geht in das resultierende Magnetfeld die Anzahl der Windungen als Faktor mit ein.

In einem unbeeinflussten Wechselstrom- oder Drehstromsystem sind, wie im **Bild 10.1b** gezeigt, die Summe aller Ströme aus der Hin- und Rückleitung gleich Null. Werden die Hin- und Rückleiter gebündelt verlegt, z.B. in einer Leitung oder einem Kabel, so ist in geringer Entfernung auch das resultierende Magnetfeld gleich Null. Sind die Leiter nicht gebündelt, sondern räumlich getrennt mit Abstand angeordnet, so entstehen in der Umgebung magnetische Felder, deren Stärke direkt mit der Stromstärke wächst.

Beispiel:

$I = 10$ A, Abstand $r = 0{,}5$ m

$H = \dfrac{I}{2\pi r} \quad B = \mu \cdot H$

$B = \dfrac{\mu_0 \cdot I}{2\pi r} = \dfrac{1{,}256 \cdot 10\,A \cdot 10^{-6}\,Vs}{2\pi \cdot 0{,}5\,m \cdot Am} = 4 \cdot 10^{-6}\,\dfrac{Vs}{m^2} = 4\,\mu T$

a)

Drehstrom

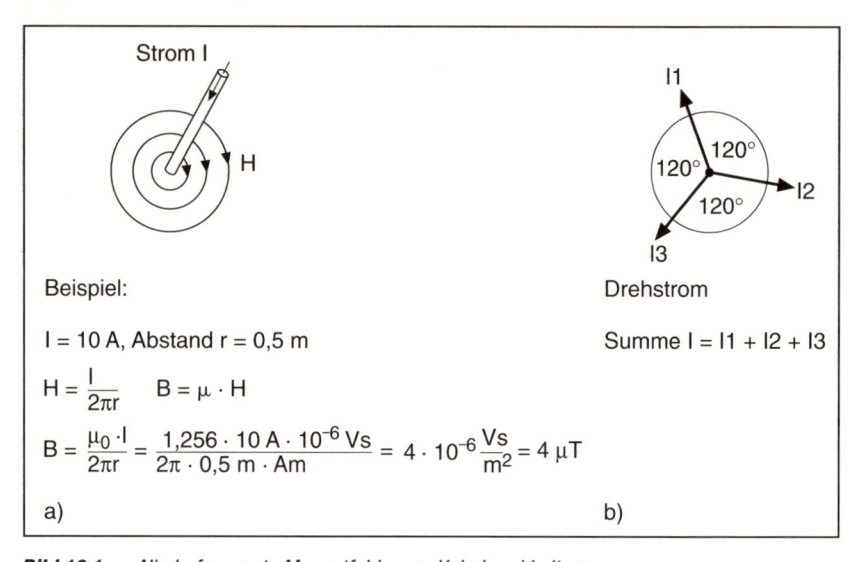

Summe $I = I1 + I2 + I3$

b)

Bild 10.1 *Niederfrequente Magnetfelder um Kabel und Leitungen*
a) Magnetfeld um einen Leiter, der von einem Strom durchflossen wird
b) Im symmetrischen Drehstromsystem sind die Ströme gleich Null, und damit ist das Magnetfeld gleich Null

Aus den Vorbetrachtungen ergeben sich in der Gebäudeinstallation zwei wesentliche Aufkommensgebiete für magnetische Felder. Es sind dies

a) betriebs- bzw. funktionsbedingte magnetische Felder und
b) fehler- und ereignisbedingte magnetische Felder.

Zu a) **Betriebs- bzw. funktionsbedingte magnetische Felder**
In der Nähe von Anlagen und Betriebsmitteln zur Anwendung, Übertragung, Umwandlung oder Verteilung elektrischer Energie sind neben den elektrischen Feldern auch immer betriebsbedingte magnetische Felder vorhanden. Die magnetischen Felder entstehen dort, wo die stromführenden Leiter mit räumlichem Abstand, in Schleifen oder Spulen geführt werden. Wir finden sie in der Umgebung von Freileitungen, Umspannwerken, elektrischen Bahnanlagen, Transformatorenstationen, Verteilern, Stromschienensystemen, Schaltern und allen Verbrauchern.

Unter **Hochspannungsfreileitungen** (Höhe 1m) betragen die magnetischen Felder bei Volllast etwa 20 bis 30 µT und bei der normalen Belastung etwa 10 µT. Mit seitlichem Abstand nehmen die Felder recht schnell ab. Sie betragen im seitlichen Abstand von 30 m, gerechnet vom äußeren Leiter, einen Meter über dem Erdboden noch etwa 2 µT pro 1 kA Laststrom. Größer sind die magnetischen Felder in unmittelbarer Nähe von Ausrüstungen in Umspannwerken. Hier können Flussdichten von 50 µT und höher auftreten. Im Störungsfall, z.B. Kurzschluss, sind die Feldstärken kurzzeitig um etwa das Zehnfache größer.

Sehr problematisch sind die Magnetfelder in der Umgebung von **Luftspulen in Energieanlagen**, z.B. in dynamischen Kompensationsanlagen und Filtern. In Anlagen der Großindustrie entstehen bei Betriebsströmen im Kiloampere-Bereich magnetische Flussdichten von einigen mT, die nicht nur in elektrischen Anlagen stören, sondern auch in jeder anderen Leiterschleife der Umgebung Induktionsströme antreiben, wie z.B. in Armierungen im Stahlbeton der Gebäude, Stahltragwerken und technologischen Installationen im Bereich Gas, Wasser, Heizung u.ä. Diese Induktionsströme erzeugen auf ihrem Weg wiederum magnetische Felder, die in benachbarten elektrischen Systemen Störungen verursachen können.

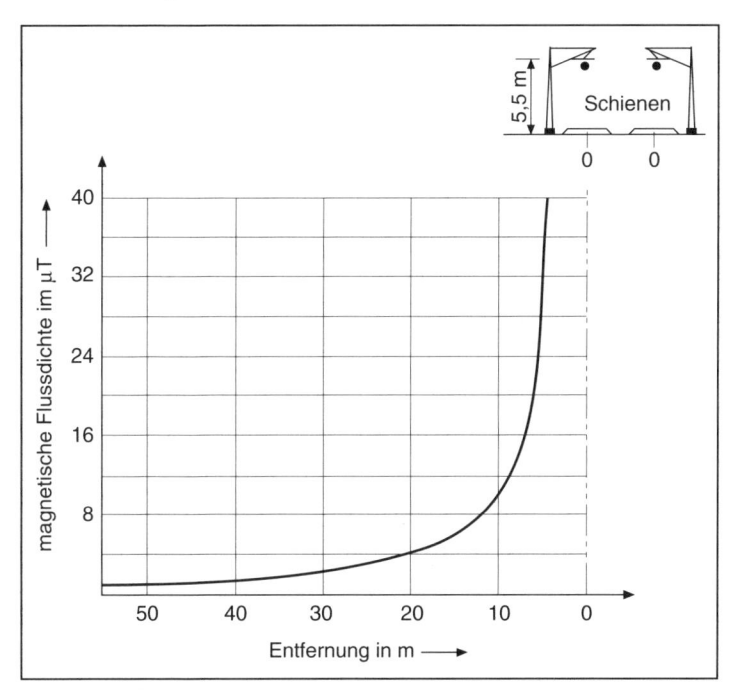

Bild 10.2 Magnetische Flussdichte einer Fernbahn (16 2/3 Hz) in Abhängigkeit von der Entfernung bei einem Zugstrom von ca. 1000 A und 40 % Rückstrom über die Schiene

Bei Zugbetrieb auf **elektrischen Bahnstrecken** entstehen beträchtliche Magnetfelder mit der Frequenz der Bahnspannung von 16 2/3 Hz. Die Betriebsströme der Bahn liegen im Bereich von Kiloampere. Dabei entstehen je nach Größe der Rückströme in der Fahrschiene in der näheren Umgebung der Fahrleitung und der Züge 16 2/3-Hz-Magnetfelder mit einer Flussdichte von 10 bis 50 µT.

Ein Beispiel für zu erwartenden magnetischen Flussdichten bei verschiedenen Abständen zum Bahnkörper zeigt das **Bild 10.2**. Darin wurde mit einem Betriebsstrom der Bahn von 1000 A gerechnet. Auf zweigleisigen Strecken können bis zu 2000 A Bahnstrom fließen. Die Bahnmagnetfelder stören bei geringem Abstand zwischen Bahnkörper die Gebäudeausrüstungen. Schlimmer sind die Gebäude betroffen, durch die Bahnstrecken hindurch führen. In Räumen neben der Tunnelröhre muss mit magnetischen Flussdichten von 30 bis 50 µT gerechnet werden. Noch stärker sind die Felder bei Zugbetrieb in den Wagons unter der Fahrleitung.

Das Ergebnis einer praktischen Messung der Bahnstörfelder in einem Gebäude zeigt das **Bild 10.3**. Das Gebäude stand etwa 30 m vom Bahnkörper entfernt. Die Messdauer betrug 50 Minuten. Man erkennt, dass Störfelder nur bei Zugbetrieb und nur für kurze Dauer ($\geq$ 5 Minuten) entstehen. In diesem Fall sind durch die Bahnfelder im Gebäude Bildschirmgeräte gestört worden.

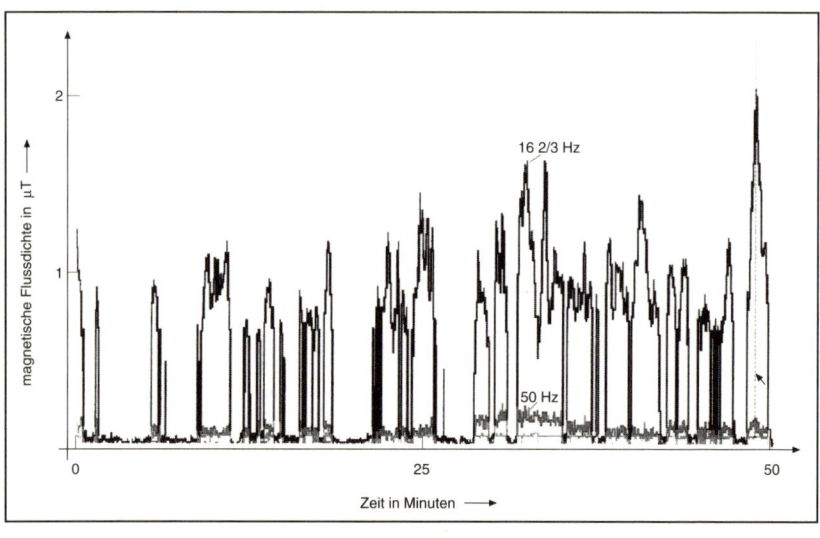

Bild 10.3   Magnetisches Störfeld der Bahn (16 2/3 Hz) in einem Gebäude, Abstand zwischen Bahn und Gebäude ca. 40 m

Gleichstrombetriebene U- und S-Bahnen sowie Straßenbahnen stören besonders beim Anfahren, Beschleunigen und Bremsen. Dabei entstehen an-

und abschwellende Gleichfelder, die vergleichbare Störwirkung wie Wechselfelder haben.

Ein Oszillogramm aus der praktischen Messung zeigt das **Bild 10.4**. Das Oszillogramm wurde im Abstand von 15 m zu einer gleichstrombetriebenen S-Bahn aufgezeichnet.

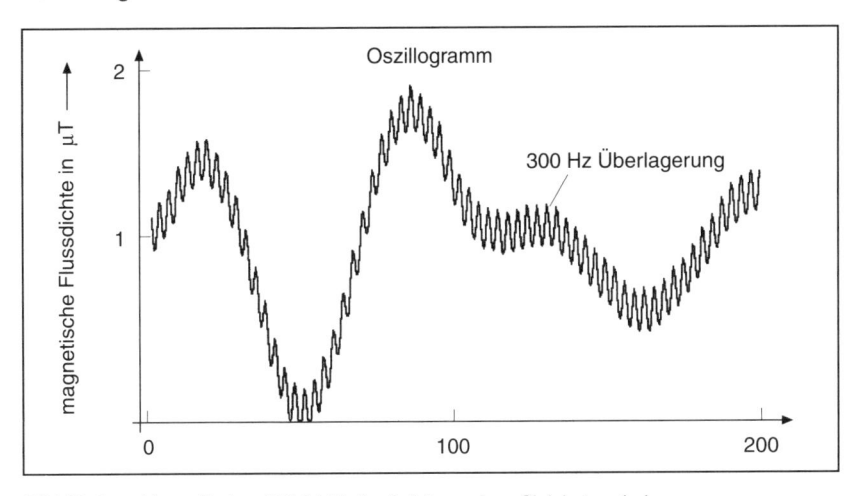

Bild 10.4   *Magnetisches Störfeld beim Anfahren einer Gleichstrombahn, Abstand zur Bahn ca. 15 m*

Von **Transformatorenstationen** abgestrahlte magnetische Felder können in Nachbarräumen, die neben, über oder unter der Trafostation liegen, magnetische Flussdichten je nach Abstand von 2 bis 10 µT und in schweren Fällen über 50 µT erreichen. Dabei sind die Felder im Umfeld von Öltransformatoren geringer als die von Gießharz- oder Trockentransformatoren. Bei ungünstiger räumlicher Anordnung der Betriebsmittel sind aber auch magnetische Flussdichten über 100 µT möglich (**Bild 10.5**).

An **Stromschienensystemen und Kabeltrassen** mit Einleiterkabeln sind magnetische Flussdichten bis 150 µT keine Seltenheit. Die Felder nehmen aber mit dem Abstand zur Trasse sehr schnell ab, weil sich die Felder einzelner Ströme in einer gewissen Entfernung ausgleichen. Im Abstand von 5 m liegen die Flussdichten meistens bereits unter 0,5 µT. Bleibt bei hinreichendem Abstand ein resultierendes Feld bestehen, so ist das ein sicheres Zeichen für das Vorhandensein von Ausgleichsströmen.

Weniger problematisch sind **Drehstromkabel** mit verdrillten Adern, die symmetrisch belastet sind, bzw. in denen alle Hin- und Rückströme geführt werden. In diesen Fällen sind im Kabel die Stromsumme und das resultierende Magnetfeld gleich Null. Anders ist das bei Kabeln mit Fehlerströmen. Diese werden unter Punkt b) behandelt.

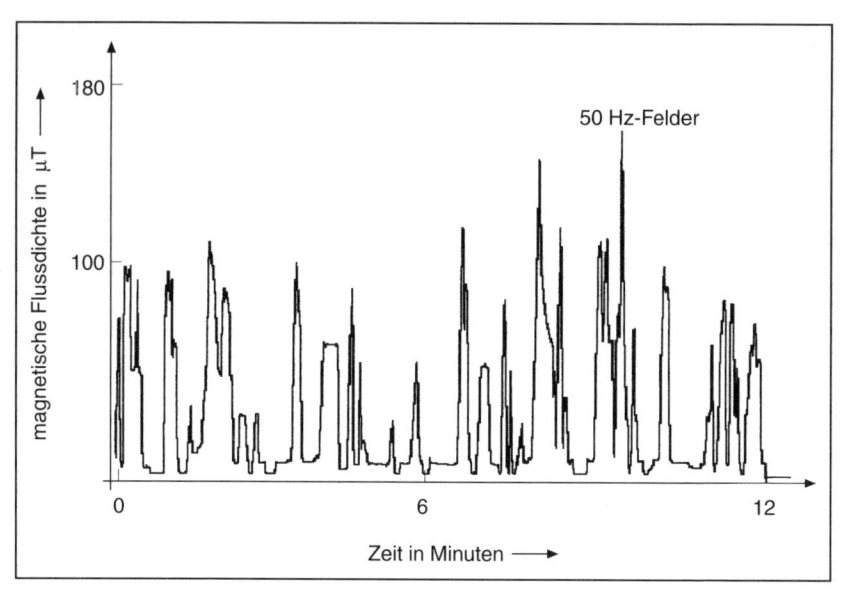

Bild 10.5 *Magnetische 50-Hz-Störfelder an einem Gleichrichterwerk einer Straßenbahn, gemessen an der Außentür einer Transformatorenkammer*

Auch in der **Umgebung von Geräten** des täglichen Bedarfs treten magnetische Felder auf. Selbst Glühlampen und Elektroherde, die keine Spulen besitzen, sind da nicht ausgeschlossen. Im Unterschied zu einer Leitung, die entlang einer Strecke magnetische Störfelder aussendet, handelt es sich bei den genannten Geräten um punktförmige Quellen, deren Magnetfelder nach 1 bis 2 m bedeutungslos sind. Die Felder an Geräten werden gelegentlich in der Presse überbewertet, indem man mit Messwerten hantiert, die unmittelbar an der Geräteoberfläche gemessen werden. Typische Beispiele sind der elektrische Rasierapparat oder der Radiowecker.

Zu b) **Fehler- und ereignisbedingte magnetische Felder**
Fehler- und ereignisbedingt entstehen magnetische Felder z.B. bei

– vagabundierenden Ausgleichsströmen im Gebäude,
– Strömen aus Blitzeinflüssen oder
– bei Erd- und Kurzschlussvorgängen im Netz.

Am häufigsten entstehen magnetischen Störfelder fehlerbedingt durch vagabundierende Ausgleichs- und Neutralleiterströme. Nähere Einzelheiten zu Ausgleichsströmen sind mit den Fragen im Abschnitt 7 zum Thema Ausgleichsströme behandelt worden. Ausgleichsströme entstehen lastabhängig und sind über sehr lange Zeit bzw. während der gesamten Betriebszeit vorhanden. Darüber hinaus haben sie mit der Leitungsanlage eine große räumliche Ausdehnung. Wir finden die magnetischen Störfelder mit den Ausgleichsströmen und vagabundierenden Neutralleiterströmen nicht nur in Energiekabeln und elektrischen Leitungen, sondern auch in fremden leitfähigen Metallteilen wie Kabelwannen, Rohrleitungen der Gas-, Wasser- und Heizungsinstallation, Teilen der metallenen Tragkonstruktion der Gebäude sowie allen Arten von Potentialausgleichsleitungen und selbst an Leitungen der Blitzschutzanlage. Auf ihren Wegen sind die Ausgleichsströme von einem Magnetfeld umgeben. Auch Kabel und Leitungen mit Differenzströmen sind auf ihrer gesamten Länge magnetische Störquellen.

Eine Besonderheit der aus den vagabundierenden Strömen gebildeten Störfelder ist deren Frequenz. Die Ausgleichsströme führen sehr viele *Oberschwingungen* und auch Zwischenharmonische und damit auch deren Störfelder. Dominant sind die *Oberschwingungen* der dritten Ordnung (150 Hz). Die Störfähigkeit der Felder nimmt mit der Frequenz zu.

Die Störfelder aus Blitz-, Erd- und Kurzschlüssen unterscheiden sich grundlegend von den Feldern der Ausgleichsströme. Sie sind ein Gemisch von niederfrequenten und hochfrequenten Feldern. Diese Felder treten jedoch nur im Zusammenhang mit einem stattfindenden Ereignis auf und sind damit selten sowie nur kurzzeitig vorhanden. Sie besitzen aber ein breiteres Störspektrum.

Frage 10.1.2 Welche EM-Störungen gehen von niederfrequenten elektrischen und magnetischen Feldern aus?

Elektrische und magnetische Störfelder werden durch induktive oder kapazitive Kopplungen auf elektrische *Systeme* übertragen und dadurch leitungsgebundene Störgrößen erzeugt. Die Störfelder beeinflussen aber auch Geräte, in denen technologisch Felder genutzt werden, z.B. in Bildschirmgeräten. In der Praxis muss insbesondere mit folgenden Störungen gerechnet werden:

1. Felder erzeugen Störspannungen auf parallelen Leitungen
Zwischen elektrisch langen, parallelen Leitungen werden Störungen ausgetauscht. Wellen auf einer Leitung werden durch Kopplung auf eine zweite parallele Leitung übertragen. Derartige Vorgänge spielen sich besonders zwischen Aderleitungen ab, die unverdrillt nebeneinander geführt sind. So muss z.B. in den Installationskanälen mit Störeinkopplungen gerechnet werden, wenn Aderleitungen gleicher und unterschiedlicher Spannungsbänder dicht an dicht gemeinsam nebeneinander geführt werden.

Mit sehr starken Einkopplungen muss gerechnet werden, wenn mehrere Stromkreise gemeinsam in einer Leitung oder einem Kabel geführt werden. Die Adern liegen auf der gesamten Leitungslänge dicht nebeneinander. Über die Kapazität der Adern kann z.B. am Ende einer 10 m langen Leitung mit mehren Stromkreisen die Spannung im parallelen Stromkreis mehrere Zehnvolt betragen. Die Spannung ist zwar nicht belastbar und bricht beim Anschluss eines Verbrauchers mit wenigen Kiloohm völlig zusammen. Aber hochohmige Verbraucher mit mehreren Megaohm, z.b. der Eingang einer Verstärkerstufe, kann eine derartige Fehlerspannung als High-Signal interpretieren und damit Fehlfunktionen in Steuerungen oder Regelungen verursachen.

Kopplungen sind auch in Leitungsbündeln möglich, wo ungeschützte Signalleitungen in Bündeln von Starkstromleitungen mitgeführt werden.

Die eingekoppelten Störspannungen können einerseits die Funktion der elektronischen Baugruppen beeinflussen und andererseits Soll- und/oder Istwerte über Leitungseinflüsse verfälschen und in Steuer- und Regelkreisen Instabilitäten herbeiführen. Die Fehlfunktionen in automatischen Steuerungen von technologischen Systemen können sehr große Schäden durch Produktionsausfälle bzw. Mängel in der Qualität der erzeugten Produkte anrichten. In gleicher Weise werden auch Anlagen der Gebäudeleittechnik und der elektronischen Datenverarbeitung beeinflusst.

In Messkreisen werden Messwerte verfälscht und Fehlinformationen erzeugt.

Gefahrenmeldeanlagen arbeiten zumeist mit gewissen elektrischen Pegeln, bei deren Unterschreitung oder manchmal auch Überschreitung Gefahrenmeldungen ausgelöst werden. Durch eingekoppelte Spannungen können in Sensorkreisen Alarmpegel künstlich, oder besser gesagt, störungsbedingt erzeugt werden. In solchen Fällen werden Falschmeldungen an Gefahrenmeldeanlagen für Brand und Einbruch oder auch an Personenrufanlagen generiert. Falschmeldungen verursachen Kosten, z.B. für unbegründetes Rufen der Feuerwehr. Häufige Fehlalarme geben schließlich Anlass zur vorsorglichen Abschaltung der Meldeanlagen.

2. Felder erzeugen Induktionsströme in Koppelschleifen

Betriebs- und fehlerbedingte magnetische Felder induzieren in Koppelschleifen störende und teilweise auch betriebsgefährdende Ströme. Bei entsprechend starken Feldern können die induzierten Ströme in Koppelschleifen sehr hohe Werte annehmen, insbesondere dann, wenn die Impedanzen der Koppelschleifen klein sind. Koppelschleifen mit geringen Impedanzen finden wir in Gebäuden recht häufig, z.B. im Bereich technologischer Rohrleitungen mit großen metallischen Querschnitten, bei Lüftungskanälen und Stahltragwerken, Kabelwannen, Teilen von Blitzschutzanlagen. Die genannten Koppelschleifen werden im Falle der Induktion aktive Störquellen und beeinflussen in ihrem Verlauf benachbarte elektrische Betriebsmittel. Die Koppelschleifen werden zum „Transformator" von EM-Störungen.

Besonders häufig gehen von planlos verlegten Einleiterkabeln in Zwischenböden starke Magnetfelder aus. Einleiterkabel werden aus Gründen ihrer Erd- und Kurzschlussfestigkeit vorrangig für Zuleitungen zu Niederspannungshauptverteilern verwendet und führen ständig relativ hohe Ströme. Ihre elektrischen und insbesondere magnetischen Felder finden auf ihren Wegen genügend Störsenken und setzen damit im Hauptverteilerbereich bereits Ausgangspunkte für EM-Störungen im elektrischen Netz. Es werden vagabundierende Ströme angetrieben.

Störende Ströme werden auf Schirmen von Datenleitungen induziert, wenn die Schirme der Datenleitungen Koppelschleifen bilden und die Datenleitungen in der Nähe der Störfelder von Kabeln und Potentialausgleichsleitungen verlegt sind.

Induktionsströme haben ein starkes Störpotential. Besonders stark sind diese z.B. aus Motorzuleitungen für frequenzgeregelte Antriebe.

3. Felder stören elektromagnetische Nutzfelder, z.B. Ablenksysteme von Bildschirmgeräten

Niederfrequente Magnetfelder stören Bildschirmgeräte mit elektromagnetischen Ablenksystemen. Sehr verbreitet ist das Flimmern oder Flackern von Bildschirmgeräten. Für derartige Bildschirmstörungen reichen bereits sehr kleine Feldstärken. In der Praxis wurde auf Bildschirmgeräten von PCs bereits Bildunruhe bereits ab einer Flussdichte von 0,5 µT beobachtet. Dabei sind große Bildschirme empfindlicher als kleine. Bessere Bildschirme vertragen magnetische Flussdichten bis 1 µT.

Prädestiniert für Bildschirmstörungen sind niederfrequente Störfelder aus vagabundierenden Neutralleiterströmen. So ist z.B. ein flackernder Bildschirm in der Nähe einer Warmwasserheizung ein Indiz für Ausgleichsströme in den Rohren der Heizungsanlage, die aus Gründen der elektrischen Sicherheit in den Potentialausgleich des Gebäudes einbezogen sind. Verschwinden die Bildschirmstörungen mit dem Abrücken von der Heizung bzw. Heizungsrohren bei einem Abstand von 1 bis 2 m völlig, so kann man sicher sein, dass die Heizungsrohre Ausgleichsstrom führen.

Bildschirmstörungen werden an allen unter Frage 10.1.1 beschriebenen Orten auftreten.

Sehr häufig fühlen sich Personen, die an Bildschirmgeräten arbeiten und die Wirkung der elektromagnetischen Felder an ihren Bildschirmen sehen, von den elektromagnetischen Einflüssen gesundheitlich bedroht und lassen sich nur schwer beruhigen. Für den Menschen zugelassene Grenzwerte für niederfrequente 50-Hz-Felder [2.3] (siehe Tafel 10.1 auf S. 160) sind ein- bis zweihundert mal größer als die Felder, die Bildschirmgeräte stören. Die Gefahr für den Menschen geht in diesen Fällen also nicht von den Feldern, sondern vom Flimmern der Bildschirme aus. Flimmernde Bildschirme stören die

Aufmerksamkeit und beeinträchtigen die Leistungsfähigkeit sowie das Wohlbefinden der betroffenen Personen.

4. Felder stören elektromedizinische Geräte
In Krankenhäusern werden diverse elektromedizinische Geräte mit sehr unterschiedlichen Wirkmechanismen betrieben. Um Störungen an den elektromedizinischen Geräten durch elektrische und magnetische Felder von vornherein auszuschließen, legt DIN VDE 0107 [4.12] für spezielle Untersuchungsräume sehr niedrige Grenzen für Feldstärken fest. So dürfen in Untersuchungsräumen für EKGs die magnetischen Flussdichten höchstens 0,4 µT und in Untersuchungsräumen für EEGs höchstens 0,2 µT betragen.

10.2 Hochfrequente elektromagnetische Felder

Frage 10.2.1 Wo muss mit hochfrequenten elektromagnetischen Feldern (elektromagnetischer Störstrahlung) gerechnet werden?

Die höherfrequenten Felder der elektromagnetischen Strahlung haben gegenüber den niederfrequenten Störfeldern je nach Wellenlänge eine bedeutend größere Reichweite. Deshalb finden wir üblicherweise in allen Gebäuden die klassischen hochfrequenten Felder, die betriebsmäßig von Rundfunk- und Fernsehsendern sowie von Sendeanlagen des Mobilfunks ausgestrahlt werden. Hierbei handelt es sich um Nutzfelder, die aber grundsätzlich auch Störfelder sind. Eine besondere Kategorie sind Handys im Mobilfunk. Sie sind nicht nur Empfänger, sondern auch Sender und können bei Funktionsmängeln durchaus elektronische Einrichtungen in Gebäuden stören. In diesen Fällen wird Handyverbot angezeigt oder angesagt.
Die Felder aus fernen Sendern haben begrenzte Feldstärken mit definierten Frequenzen, die für den Betrieb der elektrischen Geräte im allgemeinen verträglich sind. Die Störfestigkeit der Geräte wird so bemessen, dass diese Feldstärken keine Störungen verursachen. Anders sind die Verhältnisse in Sendernähe und besonders im Nahfeld. Hier können diese Felder Störungen verursachen. Ein Beispiel dafür sind die auf Gebäuden aufgebauten Antennenanlagen für den Mobilfunk. Sie können bei unsachgemäßer Montage und Ausrichtung EMV-Probleme an elektronischen Einrichtungen verursachen. Ähnlich ist die Situation bei Gebäuden in der Nachbarschaft von Sendeanlagen des Rundfunks und Fernsehens.
Störstrahlung geht aber auch von allen Hochfrequenzgeräten aus. Dabei können Zu- und Ableitungen als Antennen wirken und diskrete Störfrequenzen aussenden.

Des weiteren finden wir höherfrequente Störfelder mit einem breiten Frequenzspektrum z.B. bei

- Blitzentladungen (LEMP),
- nuklearen Detonationen (HNEMP),
- elektrostatischen Entladungen (ESD),
- Lichtbögen bei Erd- und Kurzschlüssen,
- Lichtbögen an Leistungsschaltern,
- Zündungen an Entladungslampen,
- Kommutierungen an Schleifleitungen, z.B. elektrischer Zugbetrieb,
- Kommutierungen an Kollektoren von Maschinen,
- Anlagen mit drehzahlveränderbaren elektrischen Antrieben.

Ein Teil dieser Quellen sendet die Störfelder nur im Ereignis- oder Fehlerfall aus. Ihr Frequenzspektrum reicht von einer Gleichstromkomponente bis zu Frequenzen in den MHz-Bereich, z.B. bei Blitzentladungen und Lichtbögen. Störstrahlung mit breitem Frequenzspektrum entsteht bei Kommutierungsvorgängen an Schleifleitungen und an Kollektoren. Dabei muss mit Frequenzen gerechnet werden, die überwiegend im Kilo- und Megahertzbereich liegen.

Bei Anlagen mit drehzahlveränderbaren elektrischen Antrieben entstehen, wie die Oszillogramme in **Bild 3/ Anhang 2** zeigen, diskrete Störfelder mit Frequenzen im Bereich der Spannungstaktung, hier eine 4-kHz-Taktung, die dem Motorstrom überlagert sind. Nichtgeschirmte Motorleitungen werden zu Antennen. Die Störfelder koppeln in benachbarte Leitungen Störfrequenzen in die Netzspannung ein. Das Störpotential setzt sich also aus den Störungen im fließenden Strom und den Störungen gegenüber der Umgebung zusammen.

Elektrostatische Aufladungen entstehen, wenn nichtleitende Stoffe gegeneinander oder gegen leitende Stoffe bewegt werden. Typische Entstehungsorte sind technologische Anlagen, in denen brennbare Flüssigkeiten fließen, nichtleitende feste Stoffe bewegt werden, z.B. Treibriemen, Luft mit hoher Geschwindigkeit an nichtleitenden Schichten reibt oder ganz einfach Menschen auf isolierenden Fußböden laufen.

Bei hochfrequenten Feldern muss man Nah- und Fernfelder unterscheiden. **Im Fernfeld** stehen die elektrischen und magnetischen Feldvektoren senkrecht zueinander und auch senkrecht zur Ausbreitungsebene. Es liegt ein transversal elektromagnetischer Wellentyp vor. Hier stehen elektrisches und magnetisches Feld grundsätzlich in Wechselwirkung und treten gemeinsam auf. Es wird deshalb mit dem Begriff „elektromagnetisches Feld" hantiert und i. Allg. die elektrische Feldstärkekomponente in dB (µV/m) gemessen. Elektrisches und magnetisches Feld stehen in einem konstanten Verhältnis zueinander. Man kann bei Bedarf aus der einen Feldstärke leicht die andere

Komponente errechnen, z.B. aus der elektrischen Feldstärke die magnetische Flussdichte.

Im Nahfeld geht es komplizierter und inhomogener zu. Der Radius des Nahfelds reicht etwa bis $r_{nah} \approx$ Wellenlänge/2π. Der Bereich unmittelbar um den Strahler wird auch als „Blind-Nahfeldregion" bezeichnet.

Frage 10.2.2 Welche EM-Störungen gehen von hochfrequenten elektromagnetischen Feldern aus?

Hochfrequente elektromagnetische Felder beeinflussen die elektrische Funktion von elektronischen Geräten, Baugruppen und Bussystemen. Die unter Frage 10.2.1 aufgezählten hochfrequenten bzw. höherfrequenten Störfelder haben wegen ihrer Spontanität und der Breite des Frequenzspektrums ein hohes Störpotential. Es muss mit Fehlfunktionen in Hard- und Software von elektronischen und programmierbaren elektronischen Betriebsmitteln (PES) in der Gebäudeleittechnik, in Rechneranlagen, in audio- und videotechnischen Einrichtungen, in Analysetechnik, in automatischen Steuer- und Regelungsanlagen sowie in Gefahrenmeldeanlagen (GMA) gerechnet werden.

Bekannte Erscheinungen sind die Störungen im Fernsehbild und in Lautsprechern von Radio und Fernsehen bei Gewitter. Es zuckt das Fernsehbild oder man hört Knackgeräusche im Lautsprecher, wenn sich in der Ferne Gewitter entladen. Gewitterentladungen kann man auf diese Weise noch im Umkreis von mehreren Kilometern wahrnehmen. Selbst die Folgeblitze in einer Gewitterentladung kann man am Bildschirm erkennen. Elektromagnetische Störstrahlung aus der Atmosphäre und Felder der Sendeanlagen koppeln Störspannungen in Leiterschleifen der Gebäudeinstallation ein.

Beim Schalten partieller Lichtbögen, z.B. beim Schalten von induktiven Lasten, beim Schalten mit verbrauchten Schaltkontakten oder beim Zünden der Leuchtstofflampen entstehen Störfelder, die im Nahbereich sehr ernst genommen werden müssen. Sie erzeugen nicht nur auf Bildschirmen und in Rundfunkgeräten ähnliche Einflüsse wie bei Blitzeinwirkung. Durch sie können auch Fehlfunktionen in elektronischen Baugruppen erzeugt werden. Deshalb dürfen in Schaltschränken mit elektronischen Baugruppen keine Leuchtstofflampen installiert werden.

Durch elektrostatische Entladungen können elektronische Bauelemente wie Prozessoren oder ICs gestört und sogar beschädigt werden. Es sind vorrangig Entladeströme, die im Mikrosekundenbereich mit einer Stärke von einigen Ampere in die elektronischen Bauelemente fließen und hier Zerstörungen oder bleibende Veränderungen verursachen. Aber auch entstehende Spannungsspitzen können Schäden verursachen. Die Zerstörfestig-

keitsgrenze von Halbleitern ist typabhängig. Einige Halbleitertypen können bereits mit Spitzen oberhalb 100 V irreversibel geschädigt werden.
Die bei der Entladung entstehende Störstrahlung verursacht auch nichtdrahtgebundene Störungen.

10.3   Schutz vor elektrischen und magnetischen Feldern

Beim Schutz vor elektrischen und magnetischen Feldern werden zwei Zielrichtungen verfolgt. Das eine Ziel ist der Schutz von Personen und Nutztieren sowie der Umwelt vor Einflüssen aus elektromagnetischen Feldern entsprechend der Verordnung über elektromagnetische Felder – 26. BImSchV – [2.3] und das zweite Ziel ist die Sicherstellung der EMV in der Gebäudeinstallation nach dem *EMVG* [2.1]. Der Schutz gegen elektromagnetische Felder wird durch primäre und sekundäre Maßnahmen erreicht.

Frage 10.3.1   Welches Niveau muss der Schutz von Personen gegen elektromagnetische Felder haben?

Für ortsfeste Anlagen, die niederfrequente und/oder hochfrequente elektromagnetische Felder an Orten abstrahlen, wo sich regelmäßig Personen aufhalten und verweilen, besteht auf der Grundlage der Verordnung über elektromagnetische Felder – 26. BimSchV [2.3] – bei neuen Anlagen eine Anzeigepflicht gegenüber der zuständigen Behörde. Solche Orte können in Gebäuden oder in der freien Umgebung liegen. Dabei sind besonders die Orte gemeint, in denen sich die Personen nicht nur vorübergehend aufhalten, wie z.B. Wohngebäude, Schulen, Schulhöfe, Kleingärten, Spielplätze, Versammlungsräume, Büro- und Geschäftshäuser.

Niederfrequenzanlagen im Sinne der Verordnung sind

- Freileitungen und Erdkabel mit Betriebsspannungen über 1 kV,
- Bahnstrom- und Bahnstromoberleitungsanlagen einschließlich der Umspann- und Schaltanlagen mit Frequenzen von 16 2/3 oder 50 Hz,
- Elektroumspannanlagen und Unterwerke einschließlich der Schaltfelder mit einer Frequenz von 50 Hz und einer Oberspannung von 1 kV und mehr sowie
- Ortsnetz- und Transformatorenstationen.

Hochfrequenzanlagen im Sinne der Verordnung sind ortsfeste Sendeanlagen mit einer Sendeleistung ab 10 W im Frequenzbereich von 10 MHz bis 300 GHz. Mit der Anzeige muss nachgewiesen werden, dass die in den **Tafeln 10.1** und **10.2** aufgeführten maximal zulässigen Grenzwerte bei höchster Belastung (Nennlast) der Anlagen nicht überschritten werden. Der Nachweis kann rechnerisch oder auch messtechnisch erbracht werden.

Tafel 10.1 Dauerbelastungswerte für niederfrequente Felder in freier Umgebung nach der Verordnung über elektromagnetische Felder [2.3] –
Effektivwerte, quadratisch gemittelt über 6-Minuten-Intervalle

Frequenz in Hz	elektrisches Feld in kV/m	magnetisches Feld in µT
50	5	100
16 2/3	10	300

Tafel 10.2 Dauerbelastungswerte für hochfrequente Felder in freier Umgebung nach der Verordnung über elektromagnetische Felder [2.3] –
Effektivwerte, quadratisch gemittelt über 6-Minuten-Intervalle

Frequenz in MHz	elektrisches Feld in V/m	magnetisches Feld in A/m
10 – 400	27,5	0,073
400 – 2.000	$1{,}375\sqrt{f}$	$0{,}0037\sqrt{f}$
2000 – 300.000	61	0,16

Die in der Verordnung über elektromagnetische Felder festgelegten Grenzwerte gelten nur für die Bereiche, in denen sich regelmäßig Personen aufhalten. In Betriebsräumen, insbesondere im begehbaren Nahbereich elektrischer Betriebsmittel, treten höhere Betriebswerte auf und es sind höhere Grenzwerte zugelassen. Dafür gelten die Bestimmungen der VDE V 0848-4/A3 [4.28], die an dieser Stelle nicht weiter kommentiert werden. Sowohl die Grenzwerte der Verordnung über elektromagnetische Felder [2.3] als auch die Grenzwerte der VDE-Norm [4.28], liegen in ihrem Niveau zum Teil höher als die aus EMV-Sicht verträglichen Werte. Sie umfassen auch nicht alle Frequenzbereiche. Deshalb reicht es für die EMV nicht aus, sich an den Grenzwerten für den Schutz von Personen zu orientieren.

Bei den in [2.3] genannten Anlagen entstehen die Felder betriebsbedingt. Die Einhaltung der Grenzwerte erreicht man durch optimierte Leiteranordnungen, z.B. bei Freileitungen, durch entsprechende Führung der Hin- und Rückströme an Bahnanlagen, durch optimale Ausrichtung der Transformatoren in den Transformatorenstationen oder Schutz durch Abstand, in dem exponierte Anlagenteile eingehaust oder eingezäunt werden.

Bestehende Anlagen brauchen nicht nachträglich angezeigt werden. Der Betreiber der Anlagen ist aber verpflichtet, die in der VO [2.3] festgelegten Grenzwerte einzuhalten.

Für den Schutz von Anlagen und Geräten vor elektrischen und magnetischen Feldern sind primäre und sekundäre Maßnahmen möglich und zumeist auch notwendig.

Frage 10.3.2 Wie kann man Anlagen und Geräte primär vor Störungen aus elektrischen und magnetischen Feldern schützen?

Der Schutz der Gebäudeausrüstungen vor elektrischen und magnetischen Feldern ist eine sehr komplexe Aufgabe. Hier müssen insbesondere der Architekt und die Planer der einzelnen Gewerke für den Baukörper und für die Gebäudeausrüstung sehr eng zusammenarbeiten.
Elektrische Anlagen, Netze und Geräte können primär gegen elektrische und magnetische Felder schützt werden, indem man

a) Betriebsmittel auswählt und Anlagen errichtet, die nur geringe nicht störfähige Felder aussenden und/oder
b) Betriebsmittel mit entsprechender Störfestigkeit einsetzt sowie
c) elektrostatische Aufladungen verhindert.

Zu a) **Einsatz von Betriebsmitteln und Anlagen mit geringer Störaussendung**
Betriebsmittel und Anlagen mit nur geringen niederfrequenten magnetischen Feldern sind solche, bei denen
– die Hersteller in den Gebrauchsanweisungen (Frage 2.11) für das Betriebsmittel bestätigen, dass nur geringe Störfelder auftreten,
– die betriebsbedingt entstehenden Magnetfelder in ihrer Ausbreitung begrenzt werden, z.B. durch Öl-Transformatoren im Stahlbehälter,
– die Hin- und Rückleitungsströme auf möglichst kleinster Fläche geführt werden, z.B. durch mehradrige Kabel und Leitungen im Drehstromnetz oder Wechselstromnetz (Frage 10.1.1, 2a),
– Ausgleichsströme und vagabundierende Ströme im Netz verhindert werden, indem mindestens ab Gebäudeeingang ein sauberes *TN-S-System* errichtet wird und alle Potentialausgleichsmaßnahmen fremdspannungsarm ausgeführt werden (Fragen 7.5 und 7.6).

Zu b) **Einsatz von Betriebsmitteln mit entsprechender Störfestigkeit**
Betriebsmittel, die durch magnetische Felder in ihrer Funktion nicht beeinflusst werden, sind solche, bei denen
– die Hersteller in den Gebrauchsanweisungen (Frage 2.11) für die Betriebsmittel den Tatbestand für Störfestigkeit gegen elektrische und magnetische Felder bestätigen oder

– Betriebsmittel, bei deren Funktion elektromagnetische Felder keine Rolle spielen, z.B. LCD-Bildschirme anstelle von Bildröhren. LCD-Bildschirme haben kein elektromagnetisches Ablenksystem und können damit auch nicht durch elektrische oder magnetische Felder beeinflusst werden.

Zu c) **Verhinderung elektrostatischer Aufladungen**
Elektrostatische Aufladungen sind vermeidbar, indem im Aktionsbereich nur elektrostatisch leitende Stoffe verwendet werden. Eine hohe Luftfeuchtigkeit vermindert das Entstehen der Ladungen. Die elektrostatische Leitfähigkeit hört bei etwa 10^9 Ohm auf. Viele Stoffe, die be- bzw. verarbeitet oder technisch genutzt werden, sind schlechte elektrische Leiter und damit aufladbar. Ein Beispiel dafür ist der Kraftstoff, der sich beim Tanken auflädt.

In elektrischen Betriebsräumen und anderen Räumen mit empfindlichen elektronischen Betriebsmitteln müssen die Fußböden und die Gehäuse der Betriebsmittel elektrostatisch leitfähig sein. Das wird durch das Aufbringen leitender Schichten bzw. Beläge und deren Anlenkung an Erdpotential erreicht.

Bei aufgeständerten Fußböden in elektrischen Betriebsräumen müssen die Fußbodenplatten eine elektrostatische Leitfähigkeit besitzen und der Fußboden muss mindestens an zwei Punkten geerdet werden. Sind im Fußboden metallene Traggerüste vorhanden, so sollten diese unbedingt in den Potentialausgleich einbezogen werden. So hat der Schutz gegen elektrostatische Aufladungen auch gleichzeitig eine potentialsteuernde und zum Teil auch noch eine schirmende Wirkung.

Am schwierigsten sind Aufladungen in der Kleidung von Personen zu beherrschen. Wenn durch handelnde Personen Entladungen gegenüber elektronischen Betriebsmittel zu befürchten sind, müssen die Aufladungen durch individuelle Maßnahmen, wie leitfähiges Schuhwerk, Entladungsstreifen am Körper oder Handgelenkerdungsbänder für die Bedienperson vor Berührung der Geräte abgeleitet werden.

Frage 10.3.3 *Welche sekundären Maßnahmen sind zum Schutz vor Störungen aus elektrischen und magnetischen Feldern möglich?*

Als sekundäre Maßnahmen werden Maßnahmen verstanden, mit denen betriebsbedingt vorhandene bzw. störungsbedingt entstehende elektrische und magnetische Felder auf ein verträgliches Maß begrenzt werden.
Mögliche sekundäre Maßnahmen sind

a) Schutz durch Abstand,
b) Schutz durch *Schirmung* und
c) Schutz durch Filterung.

Zu a) Schutz durch Abstand

Der sicherste und auch oft der billigste Schutz gegen Störfelder ist der Schutz durch Abstand. Dieses Prinzip gilt insbesondere für betriebsbedingte niederfrequente Felder, die ihren Ursprung in den üblichen Energieanlagen eines Gebäuden haben. Diese Felder haben oft nur eine Reichweite von wenigen Metern.
Praktisch durchgeführte Feldmessungen haben ergeben, dass z.b. zur Verhinderung von Bildschirmstörungen, die aus magnetischen Feldern von elektrischen Gebäudeausrüstungen resultieren, folgende Mindestabstände zwischen benanntem Objekt und einem Bildschirm mit elektromagnetischer Ablenkung erforderlich sind:

- 5 m bis zur Außenwand einer Transformatorenstation im Gebäude oder eines Gebäudehauptverteilers (seitlich sowie darunter und darüber),
- 10 m bis zu Kabeltrassen, in denen Drehstromkabel mit vagabundierenden Neutralleiter- oder Ausgleichsströmen geführt werden,
- 3 m bis zu Kabeltrassen, in denen Einleiterkabel von Drehstromsystemen geführt werden,
- 5 m bis zu einem Stromschienensystem,
- 5 m bis zu Unterverteilern,
- 6 m zu Motoren,
- 3 m bis zu Installationskanälen, wenn darin Leitungen mit vagabundierenden Strömen oder Ausgleichströmen geführt werden,
- 1 m bis zum Heizkörper oder zu den Heizungsrohren, wenn darüber elektrische Ausgleichströme fließen,
- 1 m zu Tischventilatoren,
- 0,7 m zu induktiven Vorschaltgeräten von Leuchtstofflampen, Kleintransformatoren, Netzgeräte.

Je nach Leistung der genannten Systeme, können auch geringfügig kleinere oder größere Abstände möglich oder nötig sein. Wenn es sich um die Störung eines einzelnen Gerätes handelt, kann man auch den Ort mit der geringsten Störfeldstärke durch probieren mit dem Bildschirm finden. Dabei reicht es mitunter bereits aus, die beeinflussbaren Bildschirmgeräte an der der Störquelle gegenüberliegenden Wand aufzustellen.
Magnetische Felder von öffentlichen Energieanlagen und den Bahnen haben eine größere räumliche Ausdehnung, so dass hier mitunter der Schutz durch Abstand keine Alternative zu den primären Maßnahmen (Frage 10.3.2) oder zur *Schirmung* darstellt. Wenn jedoch in der Phase der Planung die Möglichkeit besteht, den Abstand eines Gebäudes zu einer Bahnstrecke oder einer Hochspannungsfreileitung zu bestimmen, so dürfte der seitliche Abstand zwischen Bahndamm bzw. äußerem Leiter einer Freileitung und Gebäudekante nicht unter 50 m gewählt werden. Ab 50 m Abstand zu Bahn-

oder Energieanlagen muss z.B. nicht mehr mit Bildschirmstörungen gerechnet werden.
Bei höherfrequenten Feldern ist der Schutz durch Abstand wegen der größeren Reichweite nur bedingt anwendbar.

Zu b) **Schutz durch *Schirmung***
Ziel der *Schirmung* ist die Reduzierung der wirksamen Koppelung zwischen Störquelle und Störsenke. Dabei werden das elektrische und/oder magnetische Feld durch Schirmmaßnahmen verkleinert. Das erreichte Maß einer *Schirmung* wird durch den Schirmfaktor S oder die Schirmdämpfung a_s ausgedrückt [4.17]. Die Faktoren werden nach der Formel 10.3 a und b berechnet.

$$S = \frac{H_a}{H_i} = \frac{E_a}{E_i} \qquad (10.3a)$$

(S Schirmfaktor, H magnetisches Feld, E elektrisches Feld, a außerhalb des Schirms, i innerhalb des geschirmten Volumens)

$$a_s = 20 \cdot \lg S \qquad (10.3b)$$

(a_S Schirmdämpfungsmaß)

Die *Schirmung* wirkt nicht bei allen Feldarten in gleicher Weise. Deshalb werden im Folgenden die Schirmmaßnahmen feldbezogen diskutiert.

– *Schirmung* **gegen elektrische Felder**
Elektrische Felder lassen sich sehr gut durch *Schirmung* begrenzen und unterbinden. Die betreffenden elektrischen Betriebsmittel oder Baugruppen werden dazu mit metallenen Gehäusen gekapselt, elektrische Kabel und Leitungen erhalten einen metallenen Schirm. Auch Räume können durch metallische Flächen an den Wänden geschirmt werden. Gehäuse und Schirm werden elektrisch geerdet. Die elektrischen Felder enden am geerdeten Punkt. Damit wird eine sehr hohe Schirmdämpfung erreicht.
Teilschirmungen, z.B. durch Einfügen geerdeter Metallplatten in ein elektrisches Feld, verschlimmern zumeist die Situation. Sie führen lediglich zu einer Feldverzerrung und erhöhen die Inhomogenität des Feldes. Es entstehen feldarme Zonen und Zonen mit verdichteten Feldern. Die Zonen mit den verdichteten Feldern könnten dabei zur Gefahr werden.

– *Schirmung* **gegen niederfrequente magnetische Felder**
Bei **statischen Magnetfeldern** beruht die Wirkung von Schirmen ausschließlich auf dem Prinzip der Umlenkung der Magnetfelder entlang des Schirmmaterials. Dazu muss das Schirmmaterial homogen sein, der Schirm muss die Quelle vollständig (am besten zylindrisch) umgeben und das Schirmmaterial eine hohe magnetische Leitfähigkeit besitzen. Schirmmaterialien sind ferromagnetische Bleche. Maschen und Schleifen haben hier

keine Wirkung, weil Gleichfelder keine Ströme induzieren. Teilschirmungen, z.B. eine gerade Metallplatte zwischen Quelle und Senke, verzerren das Feld und bringen keine nennenswerte Schirmwirkung.

Magnetische Wechselfelder induzieren in Blechen der Schirmhülle Wirbelströme und in Leiterschleifen Induktionsströme. Die sekundären Felder der induzierten Ströme sind den eindringenden Feldern entgegen gerichtet. Dadurch wird eine Schirmwirkung erzeugt, die mit der Frequenz zunimmt. Bei den betriebsbedingt auftretenden Feldern im Bereich der Bahn- oder Netzfrequenz sind die Wirkungen aus den Wirbelströmen jedoch noch relativ gering. Deshalb spielt bei diesen niederfrequenten Feldern auch die magnetische Umlenkfunktion des Schirmmaterials noch eine bedeutende Rolle. So durchdringen z.B. die vom elektrischen Bahnbetrieb ausgehenden Magnetfelder fast ungedämpft die Außenwände der Gebäudes, auch dann, wenn es sich um Stahlbetonwände handelt.

Die Schirmwirkung gegen niederfrequente Magnetfelder hängt entscheidend von der relativen Permeabilität μ_r des Schirmmaterials und dessen Wandstärke sowie von der Form des Schirmes ab. Wirksame Schirme müssen das zu schützende Volumen oder die Störquelle vollständig umgeben. Eine offene Seite, z.B. im quaderförmigen Schirm, verschlechtert die Schirmwirkung, ein zweite offene Seite reduziert den Schirmfaktor erheblich.

Eine *Schirmung* größerer Räume oder gar Gebäude gegen niederfrequente Magnetfelder ist nur begrenzt möglich und technisch äußerst aufwendig. Deshalb werden die Schirme in erster Linie gegen die Störquellen gerichtet. Bei kleinen Störsenken, z.B. Bildschirmgeräten mit elektromagnetischer Ablenkung, werden in der Praxis auch Gehäuse aus hochpermeabilen Werkstoffen (Mu-Metall) für die Schirmung der Störsenke verwendet. Die Gehäuse kosten aber nicht nur Geld, sondern vergrößern den Platzbedarf für die Bildschirmgeräte.

Unterschätzt werden meistens die Störfelder im Bereich von Anlagen mit frequenzumrichtergeregelten elektrischen Antrieben. Von den Frequenzumrichtern (FU) werden, wie im **Bild 2/Anhang 2** gezeigt, nieder- und höherfrequente Störfelder abgestrahlt. Ursache dafür sind die vom Wechselrichter erzeugten Ausgangsspannungen, die je nach Bauart mit 3 bis 16 kHz getaktet werden. Im Bild 2 wird eine mit 4 kHz getaktete Ausgangsspannung gezeigt, die einen annähernd sinusförmigen Motorstrom antreibt. Dem Motorstrom ist jedoch ständig ein zu beachtendes Störsignal überlagert, das genau der Taktfrequenz des FU entspricht (s. Bild 2, links oben). Von den Frequenzumrichtern und den Motorleitungen werden Störfelder abgestrahlt, die auf naheliegende Leitungen einwirken und dort Störungen verursachen können (s. Bild 2, rechte Seite). Um die Vorteile der frequenzumrichtergeregelten elektrischen Antriebe dennoch zu nutzen und benachbarte Anlagen und Betriebsmittel störungsfrei zu betreiben, müssen die Ausrüstungen dieser geregelten Antriebe ab Eingang in den Frequenzumrichter bis zum Motor lückenlos geschirmt werden. Die Frequenzumrichter sollten in eigene stahlblechgekapselte Schaltschränke installiert werden. Auf keinen Fall dürfen die Umrichter und deren Leitungen gemeinsam mit elektronischen Baugruppen in einem Schrank zusammengebracht werden. Mit Schirmmaßnahmen muss verhindert werden, dass die von den Frequenzumrichtern und den Zuleitungen zu den Motoren ausgehenden Störungen benachbarte elektrische und elektronische Systeme erreichen.

Frequenzumrichter können aber auch leitungsgebundene Störungen im Netz verursachen, indem Störungen aus dem Zwischenkreis auf den Eingang des FU zurückwirken. Ein entsprechendes Beispiel zeigt **Bild 3/Anhang 2**. Im Beispiel wurde ein starkes 16-kHz-Störsignal in der Netzspannung am Eingang des FU gemessen. Die Störungen lassen sich durch Filtermaßnahmen (ein Tiefpass) kompensieren.

– *Schirmung* gegen hochfrequente magnetische Felder

Bei **hochfrequenten Feldern** kommt es im Schirm zu einer Feldverdrängung, die das Eindringen der Felder in das Schirmmaterial behindert. Außerdem induzieren die magnetischen Störfelder in Leiterschleifen von Schirmen Induktionsströme, die in ihrer Wirkung gegen die Störfelder gerichtet sind. Der Schirmfaktor nimmt mit kleiner werdenden Maschenweiten und steigender Frequenz bis zu einem gewissen Übergangsbereich der Frequenz zu.

Die Funktion der *Schirmung* erfordert sowohl bei den Schirmen als auch bei den Anschlussleitungen niedrige Impedanzwerte. Dabei müssen insbesondere die Induktivitäten klein gehalten werden, weil in den Widerstand der Induktivität die Frequenz als Faktor mit eingeht. Niedrige Induktivitäten erhält man durch große Oberflächen und kurze Leitungslängen. So sind z.B. hochflexible Flachbänder bedeutend niederohmiger als Runddrähte gleichen Querschnitts. Wichtig ist auch eine möglichst große Überdeckung der Kontaktflächen beim Anschluss von Schirmleitungen und Potentialausgleichsleitungen. Das gleiche trifft für die Querschnitte der Potentialausgleichsleitungen zu. Es werden größere Querschnitte als für den Potentialausgleich beim Schutz gegen elektrischen Schlag benötigt. Querschnitte unter 50 mm^2 Cu sollten nicht verwendet werden. In funktionsfähigen Anlagen der Praxis sind Leitungsquerschnitte bis 120 mm^2 Cu anzutreffen.

Die Abschirmung von Leitungen muss lückenlos und impedanzarm ausgeführt werden. Die Schirmwirkung an Kabeln und Leitungen ist dann am größten, wenn der Schirm an beiden Enden geerdet wird. Wenn in einer Leitung verschiedene Signalquellen geführt werden, muss für jede Quelle ein separater Schirm vorhanden sein.

Zur wirtschaftlichen Erzielung hoher Schirmfaktoren und zur Erweiterung des wirksamen Frequenzbereiches der Abschirmung ist es vorteilhaft, Mehrfachschirme einzusetzen. Bei richtiger Dimensionierung wirken die Schirmfaktoren der Einzelschirme multiplikativ.
Die *Schirmung* gegen Felder aus Blitzentladungen muss mit dem Baukörper des Gebäudes erreicht werden. Dazu wurden bereits in Frage 8.4 Anregungen gegeben. In einem monolythischen Stahlbetonbau wirkt die Armierung als Schirm. Da die Armierung nicht über die gesamte Gebäudeoberfläche kontinuierlich verteilt ist, und nicht alle Armierungen leitend miteinander verbunden sind, ergibt sich hier ein Löcherschirm. In [6.3] sind Schirmfaktor und Schirmdämpfung einer blitzstromdurchflossenen zylindrischen Reuse mit seitlichen Stäben und plattenförmigem Metallabschluss berechnet worden. Dabei sind der Stababstand als Maschenweite w und der Stabdurchmesser d als Parameter verwendet worden. Die Rechenergebnisse in der **Tafel 10.3** zeigen, dass mit der Betonarmierung, Armierungsabstand 20 cm, in den Wänden eines Betriebsraumes mit empfindlicher Technik theoretisch ein Schirmfaktor von etwa 200 erreicht werden kann. Das heißt, die Feldstärke im geschirmten Volumen ist zweihundertmal kleiner als außerhalb der *Schirmung*, vorausgesetzt, die Armiereisen sind leitend miteinander verbunden und rundum vorhanden. In der Praxis werden in Räumen mit sensibler Sicherheitstechnik Metallgitter aus Bandstahl errichtet, und damit wird auch der theoretische Wert praktisch realisiert.

Tafel 10.3   Schirmwirkung einer blitzstromdurchflossenen Reuse

w cm	d mm	Schirmfaktor S	Schirmdämpfung a_s dB
10	12	614	55
20	18	237	47
40	25	92	39
100	50	32	30
200	100	16	24
1000[1]	81	11	01

[1] Schirmwirkung einer konventionellen Blitzschutzanlage am Gebäude

Die Wirkung der Gebäude- und der Raumschirmung ist höher, wenn der Blitzstrom bzw. Fehlerstrom über Ableitungen und nicht über die Schirmleiter geführt wird. Fließt der Strom direkt über den Schirm, sind die Störfelder im geschirmten Volumen größer. Die Schirmwirkung wird aufgehoben, wenn der Blitzstrom durch das geschirmte Volumen fließt [6.4]. Deshalb ist der Potentialausgleich am Eingang einer Schutzzone wichtig und muss gewissenhaft durchgeführt werden [4.8], [4.16].

Werden Störquellen in ein geschirmtes Bauvolumen eingebracht, z.B. ein Frequenzumrichter und seine sekundären Leitungen, so müssen die eingebrachten Quellen geschirmt werden.

Zu c) **Schutz durch Filterung**
Mit dem Einsatz von Filtern können die trotz *Schirmung* eingekoppelten leitungsgeführten Störgrößen in Form von Störspannungen und Störströmen auf ein verträgliches Maß reduziert werden. Die Filter arbeiten selektiv und beeinflussen weder die Nutzsignale noch die übertragene Leistung.

Die Filter werden hauptsächlich in der Störsenke eingesetzt, z.B. in Daten- und Antennenleitungen, aber auch in Starkstromleitungen, z.B. bei Frequenzumrichtern (Fu). Wenn eine Vielzahl von Störsenken durch eine einzige Störquelle beeinflusst wird, kann die Filterung in der Störquelle eingesetzt werden.

Filter werden auch in Energiezuleitungen zu empfindlichen Geräten eingesetzt; damit werden die weniger energetischen Störungen hinter den *Überspannungsschutzeinrichtungen* der Klasse D eliminiert.

EMV-Filter in netzfrequenten Verbraucheranlagen werden meistens als Tiefpass ausgeführt, um damit die höherfrequenten Störanteile zu begrenzen. Ein Tiefpass ist kein Mittel gegen *Oberschwingungen* in der Netzspannung.

Filter können aber auch stören, z.B. wenn sie durch spezielle Anregungen zum Schwingen gebracht werden. Bevor ein Filter eingesetzt wird, sollten die Störungen gemessen und bewertet werden. Nur so können geeignete Filter ausgewählt und die gewünschte Wirkung erreicht werden.

Filter müssen großflächig mit Masse verbunden, d.h. impedanzarm angeschlossen werden.

11 Prüfung der EMV-Schutzanforderungen

Mit entsprechenden Prüfungen (*EMV-Prüfungen*) muss nachgewiesen werden, dass die elektrischen Anlagen, Einrichtungen und Netze der Gebäudeinstallation die *EMV-Schutzanforderungen* nach § 3 des EMVG [2.1] erfüllen. Im Weiteren wird anhand von Beispielen das EMV-Prüferfordernis für ortsfeste Anlagen dargestellt, die Planer bzw. Errichter von Anlagen zum Nachweis der Wirksamkeit erforderlicher EMV-Maßnahmen durchführen sollten. Mit der EMV-Prüfung können die Planer und Errichter bei Bedarf auch autorisierte Einrichtungen beauftragen.

11.1 EMV-Prüferfordernis

Frage 11.1.1 Gibt es ein Prüferfordernis für die EMV elektrischer Anlagen?

Ja, es gibt ein Prüferfordernis für die *Elektromagnetische Verträglichkeit* von Anlagen. Elektrische Anlagen müssen, wie in Frage 2.13 näher beschrieben, ohne Ausnahme die EMV-Schutzanforderungen soweit erfüllen, dass sie in der Umgebung des Gebäudes ordnungsgemäß funktionieren und andere Anlagen und Betriebsmittel nicht gestört werden. Dort, wo es eine Erfüllungspflicht gibt, gibt es auch in gewissem Umfang eine Nachweispflicht und damit ein Prüferfordernis.

Das EMVG [2.1] gestattet dem Hersteller nur solche Geräte, Anlagen und Netze in den Verkehr zu bringen, die die EMV-Schutzanforderungen erfüllen. Hersteller einer elektrischen Anlage oder eines Netzes ist einerseits der Planer, indem er ein Überlassungsangebot erstellt und andererseits der Errichter, indem er die Anlage dem Betreiber überlässt. Beide sind dafür verantwortlich, dass die von ihnen geplanten und errichteten Anlagen und/oder Netze in Gebäuden die EMV-Schutzanforderungen erfüllen.

Sehr häufig wird die Prüfbarkeit der Schutzanforderungen diskutiert. Da für elektrische Anlagen und Netze in europäischen und nationalen Normen, wie z.B. in [4.14], [4.24], [4.30], zulässige bzw. verträgliche Störpegel eindeutig festgelegt sind, ist auch deren Prüfbarkeit gegeben. Eine durchgeführte und dokumentierte Prüfung schützt vor unberechtigten Anschuldigungen und Forderungen.

Wird die Einhaltung der EMV-Schutzanforderungen nicht überprüft, geht der Hersteller/Errichter das Risiko ein, gegen das EMVG zu verstoßen. Der Hersteller ist nach dem Arbeitsschutzrecht für die elektrische Sicherheit und nach dem EMVG für die *Verträglichkeit* der elektrischen Anlagen und Netze verantwortlich. Nähere Einzelheiten dazu sind auch im Produktsicherheitsgesetz [2.5] geregelt. Für EMV-bedingte Funktionsmängel und eingetretene Schäden kann der Betreiber mit Bezug auf das Produkthaftungsgesetz [2.4] vom Hersteller Schadenersatz verlangen.

Da elektrische Anlagen gezwungener Maßen größere räumliche Ausdehnungen haben und jede Anlage praktisch ein Unikat darstellt, sieht das EMVG für elektrische Anlagen und Netze Ausnahmen und besondere Festlegungen vor. Eine der Ausnahmen ist, dass elektrische Anlagen im Gegensatz zu den darin installierten Betriebsmitteln **kein CE-Zeichen** benötigen. Dabei ist es unerheblich, ob es sich um Anlagen der Starkstrom-, Steuerungs- oder Informationstechnik handelt.

Wenn in elektrischen Anlagen, wie unter Frage 2.12 erläutert, grundsätzlich nur Betriebsmittel (Geräte) mit CE-Zeichen, d.h. Betriebsmittel mit EMV-Nachweis und zugehörigen Papieren eingebaut werden und die Installation nach den anerkannten Regeln der Technik mit den darin gebotenen Maßnahmen zur *Verträglichkeit* ausgeführt wird, ist ein nicht unwesentlicher Teil der Voraussetzungen für die EMV gegeben. Das ist aber noch kein Garantieschein dafür, dass die installierte elektrische Anlage unter den spezifischen Bedingungen am Einsatzort die EMV-Schutzanforderungen erfüllt. Jede elektrische Anlage hat mit ihrer umfangreichen Installation eigene Beziehungen zur magnetischen Umwelt und auch spezifische Wirkungen auf sie, die oft erst mit der EMV-Prüfung, oder wenn sie nicht durchgeführt wird, mit dem Betrieb der Anlagen sichtbar werden. In der Gebäudeinstallation müssen die elektrischen Anlagen auch unter den Einflüssen der Umgebung und im Zusammenspiel der Betriebsmittel untereinander und mit der elektrischen Energieversorgung EMV-verträglich sein. Einen Überblick über die gegenseitigen Einflüsse zwischen den Betriebsmitteln und der Installation zeigt das Bild 5.1.

Das EMVG gestattet den Errichtern in Ausnahmefällen auch den Einsatz von Betriebsmitteln ohne CE-Zeichen. So dürfen, wie unter Frage 2.12 beschrieben, auch eigens für spezielle Zwecke angefertigte Betriebsmittel ohne CE-Zeichen eingesetzt werden. Für die Errichtung dieser Anlagen ist EMV-fachkundiges Personal erforderlich. In diesem Fall gelten dann die besonderen Festlegungen des EMVG. Danach muss der Errichter für diese Anlage **eine EMV-Dokumentation** erstellen, in der neben der Beschreibung der Anlage und den Angaben zum Standort, auch die Maßnahmen zur Gewährleistung der EMV-Schutzanforderungen beschrieben sind.

Frage 11.1.2 Nach welchen Bestimmungen müssen die EMV-Schutzanforderungen an elektrische Gebäudeausrüstungen geprüft werden?

Elektrische Anlagen sind nach den Bestimmungen der BGV, A2 (VBG 4) [3.2], vor der ersten Inbetriebnahme sowie nach Änderungen oder Instandsetzungen auf **ordnungsgemäßen Zustand** zu prüfen. Dabei wird unter ordnungsgemäßem Zustand in erster Linie die elektrische Sicherheit verstanden. Die *Elektromagnetische Verträglichkeit* stellt zwar wie der Blitzschutz eine eigene Disziplin dar [5.2], ist aber sehr stark mit der elektrischen Sicherheit verknüpft und gehört zum ordnungsgemäßen Zustand einer Anlage.

Wenn EMV-Mängel die Sicherheit von Personen gefährden und/oder durch sie Sachbeschädigungen verursacht werden können, betrifft das nicht nur die Arbeitssicherheit. So können z.b. durch *Elektromagnetische Störungen* die Funktion einer Sicherheitssteuerung, einer Gefahrenmeldeanlage oder die Sicherheitsbeleuchtung versagen und damit Unfall-, Personen- und Brandgefahren verursachen. In diesen Fällen, und das ist sehr oft der Fall, sind die EMV-Schutzanforderungen einer der klassischen Parameter, die den ordnungsgemäßen Zustand einer Anlage nach BGV, A2 [3.2] direkt beschreiben. Es muss deshalb nach diesen Bestimmungen geprüft werden.

Die Einhaltung der EMV-Schutzanforderungen an Anlagen mit CE-gekennzeichneten Geräten wird nach den Bestimmungen des EMVG vermutet, wenn die Vorgaben in den Gebrauchsanweisungen für elektrische Betriebsmittel und die allgemein anerkannten Regeln der Technik eingehalten werden. Letztere sind die Normen für die Errichtung und Prüfung der Anlagen, zu denen auch die Bestimmungen der VDE 0100, Teil 610 Erstprüfungen von Starkstromanlagen und die Bestimmungen der VDE 0800, Teil 1 für Informationsanlagen gehören. Für spezielle Anlagen gelten weitere VDE-Bestimmungen, wie

- VDE 0107 für Starkstromanlagen in Krankenhäusern [4.12],
- VDE 0108 für Starkstromanlagen in Gebäuden mit Menschenansammlungen,
- DIN 6280, Teil 13 für Netzersatzanlagen in Krankenhäusern und Gebäuden mit Menschenansammlungen [4.30],
- VDE 0833, Teile 1 bis 3 für Gefahrenmeldeanlagen sowie
- VDE 0801 für Sicherheitssteuerungen mit Rechnern [4.10].

Für wiederkehrende Prüfungen gelten die Verordnungen auf Bundes- und Landesebene, die Vorschriften der Berufsgenossenschaften sowie die Bestimmungen der DIN VDE 0105 [4.11] i. Allg. und z.B. die VDE 0107 [4.12] und die VDE 0108 für spezielle Anlagen.

11.2 Prüfzeitpunkte, Prüfumfänge und Prüfinhalte

Frage 11.2.1 Welche EMV-Prüfungen sind an elektrischen Anlagen, Einrichtungen und Netzen erforderlich?

Die Prüfung einer elektrischen Anlage umfasst einerseits das Besichtigen und andererseits zur Feststellung spezieller Eigenschaften, das Erproben und Messen [4.10]. Das sind grundsätzlich die technologischen Schritte für die Prüfung einer elektrischen Anlage und im Speziellen auch für die EMV-Prüfung.

Die Vielfalt der in einem Gebäude eingesetzten elektrischen Anlagen sowie die Komplexität der gegenseitigen Störbeeinflussung macht es notwendig, eine geeignete und möglichst optimale **Prüfstrategie** zu entwickeln. Dazu sind Prüfinhalte, -methoden und -zyklen ausgehend von den Wirkmechanismen der zu erwartenden EM-Störgrößen und deren Verträglichkeitspegel für die jeweilige Anwendung differenziert festzulegen.

Die *EMV-Prüfungen* an den elektrischen Anlagen sollten zeitlich in drei Phasen durchgeführt werden. Zweckmäßig sind die

1. Prüfung in der EMV-gerechten Planung,
2. Prüfung der Installation nach Fertigstellung der Anlage und
3. Messung der Gesamtstörpegel bei Betrieb aller Verbraucher.

Frage 11.2.2 Welche EMV-Sachverhalte sollten bei der Planung geprüft werden?

EMV-Prüfungen in der Planungsphase (EMV-Planungsprüfungen) sind insbesondere deshalb empfehlenswert, weil fehlerhafte nicht nach *EMV*-Gesichtspunkten geplante Anlagen nach deren Fertigstellung häufig nur mit **sehr viel** Aufwand und nur mit vielen Kompromissen EMV-gerecht hergerichtet werden können.

EMV-Planungsprüfungen haben das Ziel, unter Berücksichtigung

– der *EMV*-Umgebung um und im Gebäude,
– der Bauart und Nutzung des Gebäudes,
– der elektrischen Netzverhältnisse am *Verknüpfungspunkt,*
– der notwendigen *EMV-Umgebungsklassen* für die geplanten Anlagen und Netze,
– der vorgesehenen technologischen und elektrischen Gebäudeausrüstungen

festzustellen, ob mit dem Konzept und der Ausführungsplanung für die elektrischen Anlagen und Netze, einschließlich Blitzschutz eines Gebäudes, die

vorgesehenen Verbraucher störungsfrei funktionieren können.
Folgende Sachverhalte sollten schwerpunktmäßig geprüft werden:

1. Eignung des Gebäudestandortes für die beabsichtigte Nutzung
Das Umfeld des Gebäudes sollte auf mögliche EMV-Einflüsse untersucht werden (Abschnitte 8 bis 10).
EMV-Einflüsse sind z.B. zu erwarten von

- elektrischen Bahnanlagen,
- Energieanlagen,
- Sendeanlagen.

Wenn an einem geplanten Ort zu starke Einflüsse vorhanden sind, muss entschieden werden, ob ein anderer Standort zu wählen ist oder welche Schirmmaßnahmen in den Baukörper integriert werden müssen. Erforderliche Maßnahmen haben zumeist fachlich interdisziplinären Charakter.

2. Verträglichkeit der Gebäudebauart mit den elektrischen Ausrüstungen
Im Umfeld elektrischer Energieanlagen, Prüffeldanlagen und technologischer Anlagen mit sehr starken Magnetfeldern müssen die Stärke und räumliche Ausdehnung der Magnetfelder und deren Auswirkungen auf vorhandene

- Induktionsschleifen im Baukörper, z.B. gebildet durch Armiereisen im Beton, metallene Tragwerke usw.,
- Induktionsschleifen am Baukörper, z.B. gebildet durch Fassadenelemente, Tragwerke, Dachaufbauten und
- Induktionsschleifen im Gebäude, z.B. gebildet durch technologische Ausrüstungen, wie Lüftung, Heizung, Druckluft, Hallenkran

geprüft werden. Magnetfeldbedingte Induktionsströme erwärmen einerseits die Metallschleifen im und am Baukörper, beeinträchtigen dessen Lebensdauer und verursachen Energieverluste. Anderseits werden durch Induktionsströme EM-Störungen induktiv in benachbarte elektrische Systeme eingekoppelt.
Zur Vermeidung unverträglicher Induktionsschleifen ist eine enge Zusammenarbeit der Fachleute für elektrische Anlagen mit denen vom Bau und mit den Fachleuten für die technologischen Ausrüstungen notwendig. Bei sehr starken Magnetfeldern sind mehrgeschossige Stahlbetonbauten wegen der darin enthaltenen Metallschleifen von vornherein nicht geeignet.

3. Ausnutzung spezieller Gebäudeeigenschaften und der Ausrüstungen für die EMV
Die Einbindung der Bauart des Gebäudes und deren nichtelektrische Aus-

rüstungen in das EMV-Konzept für das Gebäude sollte geprüft werden (Abschnitte 7 bis 10).
Von Nutzen für die EMV sind

- flächige metallene Elemente im oder am Baukörper oder starke Armierung im Beton als Schirm gegen hochfrequente Störfelder,
- metallene Ausrüstungen des Gebäudes, wie Rohrleitung mit größeren Querschnitten zur Verstärkung von Potentialausgleichsleitungen,
- elektrisch gut verbundene Armierungen im Beton schaffen in Verbindung mit dem Fundamenterder günstige Voraussetzungen für die Erdung und den horizontalen Potentialausgleich von Anlagen der Informationstechnik,
- metallene Tragkonstruktionen des Gebäudes unterstützen die Maßnahmen für den Blitzschutz.

Bei rechtzeitiger Koordinierung der Planung am Bau mit der Planung der elektrischen und technologischen Ausrüstungen sind günstige Effekte für die *EMV* erreichbar.

4. Erdungsanlagen und Schirmungsmaßnahmen für das Gebäude

Die Erdungsanlagen sowie die Maßnahmen für die Schirmung von Räumen höherer Schutzzonen sind zu prüfen (Abschnitte 7 bis 10).
Zu bewerten sind

- die Eignung der vorgesehenen Art der Erdungsanlagen für den Anwendungszweck und ihre EMV-gerechte Ausführung,
- die Maßnahmen zur Unterbindung der elektrolytischen Korrosion und Fernhaltung von Gleichströmen aus Bahnanlagen und der Gebäudeleittechnik,
- die Passfähigkeit der Anschlussfahnen des Fundamenterders für Betriebserdungen und Potentialausgleichsmaßnahmen,
- die bauliche Ausführung der Raumschirme für Schutzzonen und Kabelkanäle des Gebäudes und Bereitstellung der notwendigen Schirmanschlüsse am Potentialausgleich,
- die Eignung der vorgesehenen Art der Schirmausführung für die zu erwartenden Störgrößen.

Erdungsanlagen sollten vorrangig Fundamenterder sein, die in effektiver Weise die Stahlarmierung im Beton und die Stahlkonstruktionen des Gebäudes einbeziehen. Aus EMV-Sicht werden kurze Anschlussleitungen mit niedrigen Impedanzen benötigt, die auch für höherfrequente Ströme funktionieren. Unter den Einrichtungen der Informationstechnik sollten das Netz des Fundamenterders verdichtet (Matte) und eine ausreichende Anzahl von Anschlussfahnen vorgesehen werden.

5. Hauptpotentialausgleich, Betriebserdung und örtliche Potentialausgleichsmaßnahmen

Die fremdspannungsarme Ausführung der Betriebserdung und des Hauptpotentialausgleiches sowie die EMV-gerechte vollzählige Einbeziehung aller leitfähigen Gebäudeteile und Ausrüstungen ohne Koppelschleifen sind zu prüfen (Abschnitte 7 und 8).
Schwerpunkte dieser Prüfung sind

– Optimaler Ort und EMV-gerechte Ausführung der Hauptpotentialausgleichsschiene bzw. Anordnung der Erdungssammelleitung im Bereich geringster Störungen,
– Hauptpotentialausgleich und Blitzschutzpotentialausgleich mit den technologischen Ausrüstungen des Gebäudes,
– Koordinierung und Strukturierung der örtlichen Potentialausgleichsmaßnahmen mit dem Hauptpotentialausgleich,
– fremdspannungsarme Ausführung der Betriebserdung (reines TN-S-Sytem) des Starkstromnetzes,
– keine Mehrfacherdung des Neutralleiters (vagabundierender Neutralleiterströme),
– Vermeidung von Potentialausgleichströmen bei der Massung, Schirmung und dem Potentialausgleich für Anlagen der Informationstechnik,
– Potentialausgleich für Schutzzonen (Blitzschutz und den Überspannungsschutz).

Vorrang haben die Anforderungen an die elektrische Sicherheit. Dabei müssen die EMV-Schutzanforderungen erfüllt werden.

6. Äußere Blitzschutzmaßnahmen

Die Blitzschutzklasse P für das Gebäude ist auf Übereinstimmung mit den Ergebnissen aus der Risikoanalyse zu bewerten. Dabei sind die Art des Objektes und die darin vorgesehenen elektrischen Einrichtungen zu berücksichtigen (Abschnitt 8).
Anhand der Blitzschutzklasse sind die Blitzschutzmaßnahmen zu prüfen, wie

– Maschenweite der Fanganlage unter Einbeziehung der Dachaufbauten,
– Abstände und Anzahl der Ableitungen und
– Blitzableitung in die Erdungsanlage,
– Schutz für ausgelagerte elektrische Anlagenteile, z.B. Sensoren, Aktoren, Antennen und Dachaufbauten.

7. Innere Blitzschutzmaßnahmen und Schutz gegen Überspannung

Die Maßnahmen des inneren Blitzschutzes sind auf Übereinstimmung mit

den Erfordernissen des Überspannungsschutzes zu bewerten (Abschnitte 8 und 9).
Unter Berücksichtigung der Störfestigkeit der vorgesehenen Verbraucher werden überprüft:

- die Ausführung der Schutzzonen für Blitz- und Überspannungsschutz in der Kombination von Schirmung, Potentialausgleich und Überspannungsschutzeinrichtungen,
- die richtige Auswahl des Typs und des Einsatzortes für Blitzstromableiter und Überspannungsschutzeinrichtungen (ÜSE),
- die gemeinsame Einführung aller Leitungen, wie Leitungen der Starkstrom- und Informationstechnik sowie aller anderen technologischen Leitungen in die entsprechenden Schutzzonen und
- die Ausführung der Potentialausgleichsmaßnahmen an den Übergängen der Schutzzonen.

8. Kabel und Leitungstrassen für elektrische und technologische Systeme

Bewertung der EMV-gerechten Führung der Trassen für elektrische Kabel und Leitungen sowie aller anderen technologischen leitfähigen Leitungen (Abschnitte 7 bis 10).
Die Installationswege sind zu prüfen auf

- störende Koppelschleifen zwischen Leitungen aller Art, die über den Potentialausgleich elektrisch leitend miteinander verbunden sind,
- Potentialausgleich an den Gebäudeeinführungen und an den Grenzen der Schutzzonen sowie an den Ein- und Ausgängen geschirmter Kabelkanäle,
- zu geringer Abstand zu blitzstromführenden Leitungen,
- Schutz von Kabeln und Leitungen im blitzeinschlagsgefährdeten Bereich (LPZ 0)
- feldarme Verlegung von Einleiterkabeln im Drehstromsystem,
- Schirmung der Kabel und Leitungen im Bereich starker Störfelder gegen Einkopplungen,
- Schirmung der Kabel und Leitungen mit störungsbehafteten Spannungen oder Strömen (z.B. Motorleitungen zu frequenzgeregelten Antrieben) gegen Abstrahlung,
- durchgängige Erdung aller metallenen Kabelbahnen.

9. *EMV-Umgebungsklassen* für elektrische Anlagen, Netze und Verbraucher

Die EMV-Klassifizierung der elektrischen Anlagen, Netze und Verbraucher der Starkstrom- und Informationstechnik in Umgebungsklassen ist zu prüfen (Abschnitt 5).

Quantensprung in der Messtechnik:

EURO-QUANT®

IEC 61000-4-30
EN 50160

Erstmals ist der Vergleich und die Rückführbarkeit der Netzqualität gelungen. Der EURO-QUANT von HAAG verbindet Norm und Zeit und macht daher jeden Messwert mit anderen vergleichbar, egal an welcher Stelle eines Hoch-, Mittel- oder Niederspannungsnetzes gemessen wird.

Die absolute Gleichzeitigkeit der elektrischen Energie bei Erzeugung, Transport und Nutzung erfordert für eine flächendeckende Qualitätskontrolle auch die absolute zeitliche Vergleichbarkeit der Messwerte aller eingesetzten Messgeräte. Dies war bisher unmöglich und ist jetzt erstmals mit dem EURO-QUANT realisiert.

In jedem EURO-QUANT wird mittels GPS die absolute Zeit gewonnen, die dann über die HAAG STAR-Technik die gewählten Normmessungen synchronisiert.
Dann "weiß" jeder EURO-QUANT, was andere EURO-QUANT im selben Augenblick messen, auf 0,1 Grad Phasenwinkel exakt.

Mit dem EURO-QUANT kann man beweisen, was man einkauft, weiterleitet, in welchem Netzbereich Störungen auftraten und wer dafür verantwortlich ist. **Der Nutzen ist enorm.**

Der EURO-QUANT misst nicht nur nach wählbaren Normenmustern, also nicht nur, "was ist", sondern auch, "wie es dazu kam". Er ist ein Ursache-Wirkungs-Analysator, dem keine Störung durchs Netz geht.

Eine Besonderheit ist das Online-Monitoring: Der Anwender sieht auf seinem PC, was sich an entfernten Messorten gerade im Netz ereignet – ähnlich einem Fernoszilloskop.

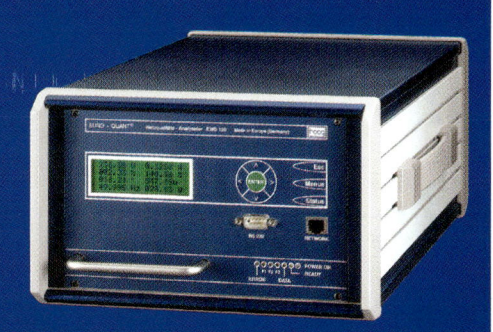

HAAG
Elektronische Messgeräte GmbH
Emil-Hurm-Str. 18-20 • 65620 Waldbrunn
Tel.: (06436) 4035 • Fax: (06436) 3361 • www.haag-messgeraete.de

haag

ELEKTRO PRAKTIKER
Bibliothek

Klaus Bödeker/Robert Kindermann
Erstprüfung elektrischer Gebäudeinstallationen
mit Checklisten zu allen Prüfabläufen
176 Seiten, 70 Bilder, 25 Tabellen, Paperback
ISBN 3-341-01224-9
DM 58,–

Fax-Abruf: 030/428 465 - 01133

■ Ein Kerngebiet des Elektroinstallateurs ist die Erstprüfung von Elektroanlagen nach der Errichtung. Neben dem Prüfen durch Besichtigen werden u. a. der Nachweis des Isoliervermögens, des Potentialausgleichs, das Prüfen der Schutzmaßnahmen gegen elektrischen Schlag und der Nachweis des Schutzes gegen thermische Einwirkungen behandelt.
Auch das Prüfen besonderer Teilanlagen an besonderen Orten wird berücksichtigt sowie das Einbeziehen bestehender Anlagen in die Erstprüfung.

■ Sie erfahren:
– wie die Erstprüfung einer elektrischen Anlage vorzubereiten ist
– welche Normen, Gesetze und anderen Vorgaben berücksichtigt werden müssen
– was vom Vorgesetzten und dem verantwortlichen Prüfer zu beachten ist
– wer Verantwortung für die Qualität der Prüfung und für die Sicherheit der Prüfer trägt
– wie sich der Prüfer vorbereiten sollte und welches Fachwissen er beherrschen muss
– was zwingend zu prüfen ist und was der Prüfer selbst zu entscheiden hat
– mit welchen Prüfmethoden und Prüfgeräten gearbeitet werden sollte
– welche Fehler bei der Prüfung auftreten können

Tel.: 030/4 21 51-325
Fax: 030/4 21 51-468

Verlag Technik · 10400 Berlin

Schwerpunkte der Überprüfung sind:

- die Einordnung der geplanten elektrischen Anlagen, Netze und Verbraucher in die EMV-Umgebungsklassen,
- der Aufbau der Versorgungsnetze für die EMV-Umgebungsklassen 1, 2 und bei Erfordernis auch höherer Klassen,
- die Rückwirkungsfreiheit zwischen den Netzen unterschiedlicher Klassen,
- die Ausführung der Schutzzonen für Anlagen und Netze der Umgebungsklasse 1.

10. Verträglichkeit der Netzspannung

Am *Verknüpfungspunkt* und an exponierten *anlageninternen Anschlusspunkten* ist die Verträglichkeit der Netzspannung für die benötigte EMV-Umgebungsklasse durch Abschätzung und bei größeren Anlagen durch Rechnung zu überprüfen (Abschnitt 6).

a) Netzspannung aus der öffentlichen Versorgung

Es muss bewertet werden, ob der Gesamtstörpegel der Netzspannung am Anschlusspunkt für die vorgesehene Versorgungsaufgabe EM-verträglich ist. Schwerpunktmäßig sind abzuschätzen:

- der Grundstörpegel in der Spannung aus dem öffentlichen Netz (Information vom EVU oder EMV-Messung),
- der Störpegel aus Netzrückwirkungen der angeschlossenen Verbraucher,
- der Gesamtstörpegel am Verknüpfungspunkt und den anlageninternen Anschlusspunkten in Lastschwerpunkten,
- das Erfordernis von aktiven und passiven Maßnahmen zur Begrenzung von Störgrößen und deren Ausführung.

b) Netzspannung aus USV-Anlagen, Ersatzstromaggregaten oder Inselnetzen

Es muss wie unter a) geprüft werden, ob der Gesamtstörpegel der Netzspannung am Anschlusspunkt in verträglichen Grenzen liegt.
Zu bewerten sind:

- die Grundstörpegel in der Spannung aus der internen Quelle (USV-Spannung, der Generatorspannung). Das betrifft
den Oberschwingungsgehalt der Spannung,
die statischen und dynamischen Spannungsabweichungen bei Laständerung,
die statischen und dynamischen Frequenzabweichungen bei Laständerung,
die Amplitudenmodulation der Spannung,

177

- die Netzrückwirkungen aus den angeschlossenen Verbrauchern an *Anschlusspunkten,* die auf Grund der geringeren Kurzschlussleistung der Spannungsquelle von USV-Anlagen und Ersatzstromaggregaten hier stärker ausfallen als in den öffentlich versorgten Netzen,
- die Rückwirkungen aus dem netzseitigen Laststrom zu USV-Anlagen auf die Spannung im Versorgungsnetz,
- die Verfügbarkeit der Anlage zur Überbrückung von Spannungsunterbrechungen im öffentlichen Netz.

11. Schutz vor Spannungseinbrüchen, Kurzunterbrechungen und Überspannungen

Für Spannungseinbrüche, Kurzunterbrechungen und Überspannungen gibt es keine Verträglichkeitspegel. Deshalb ist zu prüfen, ob für bestimmte Netze, Anlagen oder auch einzelne Betriebsmittel spezielle Abhilfemaßnahmen erforderlich sind. Schutzbedürftige Objekte sind:

- Anlagen und Netze der Informationstechnik,
- automatische Steuerungen in der Industrie,
- Gefahrenmeldeanlagen und Sicherheitseinrichtungen in Gebäuden,
- spezielle Leuchtmittel, die nicht sofort Wiederzünden.

Abhilfe erzielen z.B. USV-Anlagen, Stützbatterien oder abfallverzögerte Schaltelemente, die die Verbraucher bei Spannungseinbruch und Überspannung vor Ausfall schützen. Die Wirksamkeit und Verträglichkeit der Maßnahmen ist zu prüfen.

12. Verträglichkeit der betriebsbedingt auftretenden elektromagnetischen Felder

Im Umfeld von Anlagen oder auch einzelner Betriebsmittel, die betriebsbedingt elektromagnetische Felder aussenden, sind die Maßnahmen zur Herstellung der Verträglichkeit gegenüber den ausgesendeten Feldern zu prüfen (Abschnitt 10).

Zu bewerten sind:

- die Reichweite und Stärke der Felder,
- die Verträglichkeitspegel der geplanten Anlagen und Geräte,
- die notwendigen Abstände zwischen Störquellen und störfähigen Geräten,
- die Vermeidung von Koppelschleifen in der Reichweite der Felder,
- die erforderlichen Schirmungsmaßnahmen gegen die betriebsbedingten Störfelder,
- die Eignung der Schirmung für die Art der Felder.

Besonderes Augenmerk ist auf Geräte zu richten, deren Funktionsprinzip auf der Nutzung von elektromagnetischen Feldern basiert, z.b. Bildschirmgeräte, Analysetechnik. Diese Geräte haben in der Regel sehr geringe Verträglichkeitspegel gegenüber niederfrequenten Magnetfeldern.

Frage 11.2.3 Welche EMV-Prüfungen sind an der elektrischen Installation in Gebäuden nach ihrer Fertigstellung durchzuführen?

Vor Inbetriebnahme müssen die Installation der elektrischen Anlagen und Netze sowie der Blitzschutz von Gebäuden auf ordnungsgemäßen Zustand und auf EMV-gerechte Ausführung geprüft werden. Maßstab für die Bewertung sind die Bestimmungen der harmonisierten europäischen und die nationalen Normen.
Aus EMV-Sicht sind folgende Sachverhalte schwerpunktmäßig zu prüfen:

1. die niederohmige Verbindung aller Anschlussfahnen zur Erdungsanlage (z.B. Fundamenterder) im und am Gebäude,
2. die fremdspannungsarme Ausführung der Betriebserdung der Netzspannung,
3. die Ausführung und Dimensionierung der *Hauptpotentialausgleichsschiene* und der *Erdungssammelleitung* und die effektive Einbindung des Blitzschutzpotentialausgleiches,
4. die möglichst schleifenfreie Ausführung des Potentialausgleichs mit den technologischen Ausrüstungen des Gebäudes und den Bahnen für elektrische Kabel und Leitungssysteme,
5. die ordnungsgemäße Ausführung der *Schirmungen* von Gebäudeteilen oder Räumen zur Bildung der erforderlichen *Schutzzonen* sowie der *Schirmungen* von Kabelkanälen (wenn vorhanden),
6. die richtige Auswahl, hinreichende Entkopplung und Montage der *Überspannungsschutzeinrichtungen,*
7. Kurzschluss-Schutz für die Überspannungsschutzeinrichtung, notwendige Entkopplung und elektrisch kurzer Anschluss an die Erdungsanlage,
8. die EMV-gerechte Installation der elektrischen Kabel und Leitungen mit den Schwerpunkten
   – konzentrierte Trassenführung unter Vermeidung großflächiger Koppelschleifen,
   – Abstand zu blitzstromführenden Leitungen,
   – funktionssichere Ausführung erforderlicher Schirmungen,
   – konsequentes TN-S-System und keine Mehrfacherdung des Neutralleiters,
   – Montage der Betriebsmittel nach den Vorgaben der Gebrauchsanweisungen,

9. die impedanz- und fremdspannungsarme Ausführung der Potentialausgleichsmaßnahmen an den Anlagen der Informationstechnik,
10. die äußere Blitzschutzanlage auf Konsistenz und Vollständigkeit der Fangeinrichtungen, Ableitungen und niederohmigen Verbindung zur Erdungsanlage,
11. die Funktion der Anlagen, Einrichtungen und Netze, einschließlich der Betriebsmittel unter vollen Betriebsbedingungen.

Die EMV-Prüfungen werden im Zusammenhang mit den elektrischen Prüfungen nach VDE 0100, Teil 610 [4.10] durchgeführt.

EMV-Messungen zum Nachweis der Erfüllung der *EMV-Schutzanforderungen* können erst zu einem Zeitpunkt durchgeführt werden, wenn alle Anlagen und Ausrüstungen mit voller Leistung in Betrieb sind. Nähere Ausführungen zu den EMV-Messungen enthalten die Fragen 11.2.4 bis 11.2.8.

Frage 11.2.4 Wann und wo sind EMV-Messungen notwendig?

Da EM-Störungen eine Begleiterscheinung des aktiven Betriebes sind und nur aktiv betriebene Anlagen und Netze gestört werden, können EMV-Messungen nur bei Betrieb der Anlagen durchgeführt werden bzw. Störungen aussenden. Ein reales Bild wird auch nur bei hinreichender Belastung gewonnen.

Mit *EMV-Messungen* wird der Nachweis erbracht, dass die errichtete Anlage, Einrichtung und/oder das elektrische Versorgungsnetz für das Gebäude oder eine spezielle Verbrauchergruppe die *EMV-Schutzanforderungen* nach § 3 des *EMVG* erfüllen und damit elektromagnetisch verträglich sind.
Eine EMV-Messung zum Nachweis der Verträglichkeit ist immer an solchen Anlagen und Einrichtungen erforderlich, die speziell zur Sicherstellung der EMV in Gebäuden oder an Anlagen errichtet worden sind. Erst mit der Messung wird nachgewiesen, dass die an sie gestellten Anforderungen und der Zweck ihrer Errichtung auch tatsächlich erfüllt werden. Solche Anlagen und Einrichtungen sind z.B.:

– USV-Anlagen,
– Netzersatzanlagen in Krankenhäusern und Bauten mit Menschenansammlungen,
– Einrichtungen zur Begrenzung von Netzrückwirkungen, wie Filter, Kompensationen, Anlaufstrombegrenzungen.

EMV-Messungen an elektrischen Anlagen, Einrichtungen und Netzen werden dringend empfohlen, wenn durch EM-Störungen die Funktion

– wichtiger Grundausrüstungen eines Gebäudes, z.B. in einem Krankenhaus,
– automatischer Fertigungseinrichtungen mit hoher betrieblicher Bedeutung,

- von Sicherheitseinrichtungen und Gefahrenmeldeanlagen in Gebäuden,
- der Einrichtungen der Informationstechnik bzw. die Kommunikation

beeinträchtigt oder die Sicherheit

- der Arbeitnehmer und anderer Personen sowie
- der Schutz von Sachwerten
- gefährdet werden können.

Dabei gilt es festzustellen, ob

- die vorhandenen Störpegel in Netzspannungen,
- die Betriebsströme in Neutralleitern,
- die Ausgleichströme auf den Schirmen von Informationsleitungen und in Potentialausgleichsleitungen sowie
- die betriebsbedingt ausgesendeten Störfelder

innerhalb verträglicher Grenzen liegen. Die Vorgehensweise bei den Messungen wird mit den Fragen 11.2.5 bis 11.2.9 beschrieben.

Inhalt und Umfang der EMV-Messung sowie der Messort und die Messdauer müssen auf den speziellen Fall zugeschnitten sein. Dazu wird ein Messkonzept benötigt. Hinweise für den Inhalt eines Messkonzeptes gibt die Antwort zur Frage 11.2.5.

Es macht keinen Sinn, an jedem Ort eines Gebäudes oder jedem *Anschlusspunkt* im elektrischen Versorgungsnetz alle möglichen Einflüsse zu messen. Der dafür notwendige Aufwand ist viel zu groß und nicht bezahlbar. Um dennoch nachzuweisen, dass die *EMV-Schutzanforderungen* erfüllt werden, müssen unter den vielen messbaren EM-Störgrößen die Störgrößen ausgewählt werden, von denen man an bestimmten Anschlusspunkten Störungen zu erwarten hat. Die Auswahl der zu messenden Störgrößen und der notwendigen Messpunkte im Gebäude erfordert einerseits Erfahrungen. Andererseits können einfache Kontrollmessungen an unterschiedlichen Anschlusspunkten und an Potentialausgleichsleitern, Neutralleitern, Schutzleitern und Erdungsleitungen hilfreich für die Bestimmung der Messumfanges und der Messpunkte sein.

Eine planmäßige EMV-Messung wird in der Regel an folgenden Punkten durchgeführt:

- in elektrischen Versorgungsnetzen am Verknüpfungs- und/oder ausgewählten Anschlusspunkten,
- in USV-Netzen,
- in Netzen mit Ersatzstromaggregaten und
- an ausgewählten Betriebsmitteln der Starkstrom- und Informationstechnik.

Für einfache elektrische Anlagen bzw. Anlagenteile genügt die Feststellung des störungsfreien Betriebes aller Anlagen und Verbraucher als Nachweis für die Erfüllung der *EMV-Schutzanforderungen*. Zu seiner eigenen Sicherheit wird sich der Errichter auch in diesen Fällen an ausgewählten Punkten mit einfachen Messungen einen Überblick über die momentane Größe der

- Neutralleiterströme,
- Ströme in Verbindungen zur Erdungsanlage (Fundamenterder),
- Ausgleichsströme in Potentialausgleichsleitungen und
- Ausgleichsströme in Schutzleitern

verschaffen. Für derartige Messungen eignet sich ein Zangenamperemeter mit Echteffektivwertanzeige und hinreichendem Frequenzbereich.

Frage 11.2.5 Wozu wird ein Messkonzept benötigt und welchen Inhalt sollte es haben?

EMV-Prüfungen, insbesondere EMV-Messungen, erfordern wegen der Komplexität der vielen im Gebäude wirkenden Störgrößen eine klare Zielstellung und ein effektives Vorgehen. Deshalb wird in der Praxis vor der Messung schriftlich ein **Messkonzept** erarbeitet und darin werden alle notwendigen Schritte festgelegt.
Wesentliche Inhalte eines Messkonzeptes sind:

1. Benennung der Messobjekte,
2. Zielstellungen für die Messung, möglichst in Form von Fragestellungen,
3. Messorte und die dort notwendigen Messpunkte,
4. Auflistung der am Messort zu messenden EM-Störgrößen,
5. Festlegung der notwendigen Messdauer und
6. benötigte Messtechnik.

Orientierungen für Messkonzepte zur Vorbereitung von EMV-Messungen gibt das **Bild 11.1** auf Seite 186.
Einzelheiten zu den Schwerpunkten der EMV-Messung an Anlagen werden mit den Fragen 11.2.6 bis 11.2.9 behandelt.

Frage 11.2.6 Wie wird der Gesamtstörpegel in der Netzspannung gemessen?

Die EMV der Netzspannung wird betriebsbedingt durch Netzrückwirkungen, s. Abschnitt 6 Bild 6.2, und spontan durch transiente Überspannungen, s. Abschnitte 8 und 9, beeinträchtigt.
Mit der planmäßigen EMV-Messung werden die **betriebsbedingten** Störeinflüsse in der Netzspannung erfasst und bewertet, die einerseits aus dem öffentlichen Netz kommen und andererseits durch Netzrückwirkungen im Verbrauchernetz des Gebäudes entstehen. Für die Messung transienter Überspannungen sind besondere Messprogramme und Messzeiten erfor-

derlich, da die Überspannungen meistens nur spontan unter speziellen Bedingungen auftreten.

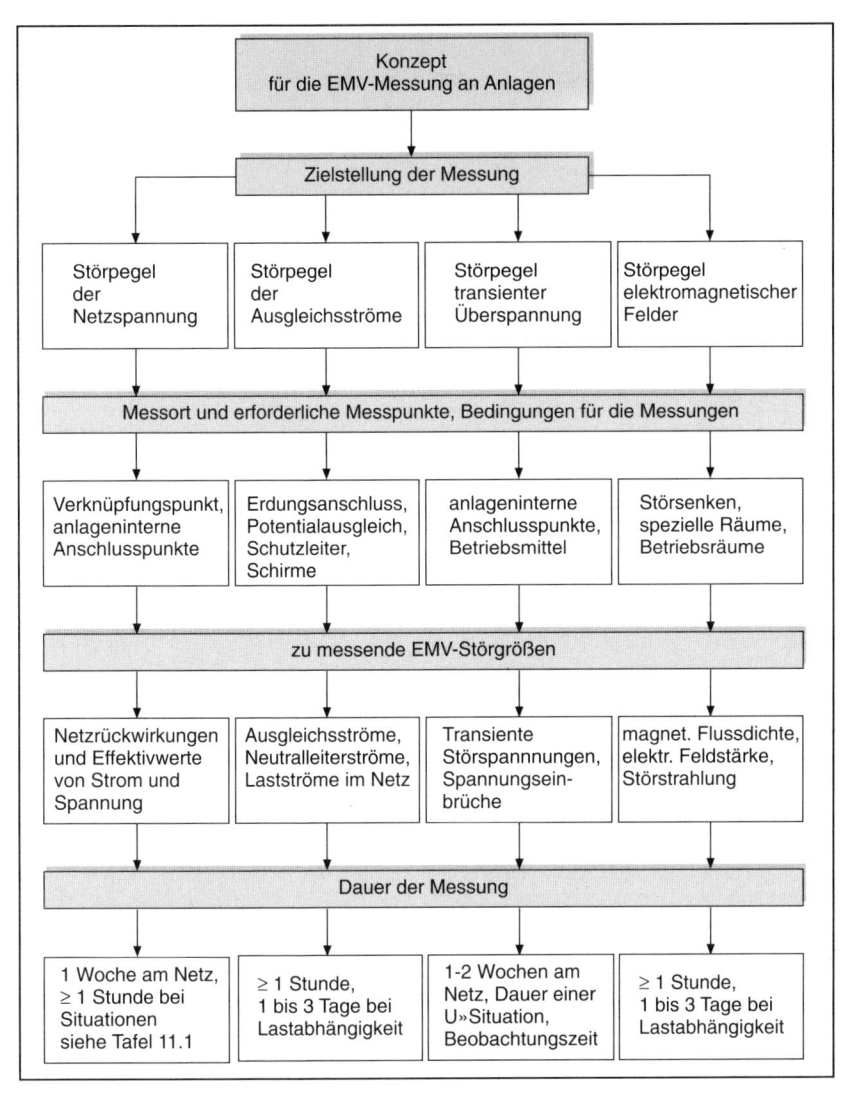

```
                    Konzept
            für die EMV-Messung an Anlagen
                        │
                Zielstellung der Messung
        ┌───────────┬───────────┬───────────┐
     Störpegel    Störpegel   Störpegel    Störpegel
       der          der      transienter  elektromagnetischer
   Netzspannung Ausgleichsströme Überspannung  Felder

    Messort und erforderliche Messpunkte, Bedingungen für die Messungen

   Verknüpfungspunkt, Erdungsanschluss,  anlageninterne  Störsenken,
   anlageninterne     Potentialausgleich, Anschlusspunkte, spezielle Räume,
   Anschlusspunkte    Schutzleiter,      Betriebsmittel   Betriebsräume
                      Schirme

                zu messende EMV-Störgrößen

   Netzrückwirkungen  Ausgleichsströme,  Transiente      magnet. Flussdichte,
   und Effektivwerte  Neutralleiterströme, Störspannnungen, elektr. Feldstärke,
   von Strom und      Lastströme im Netz  Spannungsein-   Störstrahlung
   Spannung                               brüche

                    Dauer der Messung

   1 Woche am Netz,  ≥ 1 Stunde,        1-2 Wochen am    ≥ 1 Stunde,
   ≥ 1 Stunde bei    1 bis 3 Tage bei   Netz, Dauer einer 1 bis 3 Tage bei
   Situationen       Lastabhängigkeit   U»Situation,     Lastabhängigkeit
   siehe Tafel 11.1                     Beobachtungszeit
```

Bild 11.1   *Orientierungen für den Inhalt von Konzeptionen für EMV-Messungen*

1. Zielstellung für die EMV-Messung der Netzspannung

Mit einer planmäßigen *EMV-Messung* der Netzspannung soll der Nachweis erbracht werden, dass der Gesamtstörpegel in der Netzspannung am jeweiligen Anschlusspunkt einer Anlage, eines internen Netzes oder eines Betriebsmittels, einzeln und in der Summe innerhalb der Verträglichkeitsgrenzen liegen. Die Verträglichkeitspegel für Netzrückwirkungen sind in den Tafeln 6.2 bis 6.7 geordnet nach EMV-Umgebungsklassen dargestellt. Unverzichtbar sind die EMV-Messungen bei interner Netzversorgung. Hier haben die Spannungsquellen mitunter einen sehr hohen Grundstörpegel, so dass die Netzspannung von vornherein für empfindliche Verbraucher unverträglich ist. Außerdem entstehen in internen Netzen bei Lastbetrieb

- größere Netzrückwirkungen wegen der geringeren Kurzschlussleistung und
- Spannungs- und Frequenzschwankungen bei Schwächen in der Maschinenregelung.

2. Welche Störgrößen sollten gemessen werden?

Die zu messenden Störgrößen (Rückwirkungen) ergeben sich aus der Zielstellung. Entscheidungskriterien sind einerseits die EMV-Umgebungsklasse der zu versorgenden Anlagen und andererseits die Art der Spannungsversorgung und die Dynamik der Verbraucherlast.

In der Mehrzahl der Fälle werden für die Verträglichkeit der Netzspannung folgende elektrischen Größen gemessen:

- Effektivwerte der Netzspannungen U_{L1} bis U_{L3} und wenn möglich die Spannungen zwischen *Neutralleiter* und *Schutzleiter* U_{N-PE},
- *Oberschwingungen* bis zur 50. Ordnung und ggf. die *Zwischenharmonischen* bis 1,5 kHz in den Netzspannungen,
- Effektivwerte der Lastströme I_{L1} bis I_{L3} und der Neutralleiterstrom I_N,
- Oberschwingungen bis zur 50. Ordnung und ggf. die *Zwischenharmonischen* bis 1,5 kHz in den Lastströmen und im Neutralleiterstrom,
- Flickerpegel P_{st} in den Spannungen,
- Netzfrequenz bei Inselbetrieb,
- Oszillogramme von den Spannungen und Ströme bei dynamischen Vorgängen,
- Test auf transiente Überspannungen.

Nachfolgend werden Hinweise für die differenzierte Auswahl der zu messenden Störgrößen gegeben.

a) *Oberschwingungen* (Harmonische) und *Zwischenharmonische*

Oberschwingungen in der Netzspannung werden gemessen, wenn

- die Netzspannung am *Anschlusspunkt* bereits erheblich vorbelastet ist,
- empfindliche Verbraucher versorgt werden,
- leistungsstarke und/oder viele kleine nichtlineare Verbraucher am Verknüpfungspunkt oder an anlageninternen *Anschlusspunkt*en angeschlossen sind,

- die Netzleistung am *Anschlusspunkt* gering ist,
- USV-Anlagen oder Ersatzstromaggregate für die elektrische Versorgung verwendet werden.

Leistungsstarke nichtlineare Verbraucher sind z.B. gesteuerte Drehstromantriebe mit Leistungen ab 10 kW auf der 400-V-Ebene, Stromrichter in den Eingangsstufen von USV-Anlagen oder anderen elektrischen Einrichtungen mit Leistungen ab 50 kVA. Zu den vielen kleinen nichtlinearen Verbrauchern gehören z.B. die PCs in einem Bürogebäude oder die elektronischen Vorschaltgeräte (*EVG*) in Beleuchtungsanlagen.
Netze mit geringer Kurzschlussleistung sind

- interne Netze hinter USV-Anlagen, Ersatzstromaggregaten oder Trenntransformatoren,
- anlageinterne *Anschlusspunkt*e, die über lange Zuleitungen versorgt werden sowie
- Netzstationen in ländlichen Gegenden, die über lange Stichleitungen aus dem Mittelspannungsnetz versorgt werden.

In USV-Netzen und Ersatzstromnetzen, die durch Notstromaggregate versorgt werden, besteht immer ein Messerfordernis.
Zwischenharmonische sollten in Netzen mit speziellen Umrichtern, z.B. Zwischenkreisumrichtern, oder Maschinen mit niederfrequenten Laständerungen oder USV-Anlagen mit IGBT-Technik gemessen werden.
Das Messerfordernis für die Oberschwingungen und *Zwischenharmonische*n in der Netzspannung wächst mit steigender Größe der nichtlinearen Last und mit sinkender Größe der Netzleistung.

b) Spannungsänderungen und Flicker
Spannungsänderungen und Flicker in der Netzspannung sollten gemessen werden, wenn

- die Netzspannung am *Anschlusspunkt* bereits erheblich durch Rückwirkungen vorbelastet ist,
- in der Anschlussanlage sehr häufig Antriebe oder große Antriebe geschaltet oder Maschinen mit niederfrequenten Laständerungen betrieben werden,
- in der Anschlussanlage gepulste Leistungen, Lichtbogenschmelz- und/oder -schweißeinrichtungen, Diskotheken mit Lichtorgel betrieben werden,
- in Netzen *Zwischenharmonische* in der Netzspannung auftreten,
- in Netzen, in denen mit Rundsteuersignalen gearbeitet wird,
- die Netzspannung intern geregelt wird, z.B. durch Regler der Ersatzstromquellen, wie USV-Anlagen, Ersatzstromaggregate.

185

Das Messerfordernis wächst mit steigender Größe wechselnder Lasten bzw. der Anlaufströmen von Maschinen sowie mit sinkender Größe der Netzleistung bzw. wachsender Netzimpedanz.
In Ersatzstromnetzen, die durch Notstromaggregate versorgt werden, besteht immer ein Messerfordernis.
Die Spannungsänderung erhält man aus der Effektivwertaufzeichnung der Netzspannung. Bedingung dafür ist eine hinreichend kleine Aufzeichnungsrate mit einer Größenordnung $\leq 0{,}1$ s. Genauer ist die Messung über das Oszillogramm bzw. eine Transientenaufzeichnung.
Für die Flickermessung wird ein Flickermeter benötigt.

c) Spannungseinbrüche

Die Messung von Spannungseinbrüchen wird für erforderlich gehalten, wenn im Netz

– Verbraucher mit stoßartigen Lasten, oder
– große Antriebsmotoren mit hohen Anlaufströmen oder
– Stromrichterbrücken mit entsprechender Leistung

betrieben werden. Beim Anlauf großer Motoren muss mit klassischen Spannungseinbrüchen und beim Betrieb der Stromrichter mit Kommutierungseinbrüchen gerechnet werden.
Die Spannungseinbrüche wachsen mit der Impedanz im Laststromkreis. Deshalb sollte die Messung in erster Linie an anlageinternen *Anschlusspunkten* durchgeführt werden.

d) Spannungsunsymmetrie

Die Spannungsunsymmetrie bereitet nur in sehr speziellen Fällen Probleme und wird deshalb auch nur selten gemessen.
Ein Messerfordernis besteht dort, wo wirklich leistungsstarke Verbraucher ein- oder zweiphasig im Drehstromnetz betrieben werden. Beispiele dafür gibt es in metallurgischen Betrieben bei entsprechenden Ofenanlagen oder in großen Schweißanlagen.

e) Änderungen der Netzfrequenz

Im öffentlichen Energieversorgungsnetz und in USV-Netzen muss nicht mit Änderungen in der Netzfrequenz gerechnet werden.
Das Messerfordernis besteht nur in internen Netzen mit Generatoren, die mit Kraftmaschinen angetrieben werden. Das betrifft:

– Kleinkraftwerke in Betrieben sowie BHKWs und
– Ersatzstromaggregate in Ersatzstromnetzen.

Dieselnotstromaggregate neigen bei schlecht eingestellten Drehzahlreglern zu großen Drehzahl- und damit zu Frequenzschwankungen. Deshalb sollte bei der Abnahmeprüfung von Ersatzstromaggregaten unbedingt die Frequenzmessung durchgeführt werden.

f) Netzfrequente Überspannungen
Netzfrequente Überspannungen sollten unbedingt in internen Netzen mit Ersatzstromaggregaten gemessen werden. Überspannungen entstehen hier sehr häufig bei Problemen mit der Spannungsregelung.
Für die Bewertung der Überspannungen werden die Messergebnisse aus Abschnitt b) genutzt.

3. An welchen Netzpunkten soll die EMV-Prüfung der Netzspannung erfolgen?
EMV-Messungen in der Netzspannung werden mindestens am Verknüpfungspunkt und bei Erfordernis an ausgewählten anlageinternen *Anschlusspunkt*en durchgeführt.
Der Verknüpfungspunkt ist bei Niederspannungsanschlüssen der Hausanschluss und bei Mittelspannungsanschlüssen die MS-Sammelschiene in der Transformatorenstation. Als Messpunkt kann bei Niederspannungsanschlüssen die Sammelschiene des Gebäudehauptverteilers gewählt werden, wenn der Hauptverteiler und der Hausanschluss nahe beieinander liegen und die Impedanz der Kabelverbindung hinreichend klein ist. Bei Vorhandensein einer Transformatorenstation muss auf der Mittelspannungsseite und am Niederspannungshauptverteiler gleichzeitig gemessen werden, wenn man den Einfluss aus dem öffentlichen Netz und die Rückwirkungen aus der angeschlossenen Anlage unterscheiden will. Wenn der Einfluss aus dem Mittelspannungsnetz nicht interessiert, reicht eine Messung am NS-Hauptverteiler der Transformatorenstation oder des Gebäudes.
In Netzen mit Ersatzstromversorgungen oder in USV-Netzen müssen die EMV-Messungen mindestens am Niederspannungshauptverteiler der Sicherheitstromversorgung (NSHV) oder am Hauptverteiler der USV-Anlage durchgeführt werden.
Zur Bewertung der *Verträglichkeit* der Netzspannung muss sehr häufig auch an ausgewählten anlageinternen *Anschlusspunkt*en gemessen werden, wenn dort verstärkt mit Rückwirkungen durch nichtlineare Verbraucher gerechnet werden muss und damit die Netzspannung für empfindliche Betriebsmittel und Einrichtungen gestört wird. Anlageninterne *Anschlusspunkte* sind in der Regel Unterverteiler.
Die Netzrückwirkungen und damit die Störpegel in der Netzspannung steigen mit der Impedanz bzw. der Länge der Kabelverbindungen. Deshalb sind weit vom Hauptverteiler entfernt liegende Unterverteiler bevorzugte Messpunkte.

4. Welche Messdauer ist notwendig?

Störgrößen in der Netzspannung haben wie die Lastströme, die diese Störungen verursachen, eine starke Dynamik. Einzelne Messwerte ohne Übersicht über den zeitlichen Verlauf der Störgrößen bringen keine Aussage.

Die Verträglichkeit der Netzspannung kann nur anhand von Ergebnissen aus einer Dauermessung mit entsprechender Datenaufzeichnung bewertet werden. Die Messdauer hängt sehr stark von der Zielstellung ab.

Messungen am Verknüpfungspunkt mit dem öffentlichen Versorgungsnetz erfordern in der Regel eine Messdauer von einer Woche, weil die Störgrößen im öffentlichen Netz von der Tageszeit und dem Wochentag abhängig sind. Das zeigt sehr anschaulich das Messbeispiel im Bild 1/ Anhang 2. Dagegen reicht im Ersatznetz eine Messdauer von einer Stunde aus, wenn in dieser Zeit alle möglichen Lastzustände gefahren werden können.

Orientierungswerte für die Messdauer bei der Prüfung der *Verträglichkeit* von Netzrückwirkungen zeigt die **Tafel 11.1**.

Es gibt aber auch sehr spezielle Messungen, bei denen der Verlauf einer einzelnen Störgröße oder einer Gruppe von Störgrößen bewertet werden sollen. Das könnte z.B. eine Spannungsmessung zur Reglereinstellung am Generator oder der Spannungseinbruch beim Anlauf einer größeren Maschine sein. In diesen Fällen ist die Messdauer situationsbedingt festzulegen.

Flickermessungen ergeben nur brauchbare Werte, wenn die Messdauer, wie in der Tabelle angegeben mindestens eine Stunde beträgt. Die lange Messdauer resultiert aus der Definition des Flickerstörpegels, dem P_{st}-Wert, der als Kurzzeitflicker üblicherweise als 10-Minuten-Mittelwert gemessen wird.

Tafel 11.1 *Orientierungswerte für die Messdauer von Netzrückwirkungen*

Störgröße	Messdauer		
	Spannung aus dem öffentlichen Netz	Spannung aus internem Netz	Spezielle Messung eines Sachverhaltes bzw. im Ersatznetz
Oberschwingungen, Zwischenharmonische	1 Woche	1 Woche	$\geq$ 1 Stunde
Spannungsänderungen und Flicker	1 Woche	1 Woche	$\geq$ 1 Stunde
Spannungsunsymmetrie	–	$\geq$ 1 Stunde	$\geq$ 1 Stunde
Netzfrequenz	–	$\geq$ 1 Stunde	$\geq$ 1 Stunde
Überspannungen	–	$\geq$ 1 Stunde	$\geq$ 1 Stunde

5. Mit welcher Messtechnik wird die EMV der Netzspannung gemessen?

Für die Messung der Netzrückwirkungen werden spezielle Messgeräte mit elektronischer Speicherfunktion benötigt. Derartige Messgeräte werden im Handel unter dem Begriff Netzanalysatoren geführt.
Moderne Netzanalysatoren haben drei bis vier Spannungseingänge und drei bis fünf Stromeingänge. Damit lassen sich im Drehstromnetz die drei Leiterspannungen und eine zusätzliche Spannung, wie z.B. die Spannung zwischen Neutralleiter und *Schutzleiter*, oder der Potentialausgleich messen.
Mit fünf Strommesskanälen werden die drei Leiterströme und zusätzlich die Ströme im Neutral- und *Schutzleiter* gemessen.
Netzanalysatoren haben in der Regel einen Monitor oder eine Schnittstelle für ein Laptop zur direkten Anzeige der Messwerte und ein elektronisches Speichermedium, mit denen die Messwerte über einen längeren Messzeitraum gespeichert werden. Die Messdaten stehen damit nach der Messung für analytische Zwecke zur Verfügung.
Für einfache Kontrollmessungen gibt es auch anzeigende Geräte ohne Messdatenspeicher oder mit nur wenigen Speicherplätzen. Derartige Geräte sind ausschließlich für den Servicedienst hergestellt und nur für die momentane Betrachtung einer gegebenen Situation und grundsätzlich nicht für die EMV-Bewertung der Netzspannungen geeignet.
Die Messtechnik muss in der Lage sein:
- Spannungen und Ströme im Drehstromnetz mit einer Abtastrate $\geq$ 10 kHz zu messen, die Messwerte mit einer Aufzeichnungsrate $\geq$ 0,1 s grafisch darzustellen und die Messdaten zu speichern,
- Oberschwingungen in den Strömen und Spannungen bis zur 50. Ordnung zu messen, mit einer Aufzeichnungsrate $\geq$ 2 s grafisch darzustellen und die Messdaten zu speichern,
- *Zwischenharmonische* bis 1,5 kHz zu messen, anzuzeigen und zu speichern,
- P_{st}-Werte der Flicker zu messen und aufzuzeichnen,
- Spannungseinbrüche und andere transiente Größen mit hinreichender Schnelligkeit aufzuzeichnen.

Sehr vorteilhaft sind Netzanalysatoren, mit denen auch gleichzeitig die Leistungen im Netz gemessen und die transienten Vorgänge in Strömen und Spannungen erfasst werden können.

Frage 11.2.7 Welche EMV-Messungen sind zur Bewertung der Ausgleichströme notwendig?

1. Zielstellung der Messung
Mit der Messung der Ausgleichströme soll überprüft werden, ob

- die Maßnahmen zur Betriebs- und Schutzerdung der elektrischen Systeme und Betriebsmittel sowie die Maßnahmen zum Potentialausgleich ordnungsgemäß ausgeführt und wirksam sind,
- die Leitungen der Erdungsanlage und der Potentialausgleichssysteme durch vagabundierende Neutralleiterströme oder eingekoppelte Induktionsströme in zu starkem Maße belastet werden und ob
- Maßnahmen zur Begrenzung der Ausgleichströme notwendig sind.

2. Wo und wie lange werden Ausgleichsströme im Netz gemessen?

Zunächst wird mit einem Zangenamperemeter an ausgewählten Leitungen per Stichprobe überprüft, ob nennenswerte Ausgleichsströme auftreten. Wichtige Prüfpunkte sind dabei die Leitungen an folgenden Stellen des Netzes:

- an Erdungspunkten der Starkstromanlage und an Anlagen der Informationstechnik,
- in Potentialausgleichsleitungen an der Hauptpotentialausgleichsschiene, Erdungssammelleitung, örtlichen Potentialausgleichsschienen und dem Blitzschutzpotentialausgleich sowie am Anschluss des Fundamenterders,
- Starkstromkabel zwischen Verteilern des Gebäudes und
- an Schirmen von Leitungen der Informationstechnik.

Ergibt die Kontrollmessung auffällige Ausgleichsströme, so muss an diesen Stellen mit einer Dauermessung der zeitliche Verlauf der Störgröße gemessen und bewertet werden. Die Messdauer ist abhängig von der Art und Dynamik des Betriebes. Sie sollte mindestens eine Stunde betragen. Bei diskontinuierlichem Anlagenbetrieb können mehrere Tage erforderlich sein.
Parallel zu den Ausgleichsströmen sollten relevante Last- und Neutralleiterströme mit aufgezeichnet werden. Aus dem zeitlichen Verlauf der Betriebsströme und deren Frequenzanteile lassen sich Anhaltspunkte für Ursachen der Ausgleichsströme erkennen und damit Maßnahmen gegen Ausgleichsströme ableiten.

3. Mit welcher Messtechnik werden Ausgleichsströme gemessen?

Für die Messung der Ausgleichsströme werden benötigt:

- Zangenamperemeter für die Echteffektivwert-Messung von Gleich- und Wechselströmen. Der Frequenzbereich sollte bis 5 kHz reichen. Die gleichzeitige Messung der Oberschwingungen ist vorteilhaft. Der Messbereich muss von 10 mA bis 100 A einstellbar sein.
- Mehrkanalige Netzanalysatoren mit elektronischer Speicherfunktion haben den Vorrang, weil damit viele Ströme gleichzeitig gemessen werden können. Die Messaufnehmer müssen Zangenampermeter mit vorgenannten Eigenschaften sein.

In der Praxis werden für die Ausgleichsstrommessung die gleichen Netzanalysatoren wie für die EMV-Messung der Netzspannung verwendet.

Frage 11.2.8 Wie werden transiente Überspannungen gemessen?

1. Zielstellung der Messung
Transiente Überspannungen werden wegen ihres spontanen Auftretens nicht planmäßig, sondern nur dann gemessen, wenn sie Störungen oder Schäden an Anlagen verursachen. In diesen Fällen werden spezielle auf den jeweiligen Fall zugeschnittene Untersuchungen durchgeführt. Untersuchungen werden im Abschnitt 12 behandelt.

2. Wo und wie lange werden transiente Überspannungen im Netz gemessen?
Transiente Überspannungen werden in den Leiterspannungen an unterschiedlichen Anschlusspunkten gemessen. Das kann der Verknüpfungspunkt, ein anlageinterner Anschlusspunkt oder auch ein Punkt innerhalb eines Gerätes sein.
Die Messdauer wird durch die Zielstellung der Untersuchung bestimmt.

3. Mit welcher Messtechnik werden transiente Überspannung gemessen?
Für die Untersuchung transienter Überspannungen werden Transientenrekorder benötigt, die triggerfähig sind und mit einer entsprechend hohen Abtastrate ($\geq$ 10 kHz) arbeiten. Es wird ein hinreichend großes Speichervermögen benötigt.

Frage 11.2.9 Wie werden elektromagnetische Störfelder gemessen?

1. Zielstellung der Messung
Aus EMV-Sicht müssen elektromagnetische Störfelder nur dann gemessen werden, wenn sie Störungen verursachen. In diesen Fällen werden Angaben zur Qualität und Quantität der Felder benötigt, um daraus wirksame Maßnahmen gegen die Störfelder abzuleiten.
Planmäßige Untersuchungen sind in der Regel darauf gerichtet, die Störfeldstärke, die Störfrequenz und die räumliche Ausdehnung der Störfelder zu ermitteln. Eine weitere Zielstellung einer Messung könnte darin bestehen, die Wirkung errichteter Schirme zu bewerten.
Eine Nachweispflicht über die Einhaltung vorgegebener Grenzwerte besteht nach der Verordnung über elektromagnetische Felder [2.3] für Funk- und Sendeanlagen und für Energieanlagen, wie Transformatorenstationen, Umformerwerke, Hochspannungsfreileitungen, wenn diese in öffentlich zugänglichen Bereichen errichtet werden.

2. Wo und wie lange werden elektromagnetische Störfelder in Gebäuden gemessen?

Betriebsbedingt entstehende elektrische und magnetische Störfelder werden in unterschiedlichen Abständen zur Störquelle, in ausgewählten Räumen eines Gebäudes und bei Erfordernis auch hinter Schirmungen gemessen. Die Messdauer ist abhängig von der Aktivität der Störquelle. Das Messziel kann in wenigen Minuten und in anderen Fällen erst nach Stunden oder Tagen erreicht werden.

Fehlerbedingte Störfelder werden in ausgewählten Räumen eines Gebäudes, in der Nähe der Störsenke und zur Feststellung der Ursachen in Richtung der Quelle gemessen. Die Messdauer für fehlerbedingte Störfelder ist abhängig von der Fehlerhäufigkeit. Sie kann in bestimmten Fällen Tage oder Wochen betragen.

3. Mit welcher Messtechnik werden Störfelder gemessen?

Ein Universalmessgerät für alle möglichen Störfeder gibt es nicht.
Grundsätzlich werden Messgeräte benötigt für:

– niederfrequente elektrische Felder,
– niederfrequente magnetische Felder und
– hochfrequente elektromagnetische Felder.

Die Messgeräte für niederfrequente Störfelder müssen dreidimensional messen und in der Lage sein, die in den Störfeldern enthaltenen Frequenzen auszuweisen. Vorteilhaft sind Geräte, mit denen die Felder auch oszillografiert werden können.

Die Messtechnik für hochfrequente Störfelder sollte möglichst handlich und in der Lage sein, die Störfelder frequenzselektiv und als Summe zu messen.

Für die Messung fehlerbedingter Störfelder muss die Messtechnik mit Transientenrekordern ausgerüstet sein.

Frage 11.2.10 Welche EMV-Prüfungen sind wiederkehrend an der elektrischen Installation in Gebäuden durchzuführen?

Für wiederkehrende Prüfungen gelten die Verordnungen auf Bundes- und Landesebene, die Vorschriften der Berufsgenossenschaften sowie die Bestimmungen der DIN VDE 0105 [4.11] für allgemeine und z.B. die VDE 0107 [4.12] und VDE 0108 für spezielle Anlagen.

DIN VDE 0105, Teil 100 (EN 50110-1) trifft zur Prüfung folgende Aussagen:
„Der Zweck von Prüfungen besteht in dem Nachweis, dass eine elektrische Anlage den Errichtungsnormen und den Sicherheitsvorschriften entspricht."
„Elektrische Anlagen müssen in geeigneten Zeitabständen geprüft werden. Wiederkehrende Prüfungen sollen Mängel aufdecken, die nach der Inbe-

triebnahme aufgetreten sind und den Betrieb behindern oder Gefährdungen hervorrufen können."

„Der Umfang der wiederkehrenden Prüfung darf je nach Bedarf und nach den Betriebsverhältnissen auf Stichproben sowohl in Bezug auf den örtlichen Bereich (Anlagenteil) als auch auf die durchzuführenden Maßnahmen beschränkt werden, soweit dadurch eine Beurteilung des ordnungsgemäßen Zustandes möglich ist."

Aus den Zitaten der DIN VDE 0105 geht hervor, dass Mängel, die

– den Betrieb behindern oder
– Gefährdungen hervorrufen.

durch wiederkehrende Prüfungen aufgedeckt werden müssen. Derartige Mängel, insbesondere die, die den Betrieb behindern, resultieren sehr häufig aus elektromagnetischen Einflüssen (EMI).

Aus Sicht der EMV sind insbesondere folgende Prüfungen durchzuführen:

1. Befragung der Betreiber nach Funktionsstörungen und besonderen Vorkommnissen an den Anlagen und deren Umgebung.

   Ergibt die Befragung keine Hinweise auf Störungen der EMV, kann davon ausgegangen werden, dass die EMV-Schutzanforderungen für die gegebene Situation erfüllt sind und es keinen weiteren Handlungsbedarf in Bezug auf die Sicherstellung der elektrischen Funktion der betreffenden Anlage gibt.

2. Kontrollmessungen an ausgewählten Punkten der Anlage auf vorhandene Ausgleichsströme im Potentialausgleichssystem und der Lastsituation im Neutralleiter. Die Messungen werden mit einem Zangenamperemeter mit Echteffektivwertanzeige und hinreichendem Frequenzbereich durchgeführt.

   Typische Messpunkte für die Erkennung von Ausgleichsströmen sind:

   – Verbindungen zur Erdungsanlage (Fundamenterder),
   – Potentialausgleichsleitungen,
   – fremde leitfähige Teile und
   – Schutzleiter in Kabeln zwischen Verteilern und in Steigleitungen.

   Hinweise zur Durchführung der Messungen gibt die Frage 11.2.7.

   Ergibt die Kontrollmessung auffällige Werte, so sind weitere Messungen und Untersuchungen zur Bestimmung erforderlicher Maßnahmen notwendig. Hinweise für spezielle Untersuchungen gibt Abschnitt 12.

3. Kontrollmessungen der Netzspannung an ausgewählten Anschlusspunkten. Dafür eignet sich ein Messgerät mit Echteffektivwert- und Oberschwingungsanzeige sowie möglichst auch mit Oszilloskopfunktion.

11.3 Dokumentation der EMV-Prüfung

Ein Prüferfordernis begründet immer einen Prüfnachweis. Dieser Grundsatz gilt für jede Prüfung, unabhängig von deren Art und Umfang. Im einfachsten Fall, z.b. bei der Prüfung eines ortsveränderlichen Betriebsmittels, genügt eine Prüfplakette am Betriebsmittel. Für die Prüfung elektrischer Anlagen, z.B. nach den Vorschriften der Berufsgenossenschaften, werden Prüfbescheinigungen ausgestellt oder ein Prüfbuch geführt.

Die EMV-Prüfung einer elektrischen Anlage oder eines elektrischen Netzes sollte mit einem **EMV-Prüfbericht** dokumentiert werden. EMV-Prüfberichte werden erstellt für

- die EMV-Planungsprüfung,
- die EMV-Prüfung der elektrischen Installation und
- die EMV-Messung.

Frage 11.3.1 Welche Aussagen sollte ein EMV-Prüfbericht zur Planungsprüfung beinhalten?

Für die Dokumentation einer Planungsprüfung wird ein formloser EMV-Prüfbericht erstellt. Der EMV-Prüfbericht sollte auf folgende Fragen Antworten geben:

- Was war die Zielstellung der Planungsprüfung?
- Welche Unterlagen, Berechnungen und Beschreibungen lagen zur Prüfung vor?
- Welche Normen und Verträglichkeitspegel wurde den Wertungen zugrunde gelegt?
- Gibt es Netzbereiche, Gebäudeteile oder Anschlusspunkte mit empfindlichen EM-Störsenken und welche Störgrößen müssen dort vorrangig begrenzt werden?
- Sind im Gebäude Zonen für den Blitz- und Überspannungsschutz geplant?
- Sind weitere Maßnahmen zur Erfüllung der EMV-Schutzanforderungen notwendig?
- Welche speziellen Maßnahmen sind zur Erfüllung der EMV-Schutzanforderungen bei der Installation der Anlagen und der Montage der Betriebsmittel zu beachten?
- Welche EMV-Prüfungen sind bei der Errichtung der Anlagen und Netze erforderlich?
- Welche EMV-Messungen sind nach Aufnahme des bestimmungsgemäßen Betriebes aller Gebäudeausrüstungen notwendig und welche Inhalte sind dabei zu prüfen?

Frage 11.3.2 Wird für die Prüfung der Gebäudeinstallationen ein eigenständiger EMV-Prüfbericht benötigt?

Nein, für die EMV-gerechte Ausführung der allgemeinen Gebäudeinstallation wird im Normalfall kein eigenständiger EMV-Prüfbericht benötigt.
Die Installation der elektrischen Anlagen und Betriebsmittel ist nach ihrer Fertigstellung auf ordnungsgemäßen Zustand zu prüfen. Alle dabei geprüften Sachverhalte sind nach den Bestimmungen für

– die elektrische Sicherheit, den Brandschutz und den Blitzschutz,
– die Funktionssicherheit der Sicherheitseinrichtungen und
– die Elektromagnetische Verträglichkeit

zu bewerten und das Ergebnis der Prüfung ist zu bescheinigen.
Sowohl für die Prüfung der elektrischen Anlagen als auch für die Prüfung der Blitzschutzanlagen wird in der Regel je Anlage eine **Prüfbescheinigung** ausgefertigt und darin der geprüfte Umfang sowie die Aussage zur Sicherheit bescheinigt. Beide Prüfbescheinigungen, die für die elektrische Anlage und die für den Blitzschutz, sollen in ihrer allgemeinen Aussage die Bewertung zur EMV mit einschließen. Das wird mit einem insgesamt wertenden Satz in der Prüfbescheinigung, wie z.B. „die elektrische Anlage wurde nach den gültigen Bestimmungen und technischen Normen errichtet" ausgedrückt. Diese Aussage schließt selbstverständlich die EMV-Bestimmungen mit ein.
Wenn jedoch eine gesonderte EMV-Prüfung der Gebäudeinstallation gefordert oder gewünscht wird, ist dazu ein eigenständiger EMV-Prüfbericht anzufertigen. Dieser könnte nach den Vorschlägen unter Frage 11.3.1 firmenspezifischer gestaltet werden.
EMV-Messungen müssen ordnungsgemäß dokumentiert werden, s. Frage 11.3.3.

Frage 11.3.3 Welche Aussagen sollte ein EMV-Prüfbericht zur Messung von EM-Störgrößen in der Gebäudeinstallation beinhalten?

Der EMV-Prüfbericht muss die durchgeführte EMV-Messung transparent widerspiegeln und eine klare Bewertung des erreichten Standes bei der Erfüllung der EMV-Schutzanforderungen ausweisen. Anhand des Prüfberichtes muss ein anderer nichtbeteiligter Fachmann die durchgeführte Prüfung nachvollziehen können. Den prinzipiellen Aufbau eines EMV-Prüfberichtes, der zum Ergebnis einer EMV-Messung ausgestellt werden muss, zeigt **Bild 11.2**. Der Bericht besteht aus zwei Teilen, einem Textteil und einem grafischen Teil.

```
┌─────────────────────────────────────────────────────────────┐
│                  ┌──────────────────────────┐               │
│                  │      EMV-Prüfbericht     │               │
│                  │ Messung von EM-Störgrößen │              │
│                  │  in der Gebäudeinstallation│             │
│                  └──────────────────────────┘               │
│                        ⇓            ⇓                       │
│   ┌─────────────────────────────┐ ┌──────────────────────┐  │
│   │ 3. Maßnahmen zur Herstellung│ │3. Messgrafiken,      │  │
│   │    der EMV                  │ │   Störgrößen         │  │
│   │ 2. Feststellungen aus den   │ │2. Messgrafiken,      │  │
│   │    Messungen                │ │   Nutzgrößen         │  │
│   │ 1. Angaben zur Messung      │ │1. Übersichtsschaltbild│ │
│   │                             │ │   der Anlage mit     │  │
│   │  - Zielstellung             │ │   Angabe der         │  │
│   │  - Angaben zur Situation    │ │   Messstellen,       │  │
│   │  - Messorte und Messpunkte  │ │   Messpunkte und     │  │
│   │  - gemessene Stör- und      │ │   der dafür verwen-  │  │
│   │    Nutzpegel                │ │   deten Messtechnik  │  │
│   │  - Messdauer                │ │                      │  │
│   │  - verwendete Messtechnik   │ │                      │  │
│   │  - Bewertungsgrundlagen     │ │                      │  │
│   └─────────────────────────────┘ └──────────────────────┘  │
└─────────────────────────────────────────────────────────────┘
```

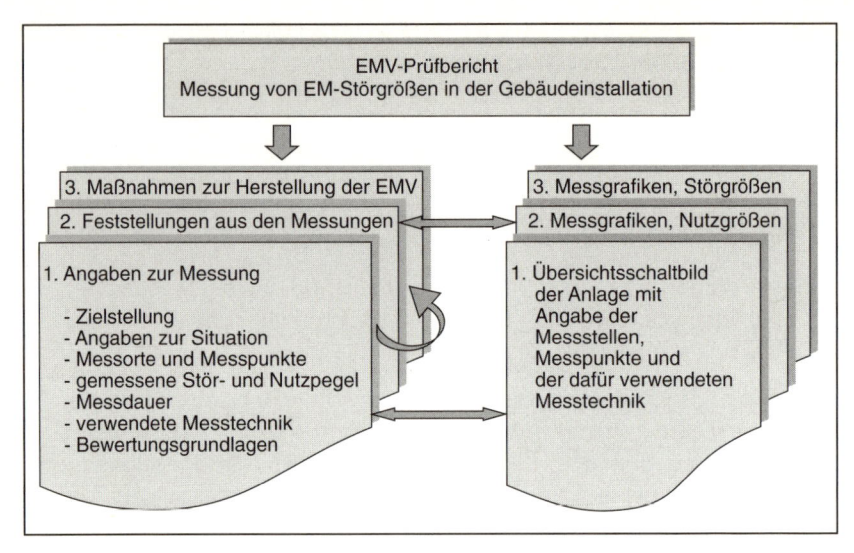

Bild 11.2 Vorschlag für den Inhalt und Aufbau eines EMV-Prüfberichtes über eine durchgeführte EMV-Messung

Der **Textteil** sollte folgende Angaben und Aussagen enthalten:
1. Angaben zum Prüfobjekt und zur Messung
   - Benennung des Prüfobjektes mit Angaben zum Standort,
   - Zielstellung der EMV-Messung,
   - Beschreibung der Anlage oder des Netzes mit Angabe der technischen Daten sowie der Bedingungen, unter denen gemessen wurde, z.B. Lastsituation, Betriebszustände, Schaltzustände,
   - genaue Beschreibung des Messortes, der Messpunkte, der Messdauer,
   - gemessene Stör- und Netzpegel mit Angabe der Aufzeichnungsrate,
   - verwendete Messtechnik mit Angabe der technischen Parameter,
   - Angabe der Normen und verwendeten Verträglichkeitswerte.
2. Feststellungen aus den Messungen und Wertung der Feststellungen
3. Erforderliche Maßnahmen zur Herstellung der EMV
   - Auflistung der Maßnahmen
   - Sind noch weitere EMV-Messungen erforderlich?

Im **grafischen Teil** sollten

1. Übersichtsschaltbild der Anlage mit Angabe der Messstellen,
2. Pegel-Zeitdiagramme und Oszillogramme der Nutzgrößen,
3. Pegel-Zeitdiagramme und Oszillogramme der Störgrößen

dargestellt und im Textteil bewertet werden.

12 Untersuchung und Beseitigung von EM-Störungen in der Gebäudeinstallation

Werden bei der Errichtung, Erweiterung oder Änderung elektrischer Anlagen und Netze oder bei deren Betrieb die EMV-Schutzanforderungen nicht oder nicht mehr eingehalten, so können elektromagnetische Unverträglichkeiten entstehen. Die Folgen sind Funktionsstörungen an Anlagen der Starkstrom-, Steuerungs-, Überwachungs- und/oder Informationstechnik oder auch nur an einzelnen elektrischen oder elektronischen Betriebsmitteln. Bei EMV-Problemen in der Netzspannung, an Anlagen oder in Räumen eines Gebäudes klagen Betreiber der Anlagen über zeitweise oder ständig auftretende Funktionsstörungen oder geändertes Verhalten von Anlagen und Verbrauchern. Mitunter werden von Betreibern EMV-Phänomene wahrgenommen, die für sie rätselhaft sind. In solchen Fällen sucht der Betreiber Hilfe und Unterstützung bei Fachleuten oder Dienstleistern mit speziellen EMV-Kenntnissen.

Frage 12.1 Wie werden EMV-Probleme in der Gebäudeinstallation erfolgreich untersucht?

Ein Rezept für alle Fälle gibt es nicht.
EM-Störungen sind, wie in den Abschnitten 3 bis 10 dargestellt, sehr komplexe Vorgänge, die oft nicht auf Anhieb erkannt werden können. Die Untersuchung erfordert sehr viel Erfahrung in der analytischen Arbeit und umfassende Kenntnisse auf dem Gebiet der *EMV*. Eine Untersuchungsmethode, die in der Praxis erfolgreich angewendet wird, zeigt das **Bild 12.1**.
Nach dieser Methode sind zur Untersuchung und Beseitigung von EMV-Problemen folgende Schritte notwendig:

1. Information über vorhandene EMV-Probleme und betriebene Anlagen,
2. erste EMV-Messung zur Erkennung vorhandener EMV-Probleme,
3. EMV-Messung zur Feststellung von Art und Umfang vorhandener Störpegel,
4. Auswertung der EMV-Messung und Ableitung notwendiger Sanierungsmaßnahmen,
5. Herstellung der EMV im Gebäude.

```
                    ┌─────────────────────────────────────┐
                    │  EMV-Probleme in der Gebäudeinstallation │
                    └─────────────────────────────────────┘
                                       ↓
                    ┌─────────────────────────────────────┐
                    │ Information vom Betreiber und von Fachleuten │
                    │      kurze Kontrollmessungen        │
                    └─────────────────────────────────────┘
                                       ↓
                              Ursache für
                    ←── ja ── EMV-Probleme ── nein ──→
                              erkennbar
```

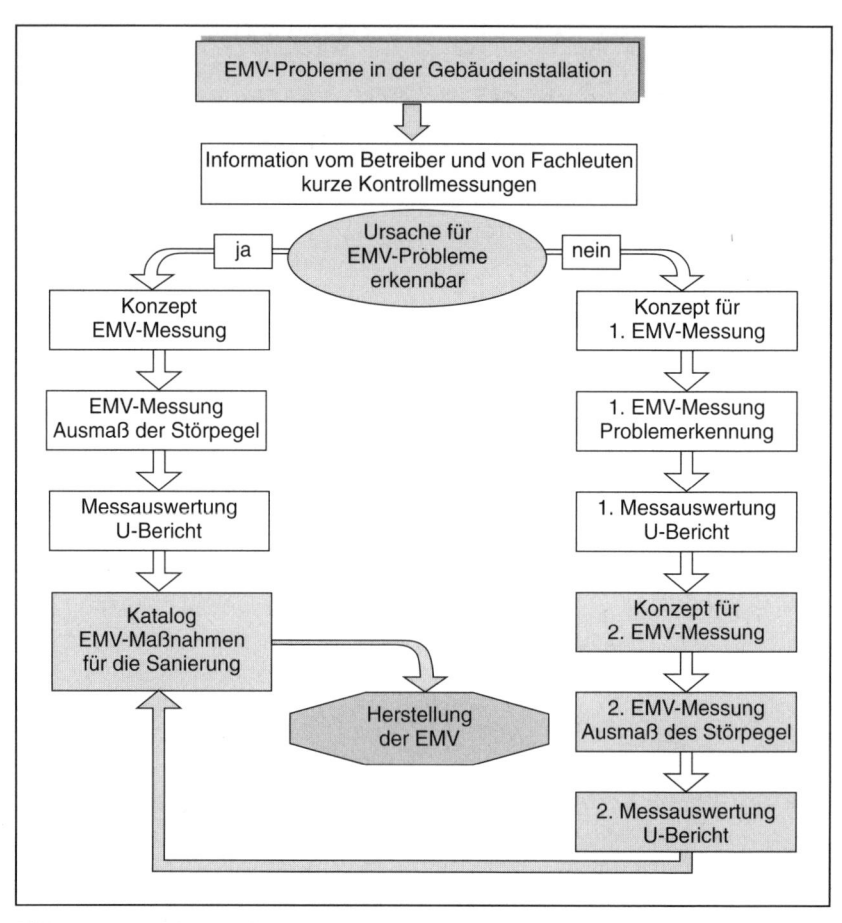

(Flussdiagramm)

Linker Zweig (ja):
- Konzept EMV-Messung
- EMV-Messung Ausmaß der Störpegel
- Messauswertung U-Bericht
- Katalog EMV-Maßnahmen für die Sanierung
- Herstellung der EMV

Rechter Zweig (nein):
- Konzept für 1. EMV-Messung
- 1. EMV-Messung Problemerkennung
- 1. Messauswertung U-Bericht
- Konzept für 2. EMV-Messung
- 2. EMV-Messung Ausmaß des Störpegel
- 2. Messauswertung U-Bericht

Bild 12.1 *Verfahrensweise zur Untersuchung und Beseitigung vom EMV-Problemen in der Gebäudeinstallation*

Wenn nach dem ersten Schritt genügend Informationen vorliegen und das EMV-Problem qualitativ klar erkennbar ist, kann auf den zweiten Schritt verzichtet werden.

Zu 1) **Information über vorhandene EMV-Probleme und betriebene Anlagen**

Am Anfang einer Untersuchung muss sich der Untersuchungsführende zunächst ein Bild von der Situation im gestörten Bereich machen. Dazu braucht er Informationen, die er vor Ort im Gespräch mit dem Betreiber und/oder dort beschäftigten Personen erhält, die von den Wirkungen der Störungen betroffen sind bzw. die Störungen im Zusammenhang mit ihrer

Tätigkeit wahrnehmen. Sind Fachleute vor Ort, so erhält er von diesen weitere insbesondere anlagenspezifische Informationen. Die Fachleute werden selbstverständlich auch später aktiv in die Untersuchung mit einbezogen.

Für die Entwicklung einer effektiven Untersuchungsstrategie ist es hilfreich, Antworten auf möglichst viele Fragen zu finden, wie

- welche Betriebsmittel oder Anlagen werden gestört,
- welcher Art sind die Störungen bzw. welche Abweichungen vom bestimmungsgemäßen Betrieb werden bemerkt,
- wann bzw. zu welchen Tageszeiten und wie häufig treten die Vorkommnisse auf und wie lange hält die Störung an,
- gibt es einen Zusammenhang zwischen einsetzenden Störungen und dem Betrieb von speziellen Anlagen oder technologischen Ausrüstungen des Gebäudes,
- woher kommt die Netzspannung,
- welche nichtlinearen Verbraucher werden im Gebäude betrieben; Art, Anzahl, Leistung, Verteilung im Netz,
- nach welchem System ist das elektrische Versorgungsnetz aufgebaut,
- gibt es zu bestimmten Anlässen spezielle Schaltzustände bzw. planmäßige Schalthandlungen im elektrischen Versorgungsnetz,
- wird im Gebäude Blindleistung kompensiert, wenn ja, an welchen Netzpunkten, bei welcher Betriebsart und bei welchem Grad der Verdrosselung,
- wo und in welcher Art sind Erdungs-, Potentialausgleichs- und Schirmungsmaßnahmen durchgeführt.

Mit den ersten Informationen aus Gesprächen wird gezielt Einsicht in die Anlagendokumentation genommen und eine erste Begehung ausgewählter Anlagen im Gebäude durchgeführt. Bei der Begehung sollten kurze Kontrollmessungen mit einfachen Messgeräten, wie z.B.

- mit einer Stromzange, die Augenblickswerte der Ströme in Neutralleitern, Schutzleitern, Potentialausgleichsleitern, Schirmen von Informationsleitungen,
- mit einem Analysator, die momentane Oberschwingungssituation an verschiedenen Anschlusspunkten oder
- mit einer Magnetfeldsonde, örtliche Felder

überprüft werden. Aus den Informationen vom Betreiber und den Fachleuten vor Ort, der Art und Ausführung der betriebenen Anlagen sowie den Feststellungen aus den Kontrollmessungen werden Zusammenhänge hergestellt und Thesen für mögliche Ursachen entwickelt.

Gelingt es nicht, aus den gesammelten Informationen das EMV-Problem qualitativ zu erkennen, muss eine EMV-Messung zur Problemerkennung gestartet werden. Ist das EMV-Problem klar erkennbar, ist die EMV-Messung zur Problemerkennung nicht notwendig. In diesem Fall folgt der 3. Schritt.

Zu 2) EMV-Messung zur Erkennung vorhandener EMV-Probleme

Die EMV-Messung zur Problemerkennung ist meistens dann notwendig, wenn die Störungen an Anlagen oder Betriebsmitteln sich nicht eindeutig einem EMV-Phänomen zuordnen lassen oder die Störungen nur vereinzelt auftreten.

EMV-Messungen zur Problemerkennung werden wie planmäßige EMV-Messungen angelegt. Für die EMV-Messung wird ein Konzept erstellt, das die örtlichen Bedingungen und die Art der betriebenen Anlagen berücksichtigt. Der prinzipielle Aufbau eines derartigen Konzepts wird in Frage 11.2.5 beschrieben. Hilfreich für das Konzept kann auch die Übersicht im Bild 11.1 sein.

Zur Messung werden die EM-Störgrößen ausgewählt, mit denen man an der betreffenden Stelle rechnen muss. Das sind in der Regel die Netzrückwirkungen, Ausgleichströme und transiente Spannungen.

Die Dauer der Messung ist bei dem Ziel der Problemerkennung eher länger zu wählen. In der Regel im Bereich einiger Tage bis zu einer Woche.

Die anschließende Messauswertung ist darauf gerichtet, festzustellen, welche EM-Störgrößen im unverträglichen Bereich liegen und welche davon als Ursache für die im Gebäude auftretenden EM-Störungen infrage kommen, oder ob es noch andere Einflüsse gibt, die EMV-Probleme verursachen. Ist die Ursache für vorhandene Probleme noch nicht erkennbar, sind nach dem Ausschlussverfahren weitere EMV-Messungen zur Eingrenzung der Ursachen notwendig.

In der Praxis ergeben breit angelegte EMV-Messung über eine hinreichende Dauer so viele Daten, dass in einigen Fällen mit der ersten Messung die Ursachen bereits erkannt werden können. In diesen Fällen folgt an dieser Stelle der 4. Schritt der Untersuchung.

Zu 3) EMV-Messung zur Feststellung von Art und Umfang vorhandener Störpegel

Wenn aus der bisherigen Untersuchung mit hinreichender Gewissheit das Ursachenprofil für auftretende EM-Störungen aufgeklärt ist, müssen mit einer EMV-Messung die zur Herstellung der EMV notwendigen Informationen gewonnen werden. Das Konzept für die Messung vorhandener EM-Störungen wird auf der Grundlage des Konzepts für die planmäßigen EMV-Messungen (Frage 11.2.5) um den Teil erweitert, der für die Zielstellung der Untersuchung erforderlich ist.

Zielstellungen für diese EMV-Messung können sein:
– die vermuteten Ursachen für die EMV-Probleme genauer zu bestimmen,
– die zu unterschiedlichen Tageszeiten oder bei speziellen Betriebszuständen tatsächlich auftretenden Störgrößen, deren Pegel und Dynamik (Maxima und Minima) zu erfassen,

- das Zusammentreffen von einsetzenden Störphänomenen beim Betrieb der Anlagen und/oder Betriebsmitteln mit dem Auftreten der sie verursachenden Störgrößen zu beweisen.

An welchem **Ort** sollte gemessen werden?
Da es bei dieser EMV-Messung darauf ankommt, die Ursachen für die Störungen näher zu erfahren, muss der Messort auf diese Zielstellung ausgerichtet werden. Betrifft es die Netzspannung, so sollte mit zwei Messsätzen gearbeitet werden. Ein Messsatz wird am anlageninternen Anschlusspunkt und der zweite am Verknüpfungspunkt benötigt. Sind Ausgleichsströme die Ursache, so sollten diese im gestörten Bereich und an wichtigen Verteilerpunkten (Potentialausgleichsschienen) und in Schutz- und Potentialausgleichsleitern gemessen werden. Die Störaussendung einzelner Betriebsmittel wird selbstverständlich an der Quelle und bei Bedarf an anderer Stelle des Wirkungsweges gemessen. Weitere Hinweise zum Inhalt des Messkonzeptes enthält die Übersicht im Bild 11.1.

Welche **Nutz- und Störgrößen** sollten gemessen werden?
Die zu messenden Nutz- und Störgrößen werden aus dem zu ermittelnden Ursachenprofil abgeleitet. Zur Ursachendarstellung ist es immer erforderlich, den Zusammenhang zwischen Betriebsart und Störgröße herzustellen. Deshalb ist es bei EMV-Messungen in jedem Fall ratsam, immer die Netzspannung, die Lastströme und den Neutralleiterstrom während der gesamten Messdauer zu messen und zu speichern. Die Aufzeichnungsrate für die Nutz- und Störgrößen muss auf die Messaufgabe abgestimmt sein. Zur Bewertung von Schwankungen in der Netzspannung, von Fremdspannungspotentialen oder von Ausgleichsströmen sind Aufzeichnungsraten unter 100 ms empfehlenswert.

Wie groß sollte die **Messdauer** gewählt werden?
Die Dauer der EMV-Messung richtet sich nach dem zu untersuchenden EMV-Problem. Sie kann bei Ursachen, die nur im Zusammenhang mit speziellen Ereignissen, z.B. Schaltvorgängen stehen, sehr kurz sein. In diesem Fall werden die Ereignisse mehrfach herbeigeführt und die davon ausgehenden Störungen gemessen und aufgezeichnet. Bei Störeinflüssen in der Netzspannung muss bei der Versorgung aus dem öffentlichen Netz mindestens eine Woche gemessen werden. Die Messdauer in internen Netzen, wie USV-Netzen oder in Netzen mit Ersatzstromaggregaten ist abhängig vom Lastgang und der Dynamik der Last. Weitere Hinweise zur Dauer von EMV-Messungen gibt die Tafel 11.1.

Bei welchen **Betriebszuständen** sollte gemessen werden?
Während der EMV-Messung sollten typische Betriebszustände, Schalthandlungen, Lastwechsel, Anlauf- und Regelvorgänge häufig wiederholt und mit Echtzeit protokolliert werden.

Zu 4) **Auswertung der EMV-Messung und Ableitung notwendiger Sanierungsmaßnahmen**
Die Auswertung der gemessenen und gespeicherten Daten ist eine intensive analytische Arbeit. Dabei müssen die Störpegel den Verträglichkeitspegeln gegenübergestellt und in Bezug auf die jeweilige Betriebs- und Lastsituation gewertet werden.
Mit der Auswertung der Messergebnisse muss die Ursache für die EM-Störungen beweisfähig nachgewiesen und daraus dann die erforderlichen Maßnahmen zur Herstellung der EMV im Gebäude abgeleitet werden. Im Ergebnis der Auswertung entsteht ein EMV-Prüfbericht. Einen Vorschlag für den Aufbau und den Inhalt eines EMV-Prüfberichtes bietet das Bild 11.2.
Der EMV-Prüfbericht muss für jedermann nachvollziehbar sein. Hinweise dazu enthält der Abschnitt 11.3. Es macht keinen Sinn, einzelne Messwerte aufzulisten, wenn nicht klar ist, wo, wann und unter welchen Bedingungen die Messwerte entstanden sind.
Bei speziellen EMV-Messungen, die selektiv auf gesuchte Störgrößen gerichtet sind, werden häufig auch Pegelüberschreitungen mit erfasst, die bisher keine Störungen verursacht haben. Im EMV-Prüfbericht müssen alle Störgrößen bewertet und in die Schlussfolgerungen für erforderliche Maßnahmen einbezogen werden.

Zu 5) **Herstellung der EMV im Gebäude**
Bei der Herstellung der EMV, d.h. bei den Maßnahmen zur Herstellung des Zustandes, bei dem die EMV-Schutzanforderungen erfüllt werden, müssen weitestgehend alle Störgrößen berücksichtigt werden.
Für die Sanierung gibt es grundsätzlich die zwei Möglichkeiten:

– die Störpegel im Netz werden reduziert oder
– die Störfestigkeit der Verbraucher wird verstärkt.

Vorrangig sollten die Störpegel der Quelle reduziert werden. Möglich Maßnahmen zur Reduzierung der Störgrößen im Netz sind in den Abschnitten zu den Störgrößen beschrieben. Die Störfestigkeit der Verbraucher kann in einzelnen Fällen durch spezielle Schutzbeschaltungen oder durch den Austausch gegen Betriebsmittel mit höheren Verträglichkeitspegeln erreicht werden. Dabei kann auch der Spielraum genutzt werden, der sich aus den unterschiedlichen EMV-Umgebungsklassen (s. Abschnitt 5) oder den Schutzklassen zum Schutz gegen transiente Einflüsse aus Blitzeinwirkungen und Schaltüberspannungen (s. Abschnitte 8 und 9) in den Gebäuden ergeben.

Frage 12.2 Ist nach einer EMV-Sanierung der Gebäudeinstallation eine EMV-Prüfung erforderlich?

Ja, eine solche Prüfung mit EMV-Messung wird auf jeden Fall empfohlen, weil erst mit der EMV-Prüfung der Nachweis für die Wirksamkeit der durchgeführten Maßnahmen und für die Erfüllung der EMV-Schutzanforderungen erbracht wird.

In der Praxis wird bei der EMV-Sanierung oft halbherzig gehandelt. Nicht selten werden auf der einen Seite Probleme abgebaut und dabei auf der anderen Seite neue Probleme geschaffen. Mitunter steckt gerade in der Änderung das neue Problem.

Häufig führen elektrische Anlagen und Netze Störpegel, die außerhalb der Verträglichkeitsgrenzen liegen, und die daran angeschlossenen Verbraucher arbeiten störungsfrei. Diese Situation hält aber nur solange an, wie nur unempfindliche Geräte an dem Anschlusspunkt betrieben werden. Der Betreiber wundert sich, wenn er neue Geräte hinzufügt und dann Störungen entstehen, die es vorher nicht gab. Deshalb macht es Sinn, auch nach einer EMV-Sanierung mindestens eine Kontrollmessung besser aber eine gezielte EMV-Messung durchführen zu lassen.

Anhang

A.1 Fachausdrücke und ihre Definitionen

Anschlusspunkt (PC) [4.24]
Der Punkt, an dem die *Elektromagnetische Verträglichkeit* betrachtet wird.

Anlageninterner Anschlusspunkt (IPC) [4.24]
Der *Anschlusspunkt* innerhalb des zu betrachtenden Netzes oder der zu betrachtenden Installation.

Apparat [2.1]
Ein *Apparat* nach *EMVG* ist ein Endprodukt mit eigenständiger Funktion; er besitzt ein eigenes Gehäuse und ggf. für den Endverbraucher gebräuchliche Verbindungen.

Blitzschutzsystem (LPS) [4.15]
Das gesamte System für den Schutz eines Volumens gegen die Auswirkungen des Blitzes. Es besteht sowohl aus dem Äußeren als aus dem Inneren Blitzschutz.

Blitzschutzzone (LPZ) [4.16]
Die *Blitzschutzzone* ist eine Zone, in der das elektromagnetische Umfeld des Blitzes zu definieren und zu beherrschen ist (s.a. *Schutzzone*).

BM
Kurzbezeichnung für Betriebsmittel

Crestfaktor, Scheitelfaktor
Der *Crestfaktor* bzw. Scheitelfaktor ist der mathematische Wert aus dem Verhältnis zwischen Scheitelwert und Effektivwert einer betrachteten Größe.
Bei sinusförmigen Größen hat der *Crestfaktor* den Wert $\sqrt{2} = 1{,}414$.

DDC-Steuerungen
Digitale Steuerungen in der Gebäude- und Industrieautomatisierung

EG-Konformitätserklärung [4.1]
Mit der Konformitätserklärung erklärt der Hersteller eines Gerätes oder sein Beauftragter, dass er sein Erzeugnis nach den Bestimmungen der EMV-Richtlinie und in der EU gültigen Normen hergestellt hat. Die bei der Herstellung berücksichtigten Normen werden in der Konformitätserklärung aufgelistet.

EM-Störpegel
Der Pegel einer gegebenen elektromagnetischen Störung, der von einem Betriebsmittel verursacht wird oder in einer gegebenen Netzspannung am Anschlusspunkt bereits vorhanden ist.

EM-Störung [2.1]
Elektromagnetische Störung ist jede elektromagnetische Erscheinung, die die Funktion eines Gerätes beeinträchtigen könnte; eine *Elektromagnetische Störung* kann elektromagnetisches Rauschen, ein unerwünschtes Signal oder eine Veränderung des Ausbreitungsmediums selbst sein.

EMV [2.1]
Die *Elektromagnetische Verträglichkeit* ist „Die Fähigkeit eines elektrischen Gerätes, in der elektromagnetischen Umwelt zufriedenstellend zu arbeiten, ohne dabei selbst *Elektromagnetische Störungen* zu verursachen, die für andere in dieser Umwelt vorhandene Geräte unannehmbar wären."

EMV-Messung
Messung einzelner EMV-Störpegel oder des Gesamtstörpegels in einem gegebenen elektrischen Netz oder einem Raum zum Nachweis der Einhaltung festgelegter EMV-Verträglichkeitspegel. Mit der EMV-Messung wird nachgewiesen, dass eine elektrische Anlage, ein elektrisches Netz oder elektrisches System bzw. Teile davon die EMV-Schutzanforderungen erfüllen.

EMV-Planungsprüfung
Prüfung der Planungsunterlagen für Ausrüstungen von Gebäuden auf Erfüllung der EMV-Schutzanforderungen. Ausrüstungen von Gebäuden können sein, Anlagen der Starkstrom- und Informationstechnik, Energie- und Ersatzstromversorgungsanlagen, Erdungs- und Blitzschutzanlagen, Gebäudeschirmungen.

EMVG [2.1]
EMVG ist die Abkürzung für „Gesetz über die *Elektromagnetische Verträglichkeit*".

EMV-Prüfung
Die EMV-Prüfung einer elektrischen Anlage ist die Gesamtheit aller Prüfungen, mit der nachgewiesen werden soll, dass die elektrische Anlage die EMV-Schutzanforderungen nach § 3 des *EMVG* erfüllen.

EMV-Schutzanforderungen [2.1]
Schutzanforderungen nach *EMVG*, § 3 (1). Die Geräte müssen so beschaffen sein, dass sie bei vorschriftsmäßiger Installierung, angemessener Wartung und bestimmungsgemäßem Betrieb die Grenzwerte für EMV-Störungen einhalten und selber eine angemessene Festigkeit gegen EMV-Störungen besitzen. Die wesentlichen Schutzanforderungen sind in der Anlage I zum *EMVG* erläutert.

EMV-Umgebungsklasse [4.24]
DIN EN 61000-2-4 definiert für niederfrequente leitungsgeführte Störgrößen drei *EMV-Umgebungsklassen*.

EMV-Umgebungsklasse 1, gilt für die geschützte Versorgung sehr empfindlicher Betriebsmittel. Die Störpegel sind kleiner als die in öffentlichen Netzen.

EMV-Umgebungsklasse 2, gilt für den Verknüpfungspunkt mit dem öffentlichen Netz und allgemein für anlageinterne *Anschlusspunkt*e in industrieller Umgebung.

EMV-Umgebungsklasse 3, gilt für anlageinterne *Anschlusspunkt*e in einer industriellen Umgebung. Die Verträglichkeitspegel liegen höher als in der Klasse 2.

EMV-Verträglichkeitspegel [4.24]
Der festgelegte größte elektromagnetische Störpegel, der an einer unter bestimmten Bedingungen betriebenen Einrichtung, einem Gerät oder System erwartet werden kann.

Erdung [4.1]
Erdung ist die Gesamtheit aller Mittel und Maßnahmen zum Erden.

Erdungssammelleiter [4.19]
Leiter oder Sammelschiene, verbunden mit der Haupterdungsklemme oder -schiene.

EU
Abkürzung für Europäische Union.

EVG
Elektronische Vorschaltgeräte für Gasentladungslampen, z.B. Leuchtstofflampen, Kompaktleuchten.

EVU
Das örtliche Energieversorgungsunternehmen zur elektrischen Energieversorgung der Kundenanlagen.

Funktionserdung [4.19]
Erdung eines Punktes in einem Netz, in einer Anlage oder in einem Betriebsmittel zu Zwecken, die nicht dem Schutz gegen elektrischen Schlag dienen.

Funktionserdungsleiter [4.19]
Erdungsleiter, zum Zweck der Funktionserdung.

Funktionserdungs- und *Schutzleiter* [4.19]
Leiter, der zugleich die Funktion des *Schutzleiter*s und des Funktionserdungsleiter hat.

Gesamtstörpegel [4.24]
Der Pegel einer gegebenen elektromagnetischen Störung, der sich aus der Überlagerung der Störaussendung aller Betriebsmittel in einem gegebenen Netz, Anschlusspunkt oder Raum ergibt.

Haupterdungsschiene, -klemme
Haupterdungsschiene ist eine Klemme oder Schiene, die vorgesehen ist, Schutzleiter, Potentialausgleichsleiter und ggf. die Leiter einer Funktionserde mit der Erdungsanlage zu verbinden.

IGBT
Abkürzung für Insulated Gate Bipolar Transistor. Es werden Mehrschichttransistoren eingesetzt, die eine sehr gute Regelfähigkeit besitzen. Die IGBT-Technik wird verstärkt in USV-Anlagen angewendet und damit eine sinusförmige Spannung erzeugt.

ITE
Abkürzung für Betriebsmittel der Informationstechnik

LEMP
Ist die Abkürzung für den Elektromagnetischen Impuls des Blitzes.

Lichtwellenleiter (LWL)
LWL ist die Kurzbezeichnung für *Lichtwellenleiter*. Sie ermöglichen in Informationsanlageneine potentialfreie Datenübertragung.

N, N-Leiter [4.1]
Kurzbezeichnung für Neutralleiter. Der Neutralleiter ist ein mit dem Mittel- oder Sternpunkt des Drehstromsystems verbundener Leiter, der geeignet ist, zur Übertragung elektrischer Energie beizutragen.

Oberschwingung [4.20]
Ein Teilschwingung (Harmonische) höherer Ordnung als 1 der Fourier-Reihe einer periodischen Größe. Eine sinusförmige Schwingung deren Frequenz ein ganzzahliges Vielfaches der Grundschwingung ist.

PA
Kurzbezeichnung für den Potentialausgleich. Der Potentialausgleich ist eine elektrische Verbindung, die Körper elektrischer Betriebsmittel und fremde leitfähige Teile auf annähernd gleiches Potential bringt.

PE (Schutzleiter) [4.1]
Ist ein Leiter, der für einige Schutzmaßnahmen gegen elektrischen Schlag erforderlich ist, um die elektrische Verbindung zwischen einem der folgenden Teile herzustellen:
– Körper der elektrischen Betriebsmittel,
– fremde leitfähige Teile,
– Potentialausgleich,
– Erder,
– geerdeter Punkt der Stromquelle oder künstlicher Sternpunkt.

PEN-Leiter [4.1]
Ist ein Leiter, der zugleich die Funktion des *Schutzleiter*s und des *Neutralleiter*s erfüllt.

Schirmung
Die Schirmung ist die grundlegende Maßnahme zur Verringerung elektromagnetischer Störungen. Mit ihr wird die Koppelung zwischen Störquelle und Störsenke reduziert. *Schirmungen* werden an Gebäuden, Räumen, Geräten und Leitungen durchgeführt.

Schutzzone [4.8]
Schutzzone ist eine Zone, in der das elektromagnetische Umfeld aus der Sicht des Überspannungsschutzes zu definieren und zu beherrschen ist. *Schutzzone* und *Blitzschutzzone* [4.16] sind das gleiche. Die *Schutzzone* ist eine neuere allgemeinere Betrachtungsweise zum Schutz gegen transiente Überspannungen aller Art.

System [2.1]
Ein System ist eine Kombination aus mehreren *Apparat*en bzw. Bauteilen, die vom Hersteller so hergestellt und zusammengestellt sind, dass diese eine bestimmte Aufgabe erfüllen; ein System wird als funktionelle Einheit in den Verkehr gebracht.

TN-System [4.2]
Im *TN-System* ist ein Punkt direkt geerdet; die Körper der elektrischen Anlagen sind über *Schutzleiter* mit diesem Punkt verbunden.

TN-C-System [4.2]
Siehe TN-Systeme.
Im gesamten System sind die Funktionen von Neutralleiter und *Schutzleiter* in einem einzigen Leiter kombiniert.

TN-C-S-System [4.2]
Siehe TN-Systeme.
In einem Teil des Systems sind die Funktionen von Neutralleiter und *Schutzleiter* in einem einzigen Leiter kombiniert.

TN-S-System [4.2]
Siehe TN-Systeme.
Im gesamten System wird ein getrennter *Schutzleiter* angewendet.

TT-System [4.2]
Im *TT-System* ist ein Punkt direkt geerdet; die Körper der elektrischen Anlagen sind mit Erdern verbunden, die elektrisch vom Erder für die *Erdung* des Systems unabhängig sind.

IT-System [4.2]
Im *IT-System* sind alle aktiven Teile vom Erder getrennt; oder ein Punkt ist über eine Impedanz mit Erde verbunden; die Körper der elektrischen Anlage sind einzeln oder gemeinsam geerdet oder gemeinsam mit der *Erdung* des Systems verbunden.

Überspannungsschutzeinrichtungen (SPD) [4.15]
Überspannungsschutzeinrichtungen oder auch kurz Ableiter genannt, sind Geräte zur Begrenzung bzw. Unterdrückung von leitungsgebundenen Überspannungen und -strömen [4.16].

Verdrosselungsgrad
Der *Verdrosselungsgrad* p einer Kondensatorenanlage ist das Verhältnis der beiden Widerstände Drossel und Kondensator. Dabei gilt der *Verdrosselungsgrad* $p = X_L/X_C$.

Verknüpfungspunkt (PCC) [4.24]
Der *Verknüpfungspunkt* mit dem öffentlichen Netz, an dem das zu betrachtende Netz angeschlossen ist oder anzuschließen ist. Andere Anlagen (Kunden) können ebenfalls an oder nahe diesem Punkt angeschlossen sein.

Verträglichkeit [4.2]
Die Eigenschaft von Betriebsmitteln, die sich nicht nachteilig auf andere elektrische Betriebsmittel oder Einrichtungen auswirken oder nicht die Funktion der Stromversorgung beeinträchtigt.

Zwischenharmonische
Zwischenharmonische oder auch Interharmonische genannt, sind sinusförmige Spannungen, deren Frequenz ($f\mu$) zwischen denen der *Oberschwingungen* liegt, d.h. ihre Frequenz ist kein ganzzahliges Vielfache der Grundschwingungsfrequenz (f_0).

A.2 Messdiagramme

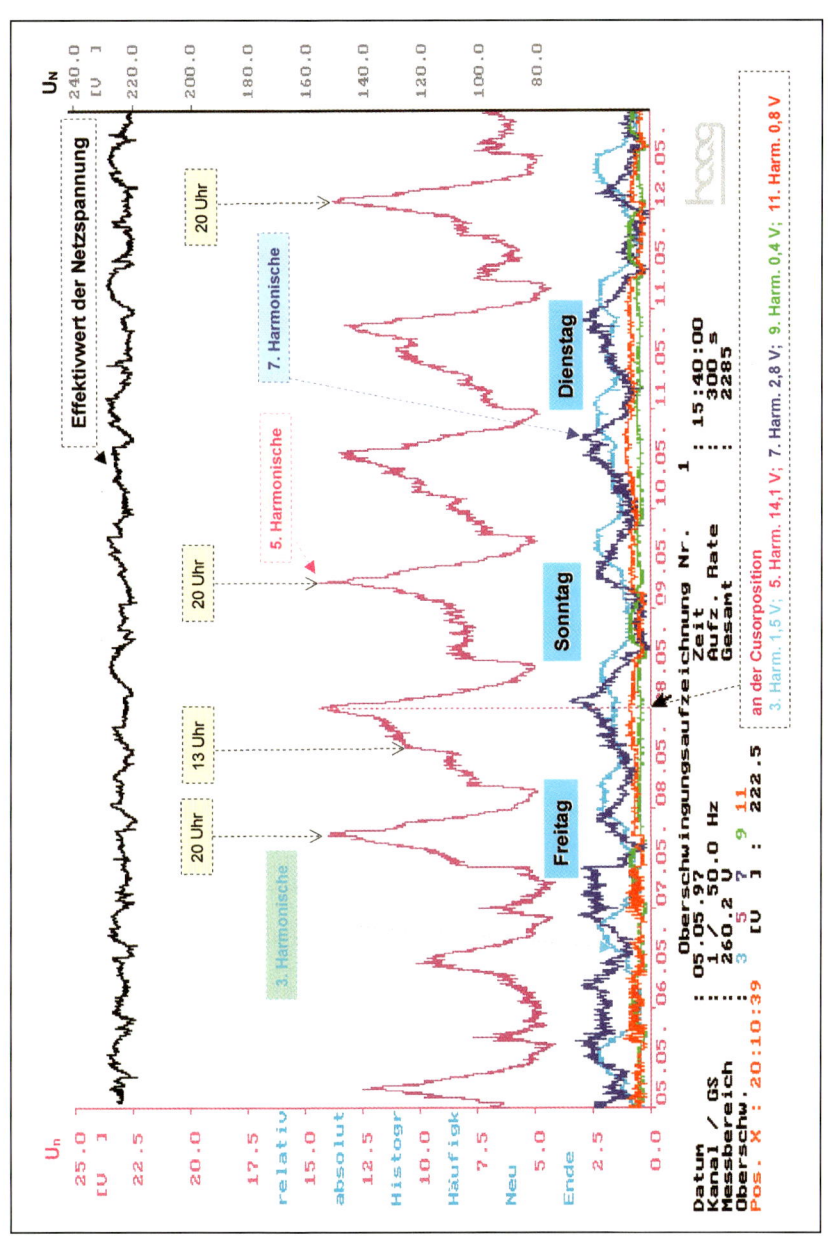

Bild 1 Wochengang der Oberschwingungen im Zentrum einer Großstadt

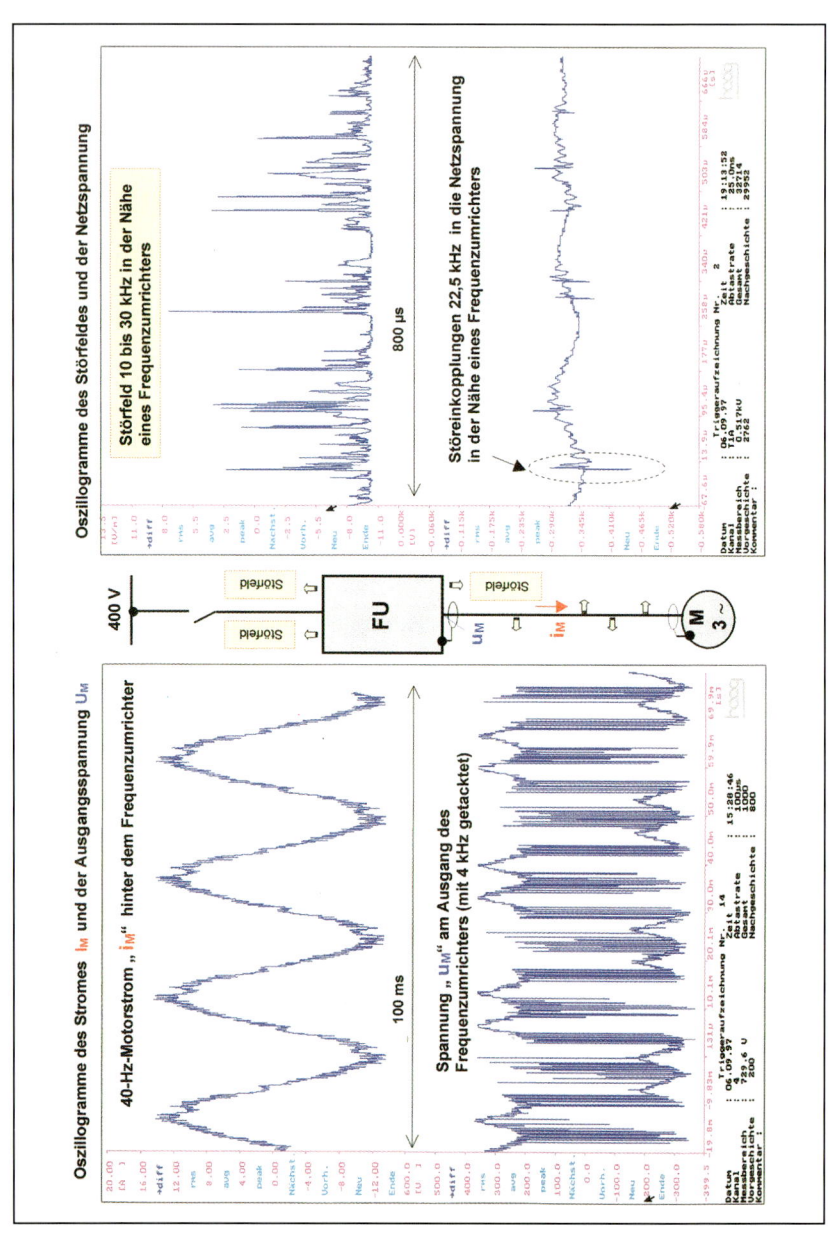

Bild 2 Strom und Spannung hinter Frequenzumrichtern haben höheres Störpotential –
a) Oszillogramme von Strom und Spannung im Ausgang des Frequenzumrichters –
b) Störfeld und Störeinflüsse auf die Netzspannung im Umfeld eines Frequenzumrichters

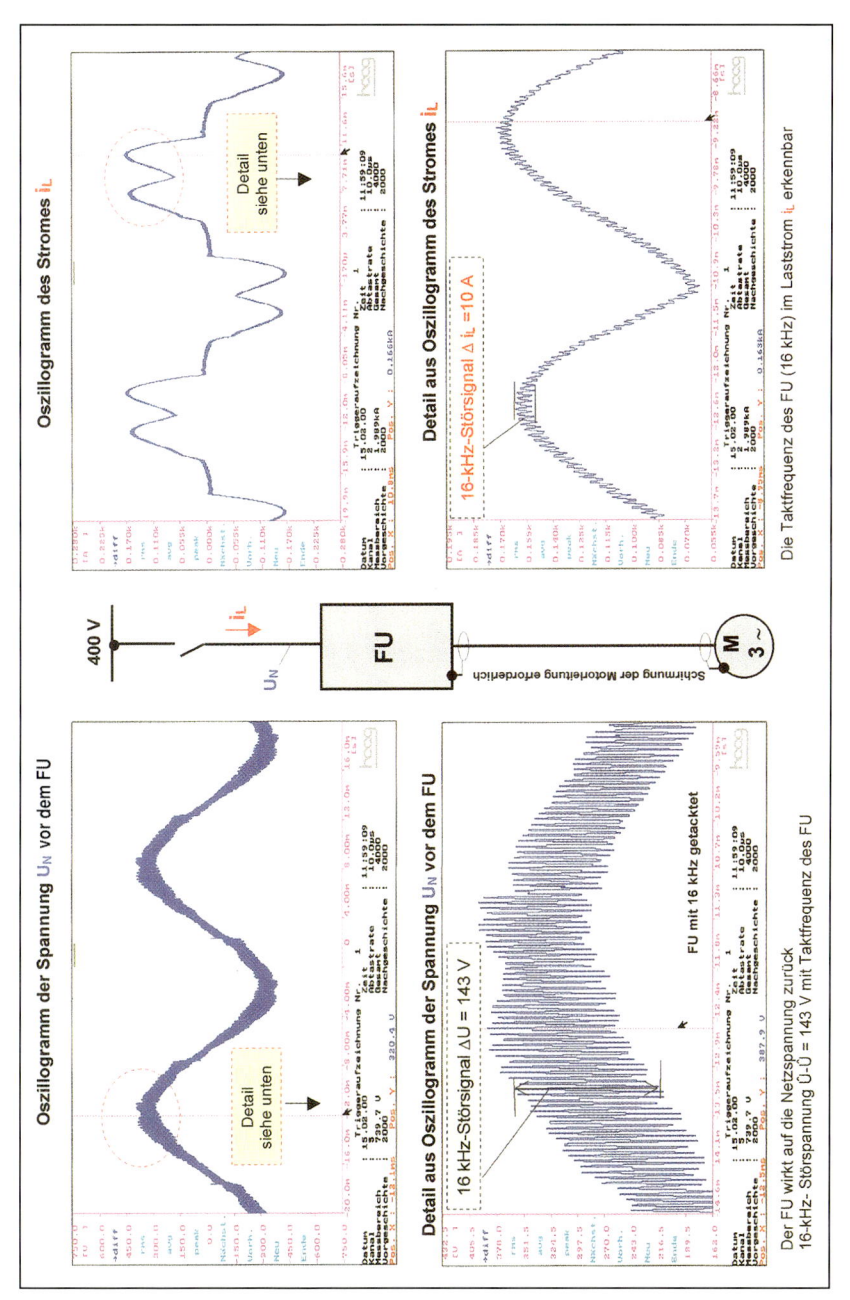

Bild 3 16-kHz-Störung aus einem Frequenzumrichter auf der Zuleitung vom Netz zum Frequenzumrichter

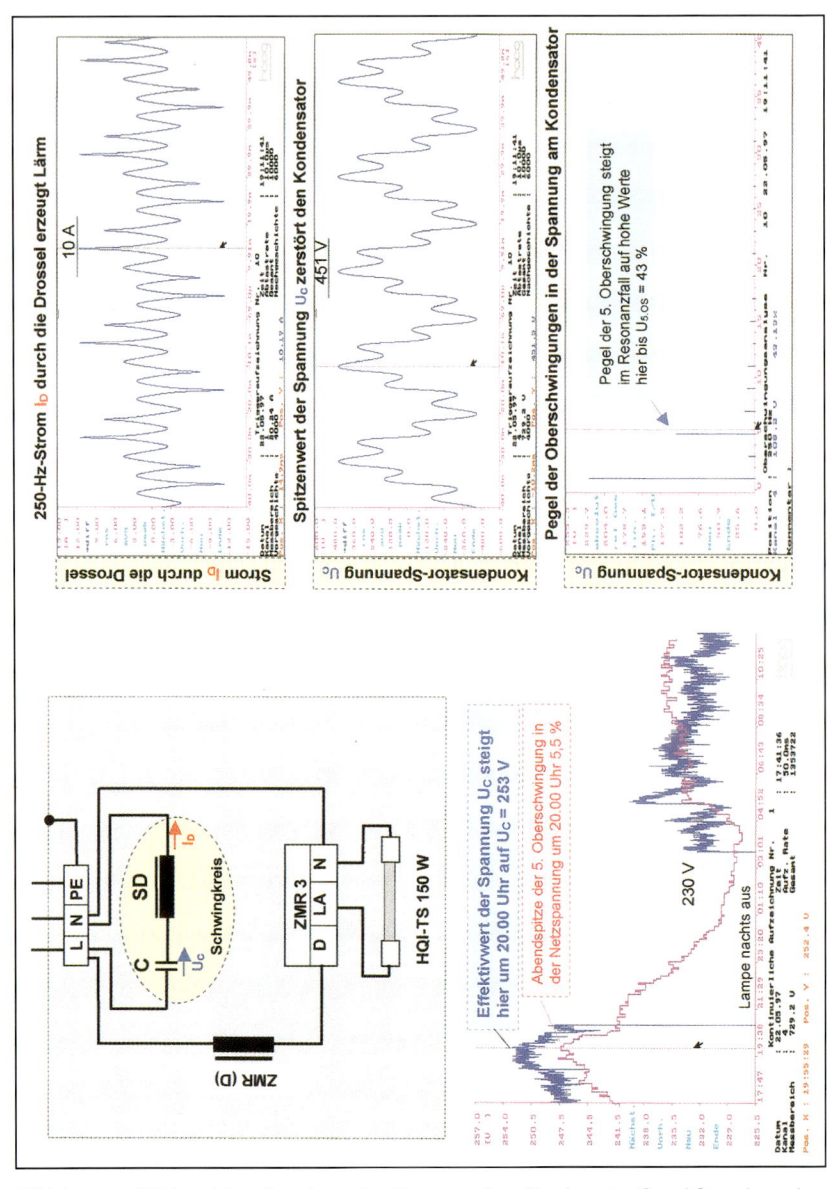

Bild 4 HQI-Leuchte mit verdrosselter Kompensation, Kondensator C und Sperrdrossel SD bilden hier einen Reihenschwingkreis

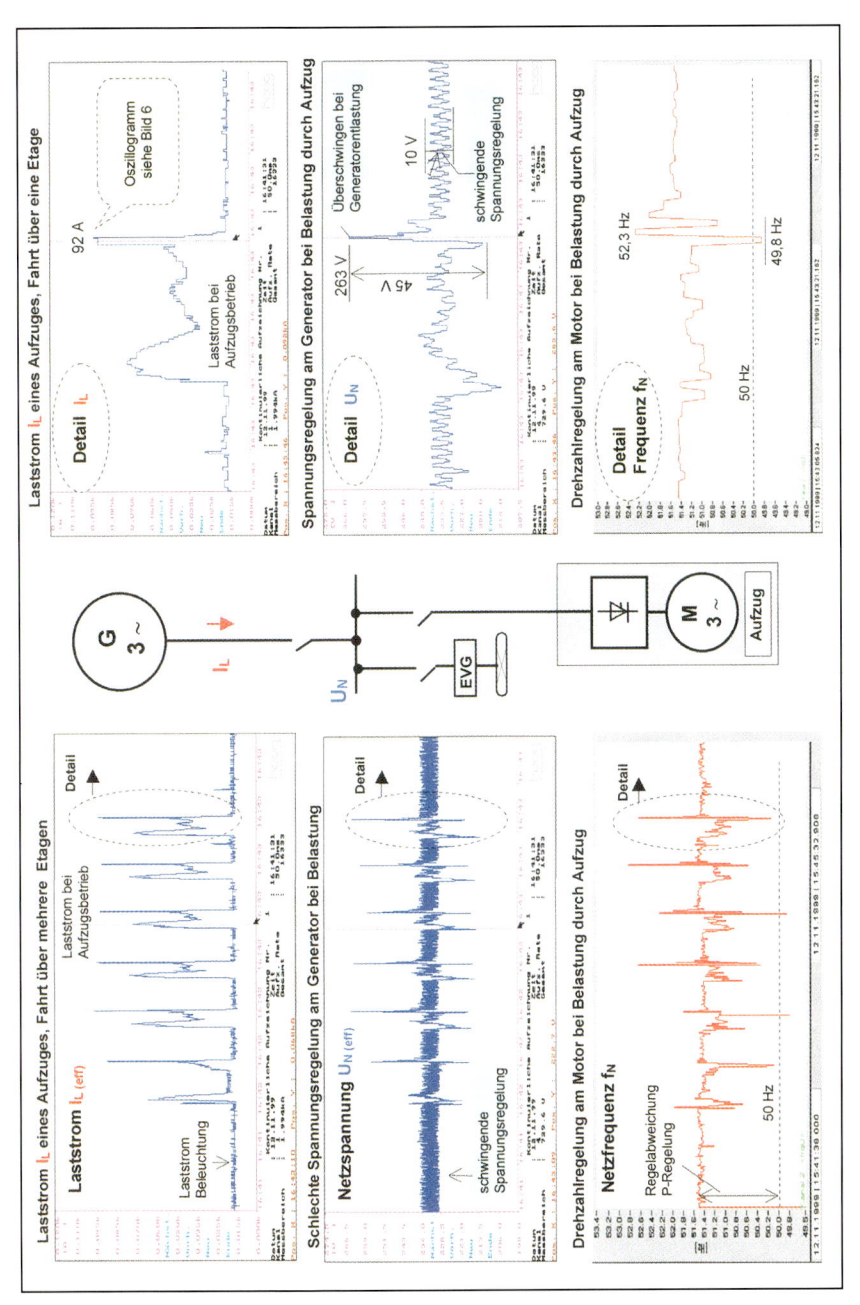

Bild 5 Probleme mit der Spannungsregelung am Generator eines Ersatzstromaggregates. Die Änderungen in der Netzspannung sind unverträglich hoch

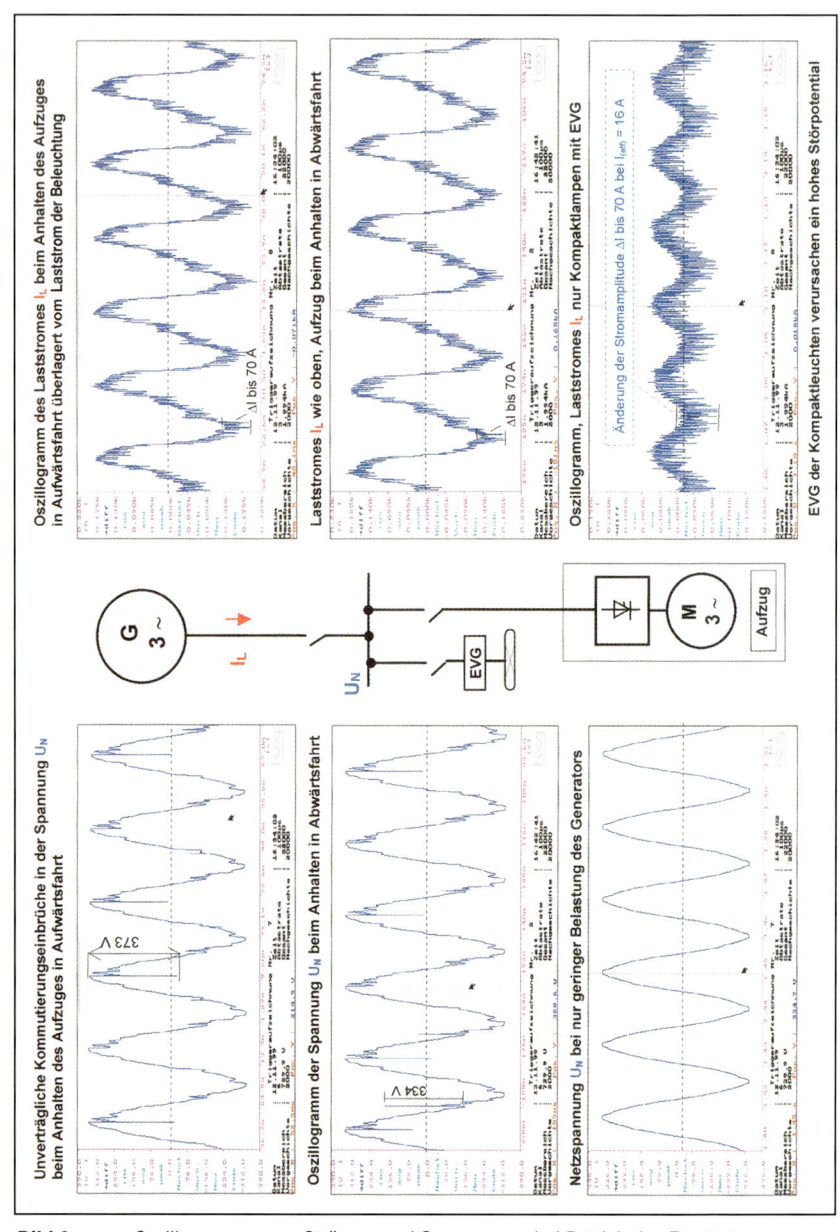

Bild 6 Oszillogramme aus Strömen und Spannungen bei Betrieb des Ersatzstromaggregates im Bild 5/Anhang 2

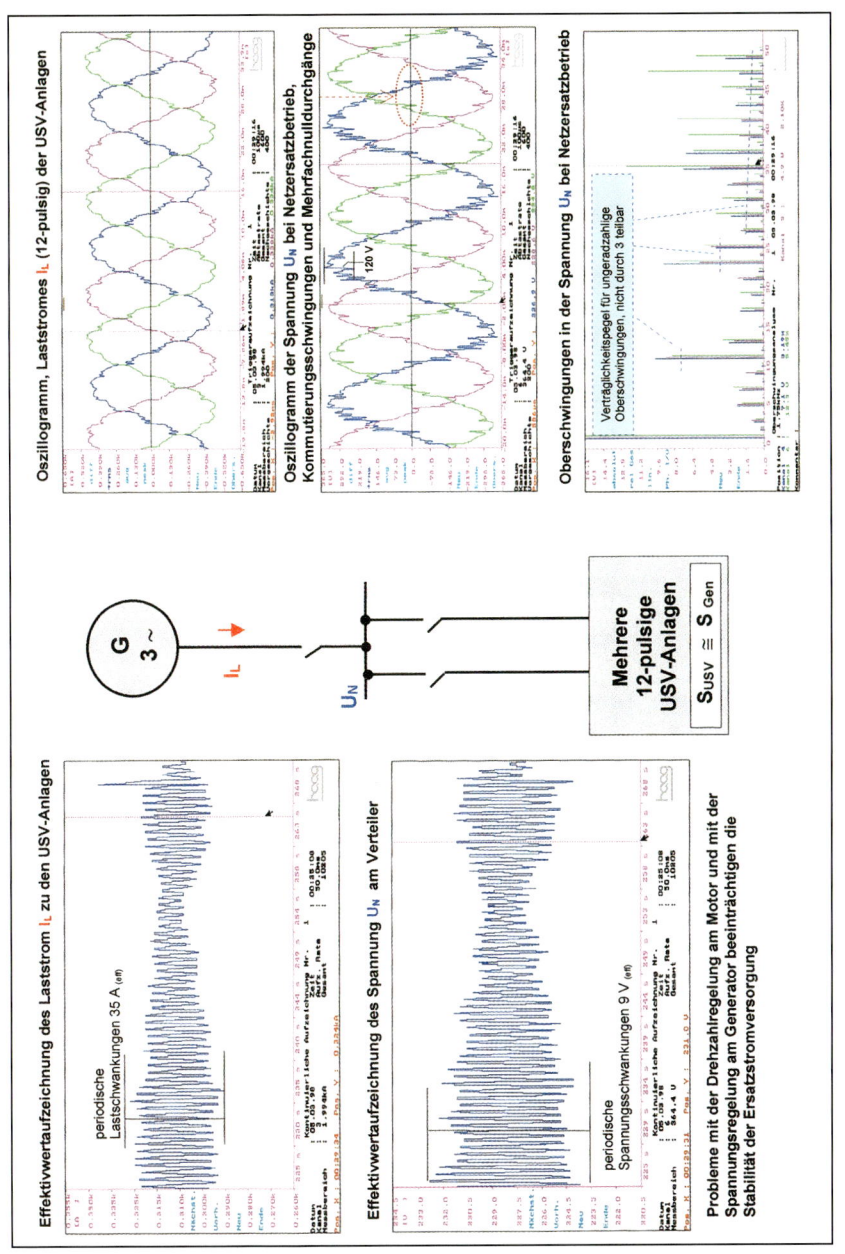

Bild 7 Strom und Spannung einer Netzersatzanlage – a) Probleme mit der Regelung – b) Rückwirkungen aus nichtlinearer Last führen zur Unverträglichkeit der Spannung

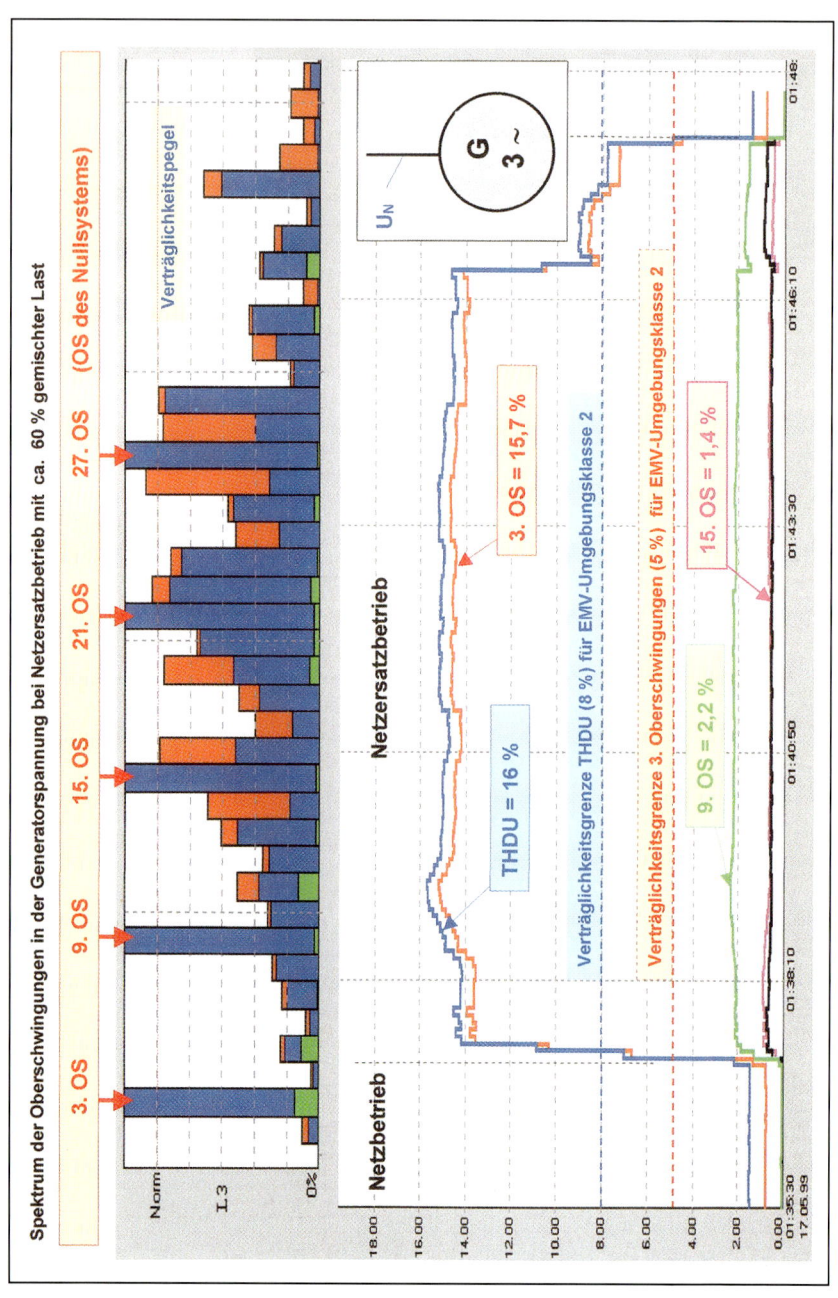

Bild 8 Generatoren mit Einschichtwicklung erzeugen intensive Oberschwingungen des Nullsystems

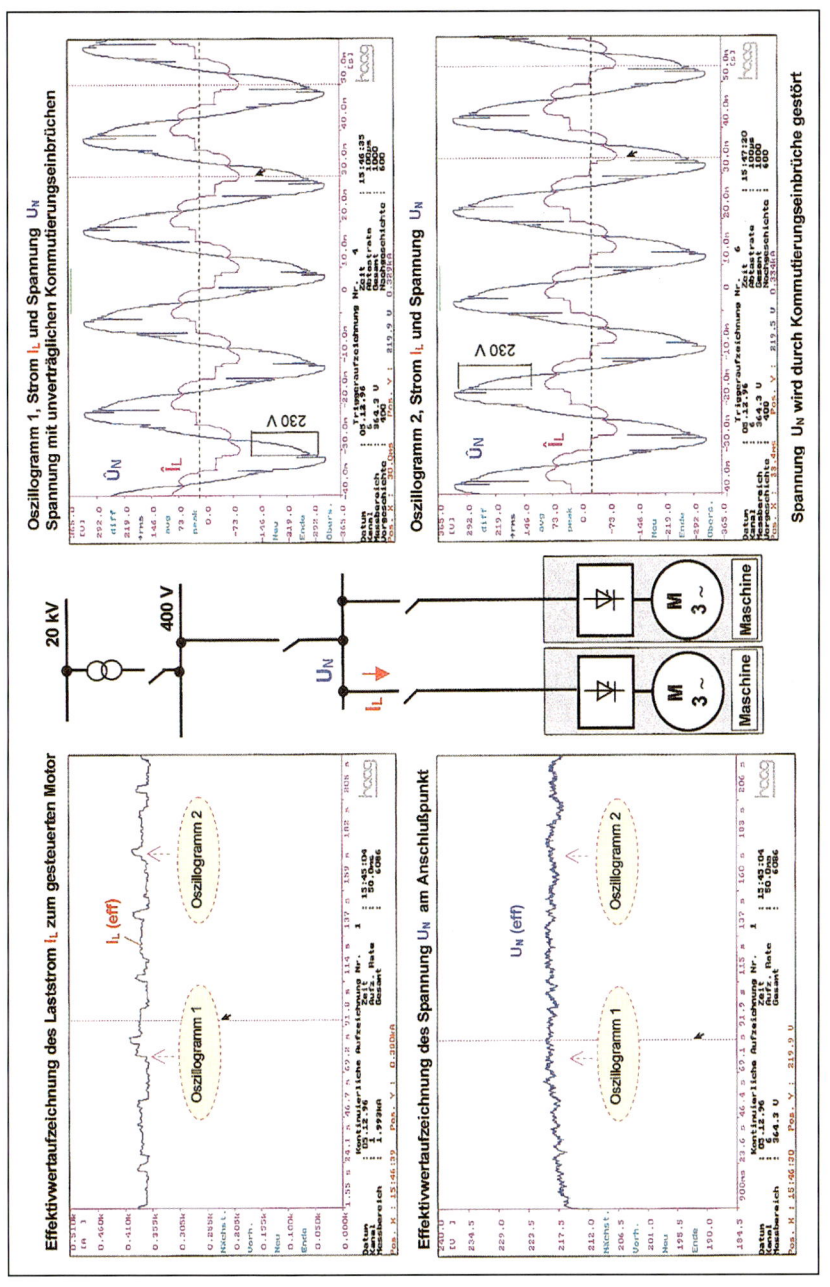

Bild 9 Strom und Spannung am Anschlusspunkt einer Maschine mit 280-kW-Antrieb, die Drehzahl der Maschine mit einem sechs-pulsigen Steller gesteuert

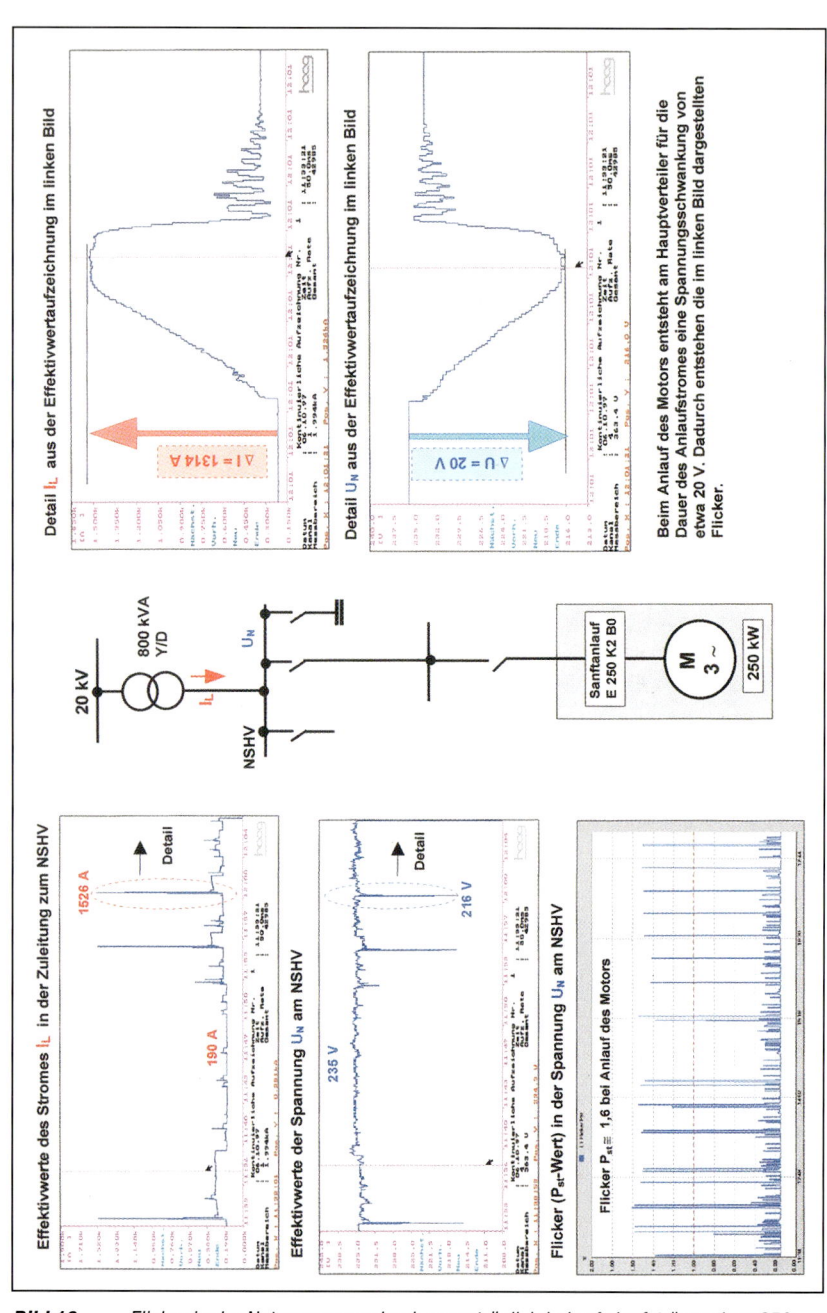

Bild 10 Flicker in der Netzspannung durch unverträglich hohe Anlaufströme einer 250-kW-Maschine

Literaturverzeichnis

1   Europäisches Recht
[1.1]   EMV-Richtlinie: Richtlinie 89/336 EWG des Rates zur Angleichung der Rechtsvorschriften der Mitgliedsstaaten über die *Elektromagnetische Verträglichkeit* vom 3.5.1989
[1.2]   Änderung der EMV-Richtlinie: Richtlinie 92/31/EWG zur Änderung der EMV-Richtlinie vom 28.4.1992
[1.3]   Änderung der EMV-Richtlinie: Richtlinie 93/68/EWG zur Änderung der EMV-Richtlinie vom 22.7.1993
[1.4]   Richtlinie für Telekommunikationseinrichtungen: Richtlinie 91/263/EWG des Rates zur Angleichung der Rechtsvorschriften der Mitgliedsstaaten über Telekommunikationseinrichtungen vom 29.4.1991
[1.5]   Ergänzung der Richtlinie für Satellitenfunkanlagen: Richtlinie 93/97/EWG des Rates zur Ergänzung der Richtlinie 91/263/EWG hinsichtlich Satellitenfunkanlagen vom 29.10.1993
[1.6]   Haftung für fehlerhafte Produkte: Richtlinie 85/374/EWG DES Rates über die Haftung für fehlerhafte Produkte vom 15.12.1989

2   Gesetze und Verordnungen
[2.1]   EMV-Gesetz: Gesetz über die elektromagnetische Verträglichkeit von Geräten – *EMVG* – vom 18.09.1998
[2.2]   Telegrafengesetz: Gesetz über das Telegrafenwesen des Deutschen Reiches vom 6.4.1892
[2.3]   Sechsundzwanzigste Verordnung zur Durchführung des Bundes-Immissionsschutzgesetz (Verordnung über elektromagnetische Felder – 26. BlmSchV) vom 16.12.1996
[2.4]   Gesetz über die Haftung für fehlerhafte Produkte (Produkthaftungsgesetz – ProdHaftG) vom 15.12.1989
[2.5]   Gesetz zur Regelung der Sicherheitsanforderungen an Produkte und zum Schutz der CE-Kennzeichnung (Produktsicherheitsgesetz – ProdSG) vom 22.04.1997

3   Unfallverhütungsvorschriften (UVV) der Berufsgenossenschaften
[3.1]   BGV A1 (VBG1) Allgemeine Vorschriften
[3.2]   BGV A2 (VBG4) Elektrische Anlagen und Betriebsmittel vom 1.04.1979 mit Durchführungsbestimmung vom Oktober 1996

4   Technische Normen
[4.1]   DIN VDE 0100-200 Elektrische Anlagen von Gebäuden – Begriffe; 1998-06
[4.2]   DIN VDE 0100-300 Errichten von Starkstromanlagen mit Nennspannungen bis 1000 V, Teil 3 Bestimmungen, allgemeine Merkmale; 1996-01
[4.3]   DIN VDE 0100-410 Errichten von Starkstromanlagen mit Nennspannungen bis 1000 V, Teil 4 Schutzmaßnahmen, Kapitel 41 Schutz gegen elektrischen Schlag; 1997-01
[4.4]   DIN VDE 0100-442 Elektrische Anlagen von Gebäuden, Teil 4 Schutzmaßnahmen, Kapitel 44 Schutz bei Überspannungen, Hauptabschnitt 442 Schutz von Niederspannungsanlagen bei Erdschlüssen in Netzen höherer Spannung; 1997-11

[4.5]	E DIN VDE 0100 Teil 443/A3 Errichten von Starkstromanlagen mit Nennspannungen bis 1000 V, Schutzmaßnahmen, Schutz gegen Überspannungen infolge atmosphärischer Einflüsse und von Schaltüberspannungen, Änderung 3 IEC 364-4-443; 1993-10
[4.6]	DIN VDE 0100-444 Elektrische Anlagen von Gebäuden, Teil 4 Schutzmaßnahmen, Kapitel 44 Schutz bei Überspannungen, Hauptabschnitt 442 Schutz gegen elektromagnetische Störungen (EMI) in Anlagen und Gebäuden; 1999-10
[4.7]	DIN VDE 0100-520 Errichten von Starkstromanlagen mit Nennspannungen bis 1000 V, Teil 5 Auswahl und Errichtung elektrischer Betriebsmittel, Kapitel 52 Kabel- und Leitungssysteme; 1996-01
[4.8]	DIN V VDE V 0100-534, VDE V 0100 Elektrische Anlagen von Gebäuden, Teil 534 Auswahl und Errichtung von Betriebsmitteln, Überspannungs-Schutzeinrichtungen; 1999-04
[4.9]	DIN VDE 0100-540 Errichten von Starkstromanlagen mit Nennspannungen bis 1000 V, Auswahl und Errichtung elektrischer Betriebsmittel; Erdung, *Schutzleiter* Potentialausgleich; 1991-11
[4.10]	DIN VDE 0100 Teil 610 Errichten von Starkstromanlagen mit Nennspannungen bis 1000 V, Prüfungen; Erstprüfungen; 1994-04
[4.11]	DIN VDE 0105-100 Betrieb von elektrischen Anlagen; 1997-10
[4.12]	DIN VDE 0107 Starkstromanlagen in Krankenhäusern und medizinisch genutzten Räumen außerhalb von Krankenhäusern; 1994-10
[4.13]	DIN VDE 0110-1, VDE 0110 Teil 1 Isolationskoordination für elektrische Betriebsmittel in Niederspannungsanlagen; 1997-04
[4.14]	DIN EN 50178, VDE 0160 Ausrüstung von Starkstromanlagen mit elektronischen Betriebsmitteln; 1998-04
[4.15]	DIN V EN V 61024-1, VDE 0185 Teil 100 Blitzschutz baulicher Anlagen, Teil 1, Allgemeine Grundsätze; 1996-08
[4.16]	DIN VDE 0185-103 Schutz gegen elektromagnetischen Blitzimpuls; 1997-09
[4.17]	E DIN VDE0228 Teil 6 Beeinflussung von Einrichtungen der Informationstechnik, Elektrische und magnetische Felder von Starkstromanlagen im Frequenzbereich 0 bis 10 kHz; 1992-12
[4.18]	DIN VDE 0800 Teil 2 Fernmeldetechnik, Erdung und Potentialausgleich; 1985-07
[4.19]	DIN V VDE V 0800-2-548 Elektrische Anlagen von Gebäuden, Teil 5 Auswahl und Errichtung elektrischer Betriebsmittel, Hauptabschnitt 548 Erdung und Potentialausgleich für Anlagen der Informationstechnik; 1999-10
[4.20]	DIN VDE 0838 Teil 1 Rückwirkungen in Starkstromnetzen, die durch Haushaltsgeräte und durch ähnliche elektrische Einrichtungen verursacht werden, Teil 1 Begriffe; 1987-06
[4.21]	DIN EN 61000-3-2, VDE 0838 Teil 2 EMV, Grenzwerte – Grenzwerte für Oberschwingungsströme, Geräteeingangsstrom bis 16 A je Leiter; 1998-10
[4.22]	DIN EN 61000-3-3, VDE 0838 Teil 3 EMV, Grenzwerte – Grenzwerte für Spannungsschwankungen und Flicker in NS-Netzen; 1996-03
[4.23]	DIN V EN V 61000 2-2, VDE 0839 Teil 2-2 EMV, Umgebungsbedingungen, Verträglichkeitspegel für NF-leitungsgeführte Störgrößen in öffentlichen Netzen; 1994-04

[4.24] DIN EN 61000 2-4, VDE 0839 Teil 2-4 EMV, Umgebungsbedingungen, Verträglichkeitspegel für NF-leitungsgeführte Störgrößen in Industrieanlagen; 1995-05
[4.25] DIN EN 50082-1, VDE 0839 Teil 82-1 EMV, Fachgrundnorm Störfestigkeit, Wohnbereich, Geschäfts- und Gewerbebereich sowie Kleinbetriebe; 1997-11
[4.26] E DIN IEC 77A (Sec), E VDE 0839 Teil 88 EMV, Umgebungsbedingungen, Verträglichkeitspegel für NF-Störgrößen und Signalübertragungen in öffentlichen Mittelspannungsnetzen; 1994-03
[4.27] DIN EN 50082-2, VDE 0839 Teil 82-2 EMV, Fachgrundnorm Störfestigkeit, Industriebereich; 1996-02
[4.28] DIN V VDE V 0848-4/A3, VDE 0848 Teil 4/A3 Sicherheit in elektromagnetischen Feldern, Schutz von Personen im Frequenzbereich 0-30 kHz; 1995-07
[4.29] DIN EN 50160 Merkmale der Spannung in öffentlichen Elektrizitätsversorgungsnetzen; 1995-10
[4.30] DIN 6280 Teil 13 Stromerzeugungsaggregate mit Hubkolbenverbrennungsmotoren, Sicherheitsstromversorgungen in Krankenhäusern und in baulichen Anlagen mit Menschenansammlungen; 1994-12

5 Richtlinien
[5.1] VDEW-Richtlinie für die Beurteilung von Netzrückwirkungen; 1992-05
[5.2] *Erimar A. Chun (Hrsg.)*: Leitfaden zur Planung der Elektromagnetischen Verträglichkeit von Anlagen und Gebäudeinstallationen Version 2.0, VDE VDI GMM. Berlin: VDE-Verlag 1999
[5.3] *Gerd Jeromin*: Kommentar zur 2. Neufassung des deutschen EMV-Gesetzes, EMC JOURNAL (Bibliothek, München: KM Verlagsges. 1999

6 Fachliteratur
[6.1] *Albert Kloss:* Oberschwingungen, Netzrückwirkungen der Leistungselektronik. Berlin: VDE Verlag 1996
[6.2] *Wilhelm Rudolph; Otmar Winter*: EMV nach VDE 0100, VDE-Schriftenreihe 66. Berlin: VDE-Verlag 1996
[6.3] *Hasse; Wiesinger*: EMV-Blitzschutzzonenkonzept. München: Pflaum Verlag 1994
[6.4] *Franz Pilger*: EMV und Blitzschutz leittechnischer Anlage. Siemens
[6.5] *Vogt, G.*: Rundversuch der DKE – Überspannungsmessung
[6.6] *Veiko Raab*: Überspannungsschutz in Verbraucheranlagen. Berlin: Verlag Technik 1998
[6.7] *Enno Hering*: Fundamenterder. Berlin: Verlag Technik 1996

Register

Ableitungen	175
Abschirmung	32
– von Leitungen	166
Anforderungsklasse	142
– für ÜSE	139
Anlagen	23
–, elektrische	171, 172
– mit EMV-Dokumentation	24
Anschlussfahnen	174, 179
Anschlusspunkte	193
Apparate	23
Armierung	174
Aufladungen, elektrostatische	162
Ausgleichsströme	18, 96, 97, 103, 153, 161, 182 189
–, vagabundierende	152
Ausrüstungen, technologische	173
Bahnanlagen	173
Bahnmagnetfelder	150
Baukörper	173, 174
Beeinflussungsmodell	28, 29
Betriebs- bzw. funktionsbedingte magnetische Felder	148
Betriebserdung	175, 179
Betriebszustände	201
Bildschirmgeräte	179
Bildschirmstörungen	155
Blindleistung	59
Blitzeinflüsse	121
Blitzentladungen	157
Blitzschutz	172, 195
–, äußerer	123
–, innerer	123
Blitzschutzklasse	143
Blitzschutzklasse P	175
Blitzschutzmaßnahmen	175
Blitzschutzpotentialausgleich	128, 190
Blitzschutzzonen (LPZ)	124, 138
Blitzschutzzonenkonzept	130
Blitzstoßstromtragfähigkeit	143, 144
CE-gekennzeichnete Betriebsmittel	24
CE-Kennzeichnung	25
CE-Zeichen	21, 170
Crestfaktor	58
Dauerbelastungswerte	160
Drehfeld	54
Drehfeldbeeinflussung durch Oberschwingungen	55
Drehsinn	55
Drehstromkabel	151, 163
Echteffektivwert-Messgeräte	64
EG-Konformitätserklärung	21, 22
Einleiterkabel	155, 163, 176
Elektromagnetische Störungen	15, 16
Elektrosmog	145
EM-Einflüsse	40
EM-Störpotential	54
EM-Störungen	44
EMV-fachkundige Personen	25, 26, 27
EMV-Filter	168
EMVG	19
EMV-Gebrauchsanweisung	26
EMV-Messung	181, 191, 194, 201, 203
– der Netzspannung	183
EMV-Normen	18, 19
EMV-Phänomene	197
EMV-Planungsprüfung	172, 194
EMV-Problem	197, 198, 199, 200
EMV-Prüfbericht	194, 195, 196
EMV-Prüfung	169, 170, 171, 172, 187
EMV-Prüfung der elektrischen Installation	194
EMV-Richtlinie	18
EMV-Schutzanforderungen	20, 21, 24, 41, 169, 170, 171, 181, 193, 195, 197, 203
EMV-Umgebung	172
EMV-Umgebungsklassen	41, 172, 176, 177, 202
EMV-Untersuchung	200, 202
Energieanlagen	138, 173
Entkopplungselement	137, 142
Entladung, elektrostatische (ESD)	33, 133, 157, 158
Erdung des Schirmes	32
Erdungsanlage	190, 193, 174
Erdungsbezugspunkt	112
Erdungsleitungen	181
Erdungssammelleitung	116, 179
Errichter	22
Errichtung	40
Ersatzstromaggregate	177, 178, 181, 185
Falschmeldungen	154
Fanganlage	175
Fehler- und ereignisbedingte magnetische Felder	152
Felder	199
–, elektrische	145, 164
–, hochfrequente	157, 166
–, hochfrequente elektromagnetische	156, 158, 192
–, magnetische	145, 147
–, niederfrequente	146, 192
Feldstärke, magnetische	146
Filter, passive	77
Flicker	80, 85, 87, 44, 184, 185, 188
Flickerstörfaktor P_{st}	86
Flickerstörfaktor	86
Flussdichte, magnetische	149
Fourieranalyse	46
Frequenzabweichungen	81

222

Frequenzschwankungen	81
Frequenzumrichter	88, 165, 166
Fundamenterder	174
Funkenstrecke	141, 144
Funkenstrecke zwischen N und PE	144
Funktionserde	119
Funktionsstörungen	193, 197
Gebäudeausrüstungen	39, 161
Gebäudeblitzschutz	121
Gebäudeinstallation	17, 21, 195, 198
– Bestandteile	38
Gebrauchsanweisungen	21, 161
Gefahrenmeldeanlagen	171, 181
Gegensystem	55, 92
Geräte, elektromedizinische	156
Gesamtblindleistung	60
Gesamtoberschwingungsgehalt	53
Gesamtstörpegel	182
Gesamtverzerrungsfaktor	53
Gleichfelder	165
Gleichstrombahn	151
Grundfrequenz	45
Grundschwingung	47
Handgelenkerdungsbänder	162
Harmonische	45
Hauptpotentialausgleich	105, 175
Hauptpotentialausgleichsschiene	179
Herstellung der EMV	202
Hochfrequenzanlagen	159
IGBT-Technik	76
Impedanzen	43
Induktionsschleifen	173
Installation	22
Interharmonische	78
IT-Systeme	100
Kabel	193
Kabeltrassen	151, 163
Klirrfaktor	53
Kommutierungseinbrüche	89
Kommutierungsschwingungen	76
Kontrollmessungen	193
Koppelmechanismen	28, 146
Koppelschleifen	111, 120, 142, 154, 175, 176, 178
Kopplungen, induktive	30
–, kapazitive	30, 32
Kurzunterbrechungen	44, 88, 89, 178
Lastströme	201
Lastströme, nichtsinusförmige	46
Leistungsverluste	59
Leiterquerschnitt für den Neutralleiter	57
Leitfähigkeit	162
Löcherschirm	167
Magnetfelder, niederfrequente	148, 155, 192
Mehrfacherdung des Neutralleiters	179
Mehrfachnulldurchgänge	64
Messdauer	182, 196, 201

Messkonzept	182
Messort	196
Messpunkt	196
Metallgitter	167
Mindestabstände	163
Mitsystem	55, 92
Motorleitungen, geschirmte	157
Nachweis für die Wirksamkeit	203
Nachweispflicht	35, 169
Netzanalysatoren	189, 190
Netze	23
Netzersatzanlagen	171, 180
Netzfilter, aktive	77
Netzfrequenz	184, 188
Netzkurzschlussleistung	71
Netz-Markierungssysteme	93
Netzrückwirkungen	43, 178, 180, 182, 187, 188
Netz-Signalübertragung	44, 93
Netzspannung	36, 181, 187, 189, 191, 193, 197
–, Verträglichkeit	187
Netzsysteme	104
Neutralleiter	143, 181, 181
Neutralleiterpotential	57
Neutralleiterströme	57, 97, 182, 201
–, vagabundierende	100, 152, 153
Niederfrequenzanlagen	159
N-Leiter	142
Oberschwingungen	44, 45, 47, 70, 184, 189, 190
– durch Rückwirkungen	50
– des Gegensystems	49
– im Mitsystem	49
– im Nullsystem	49
– in der Netzspannung	50
Oberschwingungseinfluss auf den Crestfaktor	58
Oberschwingungsgehalt	177
Oberschwingungsspektrum	47
Ordnungszahl	45, 54
–, geradzahlige	54
Oszillogramm	48
Parallelresonanz	62
Parallelschwingkreis	62
PEN-Leiter	142
Planung	40
Potentialausgleich	136, 175
–, maschenförmiger	112
–, stern- oder baumförmige	111
Potentialausgleichsleitung	140, 166, 193
Potentialausgleichsmaßnahmen	161
Potentialausgleichsschienen	190
Potentialausgleichssysteme	190
Problemerkennung	200
Produkthaftungsgesetz	170
Prüfbarkeit	169
Prüfbescheinigung	195

Prüfstrategie	172
Prüfungen, wiederkehrende	192, 193
P_{st}-Werte	189
Raumschirme	174
Raumschirmung	127, 167
Reihenresonant	62
Resonanzbedingung	61
Resonanzfrequenz	61, 62
Resonanzkreise	61, 73
Rundsteueranlagen	93
Rundsteuersignale	66, 85
Sanftanlauf	88
Schaltüberspannungen	133
Schaltzustände	199
Scheitelwert	59
Schirmdämpfung	164, 167
Schirmen	190
– von Informationsleitungen	181
Schirmfaktor	164, 166, 167
Schirmleitungen	166
Schirmmaterialien	164, 165, 166
Schirmung	126, 136, 165, 166, 175, 178, 179
Schirmungsmaßnahmen	178
Schirmwirkung	165, 167
Schutz	159, 161
– durch Abstand	162, 163, 164
– durch Filterung	162, 168
– durch Schirmung	162, 164
– von Personen	160
Schutzanforderungen	25
Schutzauslösungen	64
Schutzbeschaltungen	202
Schutzklassen, für Blitzschutz	202
– für Überspannungsschutz	202
Schutzleiter	142, 143, 181
Schutzniveau	18
Schutzzonen	136, 137, 142
Schwankungen	44
Sendeanlagen	173
Sicherheitssteuerungen	171
Spannungsänderungen	83, 84, 185, 186
–, langsame	84
Spannungseinbrüche	44, 83, 88, 89, 178, 186, 188, 189
Spannungsfall	43, 51
Spannungsfall DU	100
Spannungsschwankung	43, 44, 83
Spannungsunsymmetrie	44, 91, 186
Spannungsunterbrechungen	83
Steuerblindleistung	60
Störaussendung	161
Störeinkopplungen	153
Störfeld, magnetisches	150
Störfestigkeit	161, 202
Störgrößen	35, 184, 201
Störpegel	202
–, erhöhte	42

–, in der Netzspannung	36
Störquelle	17, 28, 29, 37
Störsenke	28, 29, 37
Störspannungen	153
Störungen, leitungsgeführte	41
Strahlung, elektromagnetische	33
Stromschienensystem	151, 163
Systeme	23
Tiefpass	90, 168
TN-C-S-System	102, 140
TN-C-System	97
TN-S-System	100, 101, 140, 179
Transformatorenstation	151, 163
Transiente Überspannungen	94, 132, 133, 134, 135, 184
Transientenrekorder	191
Trassenführung	179
TT-System	100, 140, 143
Überspannungen	44, 178, 188
–, atmosphärische	132
–, netzfrequente	94, 132, 187
Überspannungsableiter	130, 140
Überspannungskategorie	135, 136
Überspannungsschutz	176
–, abgestufter	140, 143
Überspannungsschutzeinrichtung	136, 137, 138, 141, 143, 179
Umgebung, normale	42
Untersuchungsmethode	197
Untersuchungsstrategie	199
USV-Anlage	90, 177, 178, 180, 185
USV-Netze	181
Vagabundierende	97
Verbraucher, nichtlineare	184
Verdrosselung	74
Verdrosselungsgrad	74
Verknüpfungspunkt	172, 177, 187, 188, 191
Verlustwärme	60
Verschiebungsblindleistung	60
Verträglichkeit, elektromagnetische	15
Verträglichkeitspegel	35, 66, 68, 80
Verzerrungsblindleistung	60
Vorschaltgeräten	163
Wechselfelder, magnetische	147, 165
Wiederholrate	86
Wirkungsweg	28, 37
Wochengang der Oberschwingungen	65
– der Störpegel	52
Zangenamperemeter	182, 190
Zustand, ordnungsgemäßer	171
Zwischenharmonische	44, 78, 85, 184, 185, 189
–, Spannungen	79